DUCATI
RAG. BRUNO CAVANI
MOTO FERRARI
DUCATI 65TL

DUCATI

DIE GANZE STORY

Ian Falloon

Motor buch Verlag

Einbandgestaltung: Luis dos Santos, unter Verwendung von
Fotos der Ducati Motor Holding S.p.A.

Bildnachweis: Alle zur Illustration dieses Buches verwendeten Aufnahmen stammen – wenn nichts anderes vermerkt – aus dem Ducati Motor Holding S.p.A.

Die Originalausgabe erschien 2022 bei Motorbooks, einem Verlag der Quarto Publishing Group USA Irre.

Deutsche Bearbeitung: Georg Otto

ISBN: 978-3-613-04330-5

1. Auflage 2024

Sie finden uns im Internet unter www.motorbuch-verlag.de

Lektorat: Georg Otto
Innengestaltung: Simon Larkin
Printed in China

MIX
Papier | Fördert gute Waldnutzung
FSC® C016973

DUCATI – DIE GANZE STORY

INHALTSVERZEICHNIS

DANKSAGUNG

Obwohl ich mehrere Bücher über Ducati-Motorräder geschrieben habe, ist es trotzdem eine Herausforderung, in einem Band jedes Modell umfassend zu behandeln. Informationen über viele frühe Ducatis sind schwer zu beschaffen und erfordern einen erheblichen Zeitaufwand für die Durchsicht von Motorradzeitschriften und Werksunterlagen. Glücklicherweise hat Livio Lodi, der Kurator des Ducati-Museums, die meisten Produktionsdaten aus dem Jahr 1960 zur Verfügung gestellt. Sie werden hier zum ersten Mal veröffentlicht, was die Kategorisierung der zahlreichen in den 1960er-Jahren gebauten Modelle erheblich vereinfacht.

Mein Einstieg in die Welt der Ducatisti fiel mit dem Erscheinen der 750GT zusammen. In den frühen siebziger Jahren war zunächst wenig über den neuen Ducati »L-Twin« bekannt, aber mehrere Zeitschriftenartikel öffneten mir die Augen. Der erste war ein Test der 750GT in der Zeitschrift Cycle vom Oktober 1972, dem in den nächsten Jahren mehrere Artikel der Redakteure Cook Neilson und Phil Schilling folgten, die immer wieder die Vorzüge der Ducati auf der Straße und auf der Rennstrecke anpriesen. Später hatte ich das Glück, Phil und in jüngerer Zeit auch Cook kennen zu lernen, und verdanke diesen beiden überragenden Ikonen einen Großteil meiner Begeisterung für die Marke. Vor über zwanzig Jahren bat ich Phil zum ersten Mal um Hilfe bei meinem ersten Buch The Ducati Story. Sein Rat und spätere Unterstützung waren unermesslich. Mit Phils Tod hat die Ducati-Welt einen ihrer wichtigsten Fürsprecher verloren.

Wie immer habe ich mich auf die Hilfe anderer verlassen, vor allem bei Fotos und Informationen über einige der frühen Modelle. Mein guter Freund Roy Kidney hat mir stets hochwertige Fotos zur Verfügung gestellt. Weitere Personen, denen ich danken möchte, sind David James von Ducati, Alessandro Altinier, Phil Andersen, Rob Barker, Jerry Dean, Angus Dykman, Elvis Centofanti, Peter Hageman, Wolfgang Hobisch, Nico Georgeoglou, John Goldman, Don Kotchoff, Eric Kurtev, Fabio Lorenzet, Tim O'Mahoney, Ninni Pisciotta, Claudio Scalise, Allen Tannenbaum, Pierre Terblanche und Jon White. Bei Motorbooks geht mein Dank an den Verleger Zack Miller, der diese zweite Ausgabe erst möglich gemacht hat. Zu Hause war die Unterstützung durch meine Familie – Miriam, Ben und Tim – wie immer ungebrochen.

—Ian Falloon, Oktober 2021

DUCATI

EINLEITUNG

Als der neunzehnjährige Physikstudent Adriano Cavalieri Ducati 1922 seine ersten Experimente mit dem Radio durchführte, konnte er noch nicht an die Produktion von Motorrädern denken. Am 4. Juli 1926 gründete Adriano zusammen mit seinen Vater Antonio und den Brüdern Bruno und Marcello das Unternehmen Società Scientifica Radio Brevetti Ducati (SSR), das Kondensatoren und andere radiografische Komponenten herstellte. Während Adriano ein brillanter Techniker war, übernahm Bruno die Rolle des Managers und Verwalters und Marcello die des Konstrukteurs. Zu dieser Zeit war Bologna ein Zentrum der Radioentwicklung, und Guglielmo Marconi, der Erfinder des Radios, war einer der berühmtesten Söhne Bolognas. Im Zuge der Modernisierungspolitik des faschistischen Diktators Mussolini expandierte das Unternehmen der Gebrüder Ducati beträchtlich. 1935 erwarben sie einen neuen Standort in Borgo Panigale, einem Industriegebiet am Stadtrand von Bologna.

Dort errichteten die Gebrüder Ducati eine riesige, moderne Fabrik zur Herstellung von Radios und elektronischen Bauteilen. Der Wohlstand des Unternehmens wurde zweifellos durch Mussolinis Interesse an der weiten Verbreitung von Radios zur Unterstützung seiner Propaganda begünstigt. 1940 beschäftigte Ducati 11.000 Mitarbeiter und war das zweitgrößte Unternehmen Italiens. Eine große Forschungsabteilung ermöglichte es, neben der Elektronik auch die Bereiche Optik und Mechanik zu diversifizieren. Ducati begann mit der Herstellung von Kameras und Objektiven sowie von Registrierkassen und elektrischen Rasierapparaten. Der »Raselet« war der erste in Italien hergestellte Elektrorasierer, und da Italien in den ersten Jahren vom Krieg weitgehend verschont blieb, wuchs die Firma weiter, bis die italienische Regierung am 8. September 1943 einen Waffenstillstand mit den Alliierten anstrebte.

Das war der Zeitpunkt, an dem es begann, schief zu laufen für die Brüder Ducati. Am Tag nach dem Waffenstillstand beschlagnahmte die Wehrmacht das Werk und brachte einen Großteil der Anlagen nach Deutschland. Ein weiteres Unglück ereignete sich am 12. Oktober 1944, als die Bombenangriffe der Alliierten die Fabrik fast vollständig zerstörten. Nach dem Krieg arbeiteten die Ducatis kurzzeitig für den alliierten Marine-Nachrichtendienst, doch der Versuch, das Unternehmen wieder aufzubauen, scheiterte an den finanziellen Problemen der Nachkriegszeit. Am 1. Dezember 1947 ging die Società Scientifica Radio Brevetti Ducati in Konkurs, aber das Unternehmen wurde vom IRI (Istituto di Ricostruzione Industriale) als zu wichtig erachtet, als dass man es vollständig hätte zusammenbrechen lassen können.

Ein Finanzkonsortium aus Regierung und Vatikan rettete das Unternehmen. 1948 ging die Kontrolle über Ducati von den Brüdern auf den FIM (Fondo Industrie Meccaniche) und das IMI (L'Istituto Mobiliare Italiano) über. Nun unter staatlicher Kontrolle, sollte in den nächsten vierzig Jahren eine Mischung aus guten und schlechten politischen Entscheidungen die Geschichte von Ducati bestimmen. In der Zwischenzeit war das Werk in Borgo Panigale wieder aufgebaut worden, und Ducati ging eine Allianz mit der SIATA (Società Italiana Applicazioni Techiche Auto-Aviatore) ein, um einen Motorrad-Aufsteckmotor, den »Cucciolo« oder auch »Puppy« genannt, herzustellen. In Borgo Panigale begann man mit der Produktion von Cucciolo-Motoren, Kondensatoren, Kameras und Kinoprojektoren, während Mailand zum Zentrum für Ducati-Radios und Elektronik wurde. Die hochwertigen Messsucherkameras wurden als Miniatur-Leica gefeiert, aber es war die Cucciolo, die die Zukunft von Ducati sichern sollte. Aus diesen bescheidenen Anfängen entwickelte sich eine der größten Motorradmarken Italiens.

KAPITEL 1

DIE ZEIT NACH DEM KRIEG

CUCCIOLOS UND EINZYLINDER MIT HÄNGENDEN VENTILEN, 1946–1954

Ab Juni 1946 baute Ducati auch den Cucciolo T1.

Der Cucciolo wurde ursprünglich von SIATA in Turin als Motor zum Anbau an Fahrräder hergestellt.

Nach dem Waffenstillstand 1943 entwarf der turiner Anwalt und Schriftsteller Aldo Farinelli den Prototyp eines Hilfsmotors, der sich leicht an ein Fahrrad montieren ließ. Entgegen den Anweisungen der Regierung ließ er den Prototyp 1944 in Betrieb nehmen und gab ihm wegen des hohen, kläffenden Auspuffs den Spitznamen Cucciolo (Hundewelpe). Der Cucciolo mag einfach sein, aber die unmittelbare Nachkriegszeit war der richtige Zeitpunkt, um einen solchen Motor zu produzieren. Er ließ sich leicht in einen Fahrradrahmen einbauen und ermöglichte günstige und wirtschaftliche Mobilität. Und da es sich um einen Viertaktmotor handelte, war er äußerst sparsam. Das ordentliche Drehmoment des kleinen Motors und die Zweigangschaltung ermöglichtem es dem Fahrrad bescheidene Steigungen zu überwinden.

CUCCIOLO T1

Farinellis Entwurf wurde von der SIATA in Turin übernommen, und im Juli 1945, kaum einen Monat nach Ende des Zweiten Weltkriegs, gab das Unternehmen Pläne zur Produktion des Cucciolo bekannt. Als erste neues Kraftfahrzeugentwicklung im Nachkriegseuropa überstieg die Nachfrage bald das Angebot. SIATA suchte nach einem Partner mit größeren Produktionskapazitäten und wandte sich an Ducati. Im Juni 1946 begann Ducati auch mit der Lieferung von Cucciolo-Motoren. Zu diesem Zeitpunkt hieß Ducati noch SSR Ducati (Società Scientifica Radio Brevetti Ducati), und das charakteristische SSR-Logo zierte die Produkte. Diese frühen Cucciolo T1-Motoren aus Ducati-Produktion waren identisch mit den SIATA-Motoren, mit diagonalen Kühlrippen und dem um 20 Grad nach vorne geneigten Leichtmetallzylinder, der mit dem schmalen, vertikal geteilten Aluminium-Kurbelgehäuse fest verbunden war. Das Stahlpleuel lief in Rollenlagern, zwei Kugellager stützten die Kurbelwelle.

Das Design des Zylinderkopfs war ungewöhnlich, da sowohl Einlass also auch Auslass nach hinten gerichtet waren. Die beiden hängenden, parallel angeordneten Ventile wurden von zwei Zugstangen statt der üblichen Stößelstangen betätigt, die von einem einzigen Nocken im Kurbelgehäuse angetrieben wurden. Die Kipphebel und Ventilfedern waren freiliegend, und obwohl nur mit Schleuderschmierung ausgestattet, erwarb sich der Cucciolo bald einen Ruf für lange Lebensdauer und hervorragende Zuverlässigkeit.

Ein Zahnrad-Primärantrieb trieb eine im Ölbad laufende Lamellenkupplung an, ein Vorwähler ermöglichte es den Pedalen, die Gänge zu schalten. Die Pedale in vertikaler Position wählten den Leerlauf, das rechte Pedal nach vorne den ersten und das linke Pedal nach vorne den zweiten Gang. Die Kupplung wurde über einen Hebel am linken Lenker betätigt, der Handgashebel befand sich am rechten Lenker.

Der T1-Motor war so konstruiert, dass er an einem Fahrradrahmen befestigt werden konnte, wobei die Fahrradkette als Sekundärantrieb diente. Das Anlassen erfolgte durch Treten der Pedale bei eingelegtem Gang. Der Cucciolo war mit einem angegebenen Verbrauch von 0,8 Litern auf 100 Kilometern so erfolgreich, dass die Produktionszahlen im Laufe des Jahres '47 auf über 240 pro Tag stiegen. 1947 übernahm Ducati die Kontrolle über die gesamte Produktion und den Vertrieb und richtete eine Exportabteilung in Mailand ein. Um die Markteinführung zu feiern, beauftragte Ducati Maestro Olivero mit der Komposition eines Liedes, das in Italien zum Hit wurde. Der Cucciolo wurde in der ganzen Welt verbreitet und war der erfolgreichste aller Mikromotoren der Nachkriegszeit.

CUCCIOLO T1 1946–1947

Motor	**Luftgekühlter Einzylinder-Viertakter**
Bohrung (mm)	**39**
Hub (mm)	**40**
Hubraum (cm³)	**48**
Verdichtung	**6,25:1**
Ventile	**Hängend, Zugstangen**
Vergaser	**8 mm Weber oder Dell'Orto**
Leistungr	**1,25 PS**
Gewicht (nur Motor, kg)	**7,8**
Geschw. (1. Gang) km/h	**4–20**
Geschw. (2. Gang) km/h	**7–40**

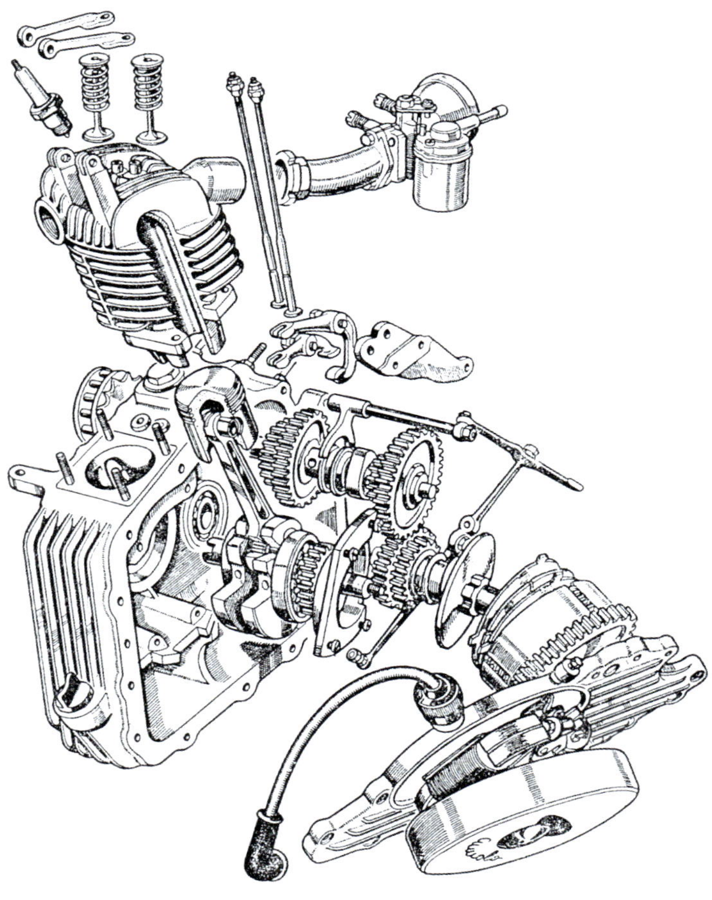

Explosionszeichnung des T2. Die beiden Ventile wurden weiterhin durch Zugstangen betätigt, der Öleinfüllstutzen befand sich an der Vorderseite des Kurbelgehäuses.

1950 wurde der T2 zum T50 weiterentwickelt, wobei sich der Öleinfüllstutzen an der Rückseite des Kurbelgehäuses befand.

CUCCIOLO T2, T50 1948–1952
Unterschiede zum T1

Verdichtung	**5,5:1 (6,5:1 Sport und T50)**
Vergaser	**Weber-Cucciolo 14/8**
Leistung	**0,8 PS (1,25 Sport / 1,5 T50)**
Gewicht (nur Motor, kg)	**8**
Vmax (km/h)	**35 (Turismo)**

CUCCIOLO T2

Für das Jahr 1948 überarbeitete der neu ernannte Chefingenieur Giovanni Fiorio den Cucciolo-Motor und schuf den T2. Die meisten Änderungen dienten der vereinfachten Herstellung, vor allem die Einführung eines abnehmbaren Zylinders. Dessen Verrippung war horizontal, die Verschraubung mit dem nun einteiligen Alu-Kurbelgehäuse erfolgte über einen Vierbolzenflansch. Der überarbeitete Zylinderkopf verfügte über einen nach vorne gerichteten Auslass und das Kurbelgehäuse enthielt einen Öleinfüllstutzen an der Rückseite des Motors.

Der T2 wurde in zwei Versionen produziert: dem Turismo und dem auf Sonderbestellung erhältlichen leistungsstärkerer T2 Sport. Der war mit einem etwas größeren Kolben (für volle 50 cm³) und einem Verdichtungsverhältnis von 8,9:1 ausgestattet und leistete zwei PS bei 5700/min. Eingebaut in einen Rennradrahmen erreichte er eine Geschwindigkeit von über 60 km/h. Bereits im Februar 1947 gewann der Cucciolo Rennen in der Micromotore-Klasse. Die T2 Sport war die erste von vielen speziellen Werksmaschinen für Privatfahrer.

Da die Verkäufe boomten, wurde für '49 eine einfachere T0 angeboten. Mit ihrer festen Übersetzung und begrenzter Leistung war sie unpopulär und nur ein Jahr erhältlich. Eine aktualisierte T2 erschien 1950 unter der Bezeichnung T50. Neben dem nach hinten verlegten Öleinfüllstutzen wurden auch die Kupplung, der Primärantrieb und der Vergaser überarbeitet.

CUCCIOLO T3

1948 erschien mit der T3 noch eine Weiterentwicklung. Fiorio vergrößerte den Hubraum auf 60 cm³, umbaute die freiliegenden Ventile mit einer Fettschmierung und baute ein Dreiganggetriebe ein. Die Fußschaltung war nun von den Pedalen getrennt, die noch zum Starten verwendet wurden. Dieser Motor sollte die Grundlage für das erste komplette Ducati-Motorrad bilden, wurde aber zunächst in der ungewöhnlichen dreirädrigen »Girino« gezeigt. Sie ging zwar nicht in Produktion, aber in der Zwischenzeit wurde die T3 von einigen privaten Teilnehmern für den Rennsport vorbereitet. Sie war jedoch nie so erfolgreich wie die 50-cm³-Version, da sie von der 65-cm³-Moto Guzzi Guzzino überflügelt wurde.

CUCCIOLO T3 1948–1949

Unterschiede zum T2

Bohrung (mm)	**43,8**
Hubraum (cm³)	**60**
Schaltung	**Dreigang**

60 1949–1950

Unterschiede zum Cucciolo T3

Bohrung (mm)	**42**
Hub (mm)	**43**
Hubraum (cm³)	**59,57**
Verdichtung	**8:1**
Vergaser	**Weber Typ 15 MFC**
Leistung	**2,25 PS bei 5000/min**
Federung vorne	**Teleskopgabel**
Federung hinten	**Cantilever-Schwinge**
Gewicht (kg)	**44,5**
Farben	**Dunkelrot mit goldenen Pinstripes**
Motor- und Rahmennummern	**Ab DM 60001**

Obwohl die erste Serie 60 im Laufe des Jahres 1950 fertiggestellt wurde, blieb sie bis 1951 erhältlich, wie diese Anzeige verkündet.

Das erste Ducati-Motorrad war diese 60 von 1949. Der Motor war ein T3 mit abgedeckten Ventilen, während der Rahmen von Caproni stammte.

60

Die 60 cm³ T3 von Giovanni Fiorio aus dem Jahr '48 veranlasste Ducati dazu, die Produktion eines kompletten Motorrads in Erwägung zu ziehen. Ducati hatte keine Erfahrung in der Herstellung von Fahrgestellen, aber viele andere Hersteller entwickelten spezielle Rahmen für die Cucciolo. Einer davon war ein Stahlrohrrahmen mit Hinterradfederung von Caproni aus Rovereto. Ducati beauftragte Caproni mit der Lieferung von Rahmen für die erste Ducati, die 60, die 1949 erschien. Im Mai '50 produzierte Caproni ein eigenes Motorrad und beendete die Zusammenarbeit.

Die 49er 60 war für ihre Zeit sehr fortschrittlich und unterschied sich deutlich vom zweiten Typ, der im März 1950 vorgestellt wurde. Der erste Motor war im Wesentlichen ein modifizierter Cucciolo T3. Der Caproni-Pressstahlrahmen verfügte über eine Teleskop-Vordergabel mit Schraubenfederung und eine freitragende Hinterradaufhängung mit einer Feder unter dem Sitz sowie zwei Reibungsdämpfern. Die 60er war das erste Modell, das die Motor- und Rahmenbezeichnung DM trug.

RENN-CUCCIOLOS

Cucciolos waren in den späten 40er Jahren bei Straßenrennen sehr erfolgreich. Hier einige T2 bei einem Rennen 1948.

Da der Rennsport in Italien weit verbreitet war, blieb es nicht aus, dass die Cucciolo für den Wettbewerb in der Micromotore-Klasse bis zu 50 cm³ angepasst wurde. Im Februar 1947 errang Mario Recchia mit einer Cucciolo den ersten Sieg und 1948 bot Ducati auf Sonderbestellung einen ersten Rennmotor an, den T2 Sport. Der war 1948 sehr erfolgreich, vor allem bei Bergrennen, wo das Drehmoment des Viertakters einen Vorteil gegenüber den Zweitaktern bot. Erst 1950 stellte Ducati sein erstes komplettes Motorrad her; alle Cucciolo-Rennmaschinen waren zu diesem Zeitpunkt mit eigenen Rahmen ausgestattet.

Am 5. März 1950 nahm Ducati zum ersten Mal offiziell am Wettbewerb teil und unterstützt Ugo Tamarozzi bei seinem Weltrekordversuch in Monza. Der 56-jährige Tamarozzi bereitete die Maschine in seinem Keller in Mailand vor. Mit einer Verdichtung von 9,5:1, einem 12-mm-Dell'Orto-Vergaser und einem Benzin-Benzol-Gemisch von 50:50 hielt er sich peinlich genau an die Drehzahlbegrenzung von 3500/min und stellte sechs Strecken- und sechs Geschwindigkeitsrekorde auf. Sein schnellster Rekord waren die 100 Meilen mit 66,092 km/h zurückzulegen. Damit nicht genug. Tamarozzi kehrte im Mai mit seinem Beifahrer Glauco Zitelli und einer von Chefingenieur Giovanni Fiorio vorbereiteten Werksmaschine zurück und stellte zwanzig weitere Rekorde auf. Der Cucciolo lief zwölf Stunden lang mit 67,156 km/h im Mittel. Im November 1950 stellten Tamarozzi und ein Team von Fahrern siebenundzwanzig weitere Langstrecken-Weltrekorde auf, darunter den über 3000 Kilometer mit 66,320 km/h und den über achtundvierzig Stunden mit 63,200 km/h im Schnitt. Diese Rekorde blieben fast fünf Jahre lang bestehen!

Im Jahr 1951 setzte das Werk den Cucciolo und den 65 Sport weiterhin im Wettbewerb ein und wurde mit dem dritten Platz von Franco Petrucci in der Klasse unter 75 cm³ beim Straßenrennen Mailand-Taranto belohnt. Der kleine Motor war auch für den Einsatz im Gelände geeignet. In jenem Jahr nahm ein Werksteam an der ISDT in den Valli Bergamasche in Italien teil und Tamarozzi gewann die Silbermedaille.

Das Ducati-Team auf 65TS im Jahr 1951. Sie waren in der Kategorie unter 75 cm³ bei den italienischen Straßenrennen mäßig erfolgreich.

Neu für 1951 war die 60 Sport, der zweite Typ mit neuen Rahmen und Hinterradaufhängung. Mit dem Stoßstangenmotor samt hängenden Ventilen war sie das erste Sportmotorrad von Ducati.

60 SPORT, 65 SPORT

Kaum war der 60er in Produktion, hatte Fiorio wieder etwas auf dem Reißbrett, einen 65-cm³-Motor mit Stößelstangen und obenliegenden Ventilen. Dieses Triebwerk, das vordergründig auf dem Cucciolo basierte, sollte fast zwei Jahrzehnte lang Bestand haben. Der zusätzliche Hubraum resultierte aus einer größeren Bohrung, die Leistungssteigerung aus einem optimierten Brennraum und einem größeren Vergaser. Der Zylinderkopf war insofern ungewöhnlich, als sich der Einlass auf der linken und der Auslass auf der rechten Seite befand.

Die 60 Sport wurde 1952 zur 65 Sport, aber abgesehen von den Tankaufklebern und der Farbe blieb sie unverändert.

60 SPORT 1950–1952, 65 SPORT 1953
Unterschiede zur 60

Bohrung (mm)	**44**
Hubraum (cc)	**65,38**
Verdichtung	**8:1**
Ventile	**Hängend, Stößelstangen**
Vergaser	**Weber Type 16 MFC o. Dell'Orto MA16B**
Leistung	**2.5 PS bei 5500/min (5600, 65 Sport)**
Reifen	**1.75x22 Zoll**
Federung hinten	**Schwinge**
Gewicht (kg)	**48 (54, 65 Sport)**
Vmax (km/h)	**70**
Farben	**60S: Schwarzer Rahmen, verchromter Tank mit roten Pads**
	65S: Dunkelroter oder grüner Tank mit Verchromung
Motornummern	**Ab 65T 06001**

Zunächst wurde der 65-cm³-Motor in das Caproni-Fahrgestell der 60er eingebaut und 60 Sport genannt. Bald nach dem Ende der Caproni-Verbindung erschien eine neue 60 Sport mit demselben Motor in einem neuen Fahrgestell. Während der offene Pressstahlrahmen und die Teleskop-Vorderradgabel ähnlich waren, verfügte der Hinterbau über eine Schwinge mit zwei Stoßdämpfern. Die 60 Sport wurde im Laufe des Jahres 1952 in 65 Sport umbenannt, war aber bis auf die neuen Farben identisch.

Im Oktober '51 bekam Ducati Meccanica einen neuen Direktor, Dr. Giuseppe Montano. Als Enthusiast sollte Montano einen tiefgreifenden Einfluss auf die Ausrichtung des Unternehmens haben, indem er sofort aktualisierte Designs und ein erweitertes Rennprogramm genehmigte.

65T, 65TL

Mit der Markteinführung der 98 im Jahr '52 wurde die 65 zunächst in die Rolle des gewöhnlichen Arbeitstiers zurückgedrängt, zunächst als Touring 65T und 65TL (Turismo Lusso) in höherer Ausführung. Dazu gehörte ein neuer offener Rahmen aus gepresstem Stahl mit einem gebogenen hinteren Hilfsrahmen aus Rohrprofilen, ähnlich dem der 98. Die 65 Sport wurde 1954 eingestellt, aber die 65T und 65TL wurden bis 1958 weiter gebaut.

»Einfaches Transportmittel für alle« – so warb Ducati 1952 für die 65T. Die Ursprünge des Cucciolo-Motors sind deutlich erkennbar. Der Rahmen besteht aus gepresstem Stahl und die Federung ist rudimentär.

65T, 65TL 1952–1954
Unterschiede zur 65 Sport

Reifen	**2.00x22 Pirelli**
Gewicht (kg)	**54**
Vmax (km/h)	**70**
Farben	**Hauptsächlich dunkelrot**

UNTEN: Mario Recchia fuhr mit dieser 52er 65T (Motornummer 06754) unter der Woche zur Arbeit nach Bologna und sonntags damit Rennen. Sie ging in Siena während der Milano-Taranto-Rallye kaputt. Recchia zerlegte den Motor und schmierte die Lager mit einer Banane, da er kein Öl hatte – und konnte das Rennen beenden.

Die 65TL wurde als luxuriöseres Modell verkauft und sah der 65T ähnlich.

48 1952–1954	
Unterschiede zur Cucciolo T2	
Vegaser	**Weber 14 mm**
Leistung	**1,5 PS bei 5500/min**
Schaltung	**Dreigang**
Reifen	**1,75x24 Pirelli**
Bremsen	**Trommeln**
Gewicht (kg)	**41**
Vmax (km/h)	**50**
Farben	**Hellgrau, schwarze Akzente**

Die 48 von '52 bis '54 war mehr ein Motorrad als die früheren Cucciolos und hatte eine Vorder- und Hinterradfederung.

48

Nach den erfolgreichen Rekorden von Tamarozzi und Zitelli wurde der Cucciolo 1952 als 48er zu neuem Leben erweckt. Sie wurde als komplettes Motorrad verkauft und kombinierte Merkmale der T2 und der T3. Der 48-cm^3-Motor verfügte über die abgedeckten Ventile der T3 mit Fettschmierung und Dreiganggetriebe. Der Pressstahlrahmen war mit einer gefederten Parallelogramm-Vorderradgabel ausgestattet und enthielt einen 4-Liter-Tank. Eine Verbesserung gegenüber den fahrradähnlichen Cucciolos waren die beiden Bremstrommeln. Und obwohl sie eine unscheinbare Maschine war, bestach sie vor allem durch ihren Verbrauch von angeblich 1,1 Liter auf 100 km. Andere Varianten der 48er basierten auf einem fahrradähnlichen Rohrrahmen (Typ G und DG), während eine weitere Version der unpopuläre und kurzlebige Ciclo-Roller war, mit abgeschrägten Kotflügeln und Motorverkleidungen.

CRUISER

1950, als die Cucciolo-Verkäufe zurückgingen und Italien im Bann des Rollers stand, beschloss Ducati, in diesen neuen Markt einzusteigen. Bei der Entwicklung des Cruisers wurden keine Kosten gescheut und Ducati begnügte sich nicht damit, einen Vespa- oder Lambretta-Zweitaktklon zu bauen, sondern ließ von Giovanni Fiorio einen neuen Viertaktmotor entwickeln. Außerdem beauftragte Ducati eine externe Designfirma mit der Gestaltung der Karosserie. Erstaunlich ehrgeizig, war es doch der erste Viertakt-Roller und das erste Motorrad mit Automatikgetriebe. Der Cruiser war als Luxusmodell gedacht, der eine neue, wohlhabendere Kundschaft ansprechen sollte.

Einige der Konstruktionsmerkmale des Cruiser-Motors waren hängende Ventile und ein einzelner Dell'Orto-Fallstromvergaser. Ursprünglich leistete der Motor 12 PS, wurde aber später auf 7,5 PS gedrosselt, da die Regierung eine Begrenzung von 80 km/h für Motorroller vorschrieb. Ein Novum für einen Roller war der serienmäßige elektrische Anlasser, und zu einer Zeit, als fast alle Autos und Motorräder ein schwaches 6-Volt-Bordsystem verwendeten, hatte der Cruiser eine 12-Volt-Elektrik samt riesiger 32-Ampere-Batterie.

OBEN LINKS: Obwohl für die damalige Zeit fortschrittlich, war der Cruiser schwer und kompliziert und ein erfolgloser Versuch von Ducati, auf dem Rollermarkt einzudringen.

OBEN: Bis Mitte 1956 wurde dieses SSR-Logo noch auf Prospekten und auf einigen Motorrädern verwendet.

Noch bemerkenswerter als der Motor und die elektrische Anlage war das automatische Getriebe. Es lag längs unter dem Sitz und verfügte über einen hydraulischen Drehmomentwandler, der in einem Gussteil aus Aluminium untergebracht war, das auch den Schwingendrehpunkt integrierte. Leider war das Automatikgetriebe trotz der lobenswerten Bemühungen, den Cruiser zu einer benutzerfreundlichen Maschine zu machen, äußerst kompliziert, und Probleme führten zu zahlreichen Garantieansprüchen.

Die Hinterradaufhängung war insofern ungewöhnlich, als dass sie aus einem langen Arm bestand, verbunden mit einem Zylinder samt Gummidämpfern, wobei die Einheit horizontal unter dem Motor angeordnet war. Die Vorderradaufhängung war ein patentierter neuer Typ, ähnlich dem Schwingbügel eines Rollers, aber mit einem einzigen hydraulischen Stoßdämpfer.

Obwohl Ducati zunächst nur zugab, dass die Karosserie »von einem bekannten Design-Büro« entworfen worden war, stellte sich bald heraus, dass Ghia für die Linienführung verantwortlich zeichnete. Das Styling des Cruiser war unauffällig, aber als er im Januar 1952 auf der Mailänder

CRUISER 1952–1954

Motor	**Luftgekühlter Einzylinder-Viertakter**
Bohrung (mm)	**62**
Hub (mm)	**58**
Hubraum (cm³)	**175**
Verdichtung	**7.5:1**
Ventile	**Hängend, Stößelstangen**
Vergaser	**Dell'Orto**
Leistung	**7,5 PS beit 5600/min**
Schaltung	**Automatik**
Reifen	**2.45x10 Pirelli**
Gewicht (kg)	**154**
Vmax (km/h)	**80**
Farben	**Blau und Grau, Rot und Grau**
Stückzahl	**2000**

Hinter dem Motor war ein Reserverad angebracht, zusammen mit einer Batterie.

Messe vorgestellt wurde, feierte man den Cruiser zunächst aufgrund seiner technischen Innovation. Da Ducati jedoch nicht für die Herstellung von Motorrollern bekannt war, galt er gegenüber den etablierten und erfolgreichen Vespa und Lambretta als schwer und kompliziert. Schon bald hatte der Cruiser den Ruf, unzuverlässig zu sein, und war dem Untergang geweiht. Obwohl das Modell bis 1954 überlebte, lernte Ducati nicht aus dieser Erfahrung und wiederholte das Roller-Debakel ein Jahrzehnt später.

Die erste 98 war in ihrer grauen Lackierung eher langweilig, löste sich aber von den Cucciolo-Ursprüngen. Dies ist ein Exemplar aus dem Jahr 1952 mit der Nummer 20402.

98 1952–1954
Unterschiede zur 65

Bohrung (mm)	**49**
Hub (mm)	**52**
Hubraum (cm³)	**98,058**
Verdichtung	**8:1**
Vergaser	**Dell'Orto MA16B**
Leistung	**5,5 PS bei 6800/min**
Reifen	**2.75x17 Pirelli oder CEAT**
Federung vorne	**Teleskopgabel**
Federung hinten	**Schwinge**
Radstand (mm)	**1240**
Gewicht (kg)	**72**
Vmax (km/h)	**75**
Farbe	**Grau**
Motor- und Rahmennummern	**Ab DM 10001**

98

Neben dem Cruiser wurde auf der Mailänder Messe 1952 die 98 vorgestellt. Das neue Motorrad wurde ebenfalls von Fiorio entworfen und war eine konventionelle Weiterentwicklung der 65. Der Viertaktmotor mit hängenden Ventilen hatte einen nach vorne gerichteten Auslass und einen hinten angeordneten Vergaser, mit einer externen Ölleitung für den Ventiltrieb auf der rechten Seite. Der Zylinder war um 25 Grad geneigt und die Ventile waren in einem Winkel von 100 Grad angeordnet. Die Motorgehäuse wurden so umgestaltet, dass die anfangs noch mit drei Gängen ausgestatteten Getriebe nahtlos in integriert werden konnten.

Neu war auch der offene Pressstahlrahmen. Mit den schweren Kotflügeln und der massiven, aber ungedämpften Teleskopgabel sah die 98er wie ein richtiges Motorrad aus. Ein kleiner 10-Liter-Tank saß auf dem Rahmenrücken, bei den frühen Versionen wurden Schutzblech und Gepäckträger mit einer einzigen Halterung befestigt. Das änderte sich, als ein längerer hinterer Hilfsrahmen mit einer zusätzlichen Halterung versehen wurde. Abgesehen von Auspuff und Farben blieb die 98 bis '54 praktisch unverändert.

Neu für 1953 war die zweite Version der 98, die 98T. Diese hatte einen Doppelsitz, einen größeren Kraftstofftank und bekam neue Farben.

Ebenfalls neu für 1953 war die 98TL mit großem Motorschutzbügel.

98T, 98TL 1953–1954
Unterschiede zur 98

Vergaser	**Dell'Orto MA18B (98TL)**
Leistung	**5,8 PS bei 7500/min**
Reifen	**2.50x17, 2.75x17**
Radstand (mm)	**1245**
Gewicht (kg)	**80**
Vmax (km/h)	**75**
Motor- und Rahmennummern	**Ab DM 1001**

98T, 98TL

Im Jahr '53 wurde Ducati in zwei Abteilungen aufgeteilt: Ducati Meccanica, zuständig für die Motorräder, und Ducati Elettrotecnica, die Elektroabteilung. Obwohl beide unabhängig voneinander arbeiteten, waren sie bis 1956 der Muttergesellschaft SSR unterstellt. In der Zwischenzeit veranlasste Montano die Modernisierung des Werks in Borgo Panigale, um die Produktion zu steigern. Infolgedessen erschienen '53 weitere Varianten der 98.

Zur 98 gesellten sich die 98T (Turismo) und die 98TL (Turismo Lusso). Die 98T erhielt einen neu gestalteten größeren Benzintank (14 Liter), einen neuen Lenker, einen Doppelsitz und neue Farben, aber der Motor und das Fahrwerk waren mit der früheren 98 identisch. Die 98TL hatte Leichtmetallfelgen, einen höher verstrebten Lenker, einen anderen Tank und einen zweiteiligen Sattel sowie einen großen Schutzbügel und einen größeren Vergaser.

98 SPORT, 98 SUPER SPORT

Die erste sportliche Ducati, die 98 Sport, erscheint ebenfalls '53 auf der Mailänder Messe. Neben einem Vierganggetriebe wurde der Motor verstärkt, der größere Vergaser auf einen längeren Ansaugstutzen montiert und an der Vorderseite der Ölwanne ein gerippter Ölkühler

Die 98 Sport war das erste sportliche Modell von Ducati und verfügte nun über ein Vierganggetriebe. Der erste Sport-Hilfsrahmen hatte nur einen Bolzen zur Sitzbefestigung.

Die 98SS von 1954 erhielt eine neue Vorderradgabel und einen 20-mm-Vergaser.

angebracht. Der Benzintank war mit dem der 98TL identisch, aber der Lenker war niedriger und die 17-Zoll-Leichtmetallfelgen hatten eine Trommelbremse über die gesamte Breite. Die Sport war eine Abwechslung zu den bis dahin üblichen Motorrädern, aber die 98 Super Sport, die '54 erschien, war ganz anders. Eine kleine, am Lenker montierte Verkleidung und eine Blende ergänzten den 14-Liter-Tank. Der Motor wurde weiter verbessert und die Federung war neu. Aufgrund des Erfolgs der Marianna mit obenliegender Nockenwelle wurde die 98 Super Sport nur bis '55 gebaut, aber das Fahrgestell und das Design der 98 Super Sport wurden von der 98 Sport von 1956 übernommen. Die 98 Sport und die 98 Super Sport waren sicherlich die attraktivsten Modelle unter den eher langweiligen Modellen mit obenliegender Nockenwelle.

98 SPORT 1953–1954, 98 SS 1954–1955

Unterschiede zur 98 und zur 98N

Verdichtung	**9:1 (10:1)**
Vergaser	**Dell'Orto MA18B (MB20B)**
Leistung	**6,8 (7) PS bei 7300/min**
Schaltung	**Viergang**
Reifen	**2.50x17, 2.75x17 CEAT**
Bremsen (mm)	**158 vorne, 135 hinten**
Gewicht (kg)	**75**
Vmax (km/h)	**90 (95; 98 SS)**
Farben	**Schwarz/Silber**
Motor- und Rahmennummern	**Bis DM 06000**

Mit der Einführung der 98er mit obenliegenden Ventilen im Jahr '52 beschloss Ducati, sich auf die 100-ccm-Rennklasse zu konzentrieren, hatte aber wenig Erfolg. Bis Taglioni die Vorbereitungen für die ISDT 1954 in Wales überwachte. Obwohl es die kleinsten Maschinen waren, die an der Veranstaltung teilnahmen, gewannen Alberto Farnè und Giovanni Malaguti beide die Silbermedaille. Beim Motogiro d'Italia 1954 setzte Ducati fünf 98er ein, gefahren von Alberto Gandossi, Silvio Landi, Sergio Saccomandi, Mario Recchia und dem jungen Franco Farnè. Doch obwohl Gandossi zwei Sektionen gewann und Dritter der Gesamtwertung wurde, demütigten die Laverdas das Ducati-Team. Montano war verärgert und lockte sofort Fabio Taglioni von Mondial mit einem Einjahresvertrag, um das Renngeschick von Ducati zu lenken. Dies sollte der Wendepunkt für das Unternehmen sein.

Der Ducati-Stand auf der Mailänder Messe '54. Vorne ist die 98 Sport zu sehen.

KAPITEL 2

TAGLIONIS ANKUNFT

DIE GRAN SPORT UND DESMODROMICS MIT OBENLIEGENDER NOCKENWELLE SOWIE EINZYLINDER MIT HÄNGENDEN VENTILEN, 1955-1960

Fabio Taglioni war 35 Jahre lang Chefingenieur bei Ducati und der Vater der Ventil-Zwangssteuerung.

In den 1950er Jahren strebten die meisten italienischen Hersteller von Motorrädern mit kleinerem Hubraum nach Erfolgen bei den Straßenrennen. Von besonderer Bedeutung für Ducati war der Motogiro d'Italia für Motorräder unter 175 cm³, der über neun Tage in Etappen auf normalen italienischen Straßen ausgetragen wurde. Gute Ergebnisse bei den Gran Fondo-Veranstaltungen galten als entscheidend für den Absatz und nur einen Monat nach der Motogiro-Demütigung von '54 warb Ducati-Geschäftsführer Montano Konstrukteur Fabio Taglioni von Mondial ab und beauftragte ihn mit der Konstruktion eines Motorrads, das den Motogiro 1955 gewinnen sollte.

Das Ergebnis war die großartige Gran Sport, später landläufig Marianna genannt. Diese fortschrittliche Konstruktion bildete die Grundlage für alle Einzylinder mit obenliegender Nockenwelle bis 1975 und viele ihrer Merkmale sind auch heute noch in einigen Motoren zu finden. Nach der Demütigung von '54 hätte niemand den Erfolg der Mariannas beim Motogiro d'Italia '55 vorhersagen können. Sie waren unschlagbar und stellten einen bis heute gültigen Rennrekord auf. Taglionis Zusammenarbeit mit Ducati sollte vier Jahrzehnte dauern.

Fabio Taglioni mit Battilani, Vighi, Villa und Lelli bei der Freigabe der Gran Sport in Imola, vor dem Giro d'Italia 1955.

FABIO TAGLIONI

Als Fabio Taglioni am 1. Mai 1954 zu Ducati kam, hatte der 33-Jährige bereits einen guten Ruf als Motorradingenieur. Der am 10. September 1920 geborene Taglioni stammte aus Lugo, im Zentrum der Region Emilia Romagna, die für ihre reiche Tradition im Automobilbau bekannt ist. Sein Interesse an Motorrädern begann in den 30er-Jahren. Nachdem er im Zweiten Weltkrieg eine Beinverletzung erlitten hatte, schloss er sein Ingenieurstudium an der Universität Bologna in drei statt der üblichen fünf Jahre ab, indem er sich selbst unterrichtete. Nach seinem Abschluss '48 lehrte er an einer technischen Hochschule in Imola und entwickelte mit Hilfe seiner Schüler eine Rennmaschine, die er an das kleine Motorradunternehmen Ceccato verkaufte. Dies führte schließlich dazu, dass er '52 zum Assistenten von Alfonso Drusiani bei FB Mondial ernannt wurde. Mondial hatte gerade drei 125er-Weltmeisterschaften in Folge gewonnen und Drusianis 125er-Rennmaschine mit zwei obenliegenden Nockenwellen diente Taglioni als Inspiration für die Entwicklung der Gran Sport.

Taglionis Erfolg mit den zwangsgesteuerten – desmodromischen – Grand-Prix-Maschinen verschaffte ihm einen internationalen Ruf, aber er blieb Ducati stets treu und widerstand der Versuchung lukrativer Angebote aus der Autoindustrie. Taglioni war ein produktiver Konstrukteur war, dessen Interesse in erster Linie dem Rennsport galt, oft zum Nachteil der Serienmodelle. Seine Formel für eine Rennmaschine lautete: »Geringes Gewicht, Einfachheit, ein schmaler Motor und ein breites Leistungsband«.

Was an Fabio Taglioni am meisten beeindruckte, war seine Bescheidenheit. Er war nie arrogant oder dogmatisch, sondern erkannte immer die Unterstützung anderer an. Obwohl er manchmal für seinen Konservatismus und seine Abneigung gegen neue Technologien kritisiert wurde, bleibt Taglioni die wichtigste Figur in der Geschichte des Ducati-Rennsports. Er war der Vater der desmodromischen Ventilsteuerung und der Einzige, der sie erfolgreich in einem Motorrad einsetzte. Auch nach seinem offiziellen Rücktritt im Jahr 1989 war Fabio Taglioni in die Motorenentwicklung involviert und erkrankte später an einem Emphysem, das die Folge seines lebenslangen Rauchens war. Bis zu seinem Tod am 19. Juli 2001 blieb er eine verehrte Persönlichkeit in Borgo Panigale..

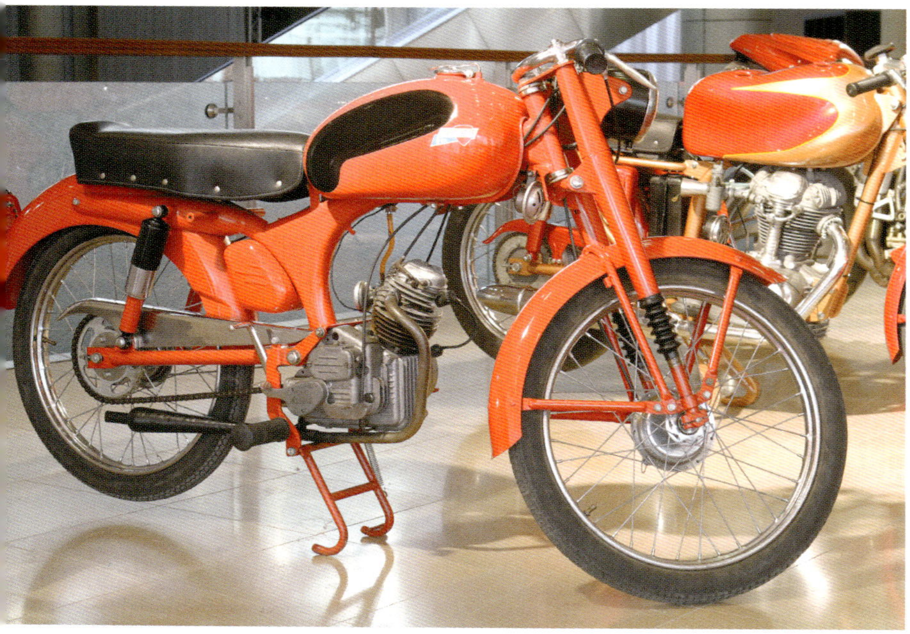

65TS 1955–1958 Unterschiede zur 65 Sport	
Verdichtung	**8:1**
Reifen	**2.00x18 CEAT**
Farben	**Hauptsächlich Rot/Schwarz**
Rahmennummern	**Ab DM 50001**

Neu für 1955 war die 65TS, die sich im Windschatten des Erfolgs der Ducati Motogiro großer Beliebtheit erfreute.

1955

Während Taglioni an der Gran Sport arbeitete, wurde das bestehende Programm an Cucciolos und Einzylindern mit hängenden Ventilen weitergeführt, das nun die 65TS, eine aktualisierte 98 Sport und die letzte Cucciolo, die 55, umfasste.

65TS, 65T, 65TL

Während die 65T und 65TL unverändert blieben, gab es neu die 65TS (Turismo Sport), die der früheren 65 Sport ähnelte, aber das T/TL-Fahrgestell besaß. Neben einer Zweiersitzbank wurde der Tank umgestaltet, eine kleine Verkleidung ergänzte den niedrigen Lenker. Dieses Modell war 1955 das meistverkaufte Motorrad in Italien. Es blieb bis 1958 im Sortiment.

Ein weiteres aktualisiertes Modell war die 98 Sport, erkennbar an dem vorne montierten Ölkühler.

98 Sport, 98T, 98TL, 98

Für 1955 war auch eine neue 98 Sport erhältlich, deren Stahlblechrahmen und Styling von der früheren 98 Super Sport übernommen wurde. Die Modelle 98, 98T und 98TL blieben in diesem Jahr unverändert.

55E, 55R

Der M55, der 1955 die 48er ablöste, war die letzte Weiterentwicklung der Cucciolo. Mit einem Hubraum von 48 cm³ und einer bemerkenswerten Ähnlichkeit zu Farinellis fast zehn Jahre altem Design wurde der M55 in einen neuen Pressstahlrahmen mit einer Moped-ähnlichen Vorderradgabel eingebaut. Die 55E (Elastico) hatte eine Hinterradfederung, während die 55R (Rigido) ein starres Heck besaß. In mancher Hinsicht war de M55 schlechter ausgestattet als die 48er, hatte weniger Leistung, und das Getriebe war nur zweigängig. Wie bei der früheren Cucciolo erfolgte das Anlassen mit Fahrradpedalen.

Als der M55 auf den Markt kam, befand sich die Motorradwelt im Wandel. Als eine wohlhabendere Kundschaft zu erschwinglichen Automobilen wechselte, begann der Motorradabsatz Mitte der 1950er Jahre zu sinken. Einfache Motorräder für den Transport, wie die M55, litten am meisten. 1957 hatte die Cucciolo ihre besten Tage hinter sich, aber mit mehr als 400.000 produzierten Exemplaren machte sie Ducati als Motorradhersteller bekannt.

98 SPORT 1955–1958
Unterschiede zu 1954

Verdichtung	**10:1**
Vergaser	**Dell'Orto MB20B**
Leistung	**6,5 PS bei 7000/min**
Farbe	**Grau, Grau/Schwarz**
Motor- und Rahmennummern	**Ab DM 06001**

Der M55, nun mit Vorder- und optionaler Hinterradaufhängung, war die letzte Version des Cucciolo.

55E, 55R 1955–1957
Unterschiede zur 48

Verdichtung	**6,7:1**
Vergaser	**Weber Typ 14 MFC**
Leistung	**1,35 PS bei 5500/min**
Schaltung	**Zweigang**
Reifen	**2.00x18 CEAT**
Gewicht (kg)	**45**
Vmax (km/h)	**48**
Farben	**Hellgrau oder Rot**

Außenliegendes Schwungrad und schmales Kurbelgehäuse des M55-Motors zeugen von Verbundenheit zum anfänglichen Cucciolo.

Die 100er Gran Sport begründete die Rennsporttradition von Ducati.

100 Gran Sport (Marianna)

Da die Gran Sport stets für den Rennsport vorgesehen war, stellte sie für Ducati eine Abkehr von den bestehenden Einzylindern mit hängenden Ventilen dar und sollte auch die Konstruktion der Ducati-Motoren für die nächsten sechs Jahrzehnte beeinflussen. Die Basis bildete ein vertikal geteiltes Aluminium-Kurbelgehäuse, produziert im Sandgussverfahren. Der Zylinder war um zehn Grad nach vorne geneigt und die obenliegende Nockenwelle wurde von einer Königswelle angetrieben. In einer Zeit, in der fast alle Konkurrenten über Stößelstangen verfügten, verschaffte dies der Gran Sport sofort einen Vorteil. Alle Lager waren kugel- oder rollengelagert, ein Merkmal, das sich bis zur Pantah von 1979 bei allen Ducati-Rennmotoren durchsetzen sollte.

In den Kurbelgehäusen war ein Vierganggetriebe integriert, das über geradverzahnte Primärzahnräder mit einer Mehrscheiben-Nasskupplung verbunden war. Die Ventile standen im zweigeteilten Zylinderkopf in einem Winkel von 80 Grad zueinander. Der Motor war in einem einteiligen Stahlrohrrahmen untergebracht, der ihn als tragendes Element nutzte – ein weiteres Merkmal, das sich über Jahrzehnte hinweg bei vielen Ducatis wiederfinden sollte. Die Federung erfolgte über eine Teleskopgabel und zwei Stoßdämpfer, die Amadori-Bremsen waren aus Magnesium. Lichtmaschine, Hupe und Scheinwerfer wurden eingebaut, um den italienischen FMI-Vorschriften zu entsprechen.

Als das Modell am 5. März 1955 offiziell vorgestellt wurde, nahmen 37 Gran Sport an der 3400 Kilometer langen Motogiro d'Italia teil. Zu den Fahrern gehörten unter anderem Gianni Degli Antoni, Leopoldo Tartarini und Francesco Villa. Nach der Enttäuschung des Vorjahres konnte niemand den Erfolg vorhersagen: Degli Antoni gewann mühelos die 100-ccm-Klasse mit einer Mittel von 98,90 km/h, was für den fünften Platz in der Gesamtwertung reichte. Damit war nicht nur Taglionis Zukunft gesichert, sondern Ducati konnte sich auch als »das Wunder des Motogiro« bezeichnen. Die Marianna wurde als Serienodell angeboten, war aber immer eine teure, in limitierter Auflage produzierte Rennmaschine.

LINKS: Degli Antoni war 1955 der erfolgreichste Ducati-Fahrer beim Motogiro.

OBEN: Aldo Forcinelli war einer von 37 Fahrern, die auf einer Ducati am Motogiro 1955 teilnahmen.

UNTEN: Leopoldo Tartarini mit der Gran Sport beim Motogiro d'Italia 1955.

100 GRAN SPORT 1955–1957

Motor	**Luftgekühlter Einzylinder-Viertakter**
Bohrung (mm)	**49,4**
Hub (mm)	**52**
Hubraum (cm³)	**99,66**
Verdichtung	**8,5:1**
Ventiltrieb	**Königswelle, obenliegende Nockenwelle**
Vergaser	**Dell'Orto SSI 20C**
Leistung	**9 PS bei 9000/min (9,7 PS bei 9800/min bis 12 PS bei 10.500/min im Jahr 1956)**
Schaltung	**Viergang**
Federung vorne	**Teleskopgabel**
Federung hinten	**Schwinge mit zwei Stoßdämpfern**
Reifen	**2.75x17**
Bremsen	**160 mm vorne und hinten**
Radstand (mm)	**1280**
Trockengewicht (kg)	**80**
Vmax (km/h)	**130**
Motornummern	**Ab 001**

Die 125 Gran Sport wurde kurz nach der 100er eingeführt. Sie war zwar sehr ähnlich, aber die Räder waren größer, 18 Zoll statt 17 Zoll.

125 Gran Sport

Als im Juni das Rennen Mailand-Taranto anstand, bereitete Taglioni eine 125er Marianna für Maoggi vor. Leicht aufgebohrt, mit größeren Ventilen und größerem Dell'Orto-Vergaser versehen. Trotz der besseren Leistung und des größeren Raddurchmessers reichte es für Maoggi nicht aus, um seinen Teamkollegen Degli Antoni auf der 100er Marianna zu schlagen.

125 GRAN SPORT 1955–1957

Unterschiede zur 100 Gran Sport

Bohrung (mm)	**55,25**
Hubraum (cm³)	**124,8**
Vergaser	**Dell'Orto SSI 20C oder 22C**
Leistung	**12 PS bei 9800/min (14 bei 10.000/min ab 1956)**
Räder	**18 Zoll vorne und hinten**
Trockengewicht (kg)	**85**
Motornummern	**Ab 501**

Der Motor mit obenliegender Nockenwelle war ebenfalls ähnlich, trug aber einen speziellen 125er-Stempel.

1956

Da sich die erste Rennsaison als sehr erfolgreicher erwies, durfte Taglioni die Gran Sport für 1956 mit einem Zylinderkopf mit doppelter obenliegender Nockenwelle, dem Bialbero, entwickeln. Da der Erfolg beim Motogiro und beim Milano-Taranto aber immer noch wichtig war, wurde die Marianna mit einfacher obenliegender Nockenwelle weiterentwickelt. Es gelang damit die Ergebnisse von 1955 zu verbessern. Maoggi gewann die Veranstaltung auf seiner 125er, während die 100-cm³-Marianna die kleinere Kategorie überrollte und Gandossi vor Villa, Spaggiari, Scamandri und Farnè gewann. Die Mariannas gewannen auch jede Etappe des Rennens.

Ähnlich waren die Ergebnisse beim Rennen Mailand-Taranto, das am 10. Juni stattfand. Hier verblüffte Degli Antoni alle, indem er auf einer 125er Marianna mit 103,176 km/h den sechsten Gesamtrang belegte und die meisten 500er und 250er hinter sich ließ. Die Dominanz der Marianna setzte sich '56 fort: Franco Farnè gewann die italienische Junioren-Meisterschaft in der 100-cm³-Klasse. Später wuchs der Gran-Sport auf 175 cm³ an, war aber nicht sehr erfolgreich und wurde schließlich von der 175 F3 abgelöst.

Der Erfolg von Ducati beim Motogiro setzte sich 1956 fort. Das ist Antonio Graziano im Schnee auf dem Pian delle Fugazze.

125 Grand Prix (Bialbero)

Während Ducatis Siege in der Kategorie MSDS (macchine sport derivate dalla serie) für Seriensportmaschinen beeindruckend waren, wollten Montano und Taglioni die Klasse der Rennmotorräder gewinnen. Zu diesem Zweck schuf Taglioni die Bialbero, die 125er Grand Prix mit zwei Nockenwelle, vorgestellt am 25. Februar 1956.

Der bis auf den Kopf im Wesentlichen aus einem Gran Sport bestehende Motor mit obenliegenden Nockenwellen leistete sofort 15,5 PS bei 10.500/min. Frühe Exemplare verfügten über einen zweiteiligen Zylinderkopf, von der Marianna abgeleitet, was jedoch bei der relativ hohen Verdichtung und den Nockenwellen mit großem Hub problematisch war. Selbst mit einteiligem Kopf-Nockenwellen-Gehäuse blieb die Bialbero im Vergleich zu den Werks-MVs deutlich schwächer. Mit einer Lenkerverkleidung und einem stromlinienförmigen Sitz lag die Vmax bei etwa 170 km/h. Taglioni baute auch einen fünften Gang außerhalb der Kurbelgehäusewand ein, hinter der Kupplung im primären Antriebsgehäuse. Das Grundchassis entsprach dem einer Marianna und enthielt '56 eine Vollverkleidung, während die Amadori-Bremsen mit großen, nach vorne gerichteten Hutzen versehen waren. Selbst in den Händen von Degli Antoni und Alano Montanari war der frühe Bialbero 1956 unterlegen. Obwohl Taglioni bei den Werksmaschinen auf Desmodromics umstellte, wurde der Bialbero parallel zum Desmo weiterentwickelt und in kleiner Stückzahl auch Privatfahrern zur Verfügung gestellt

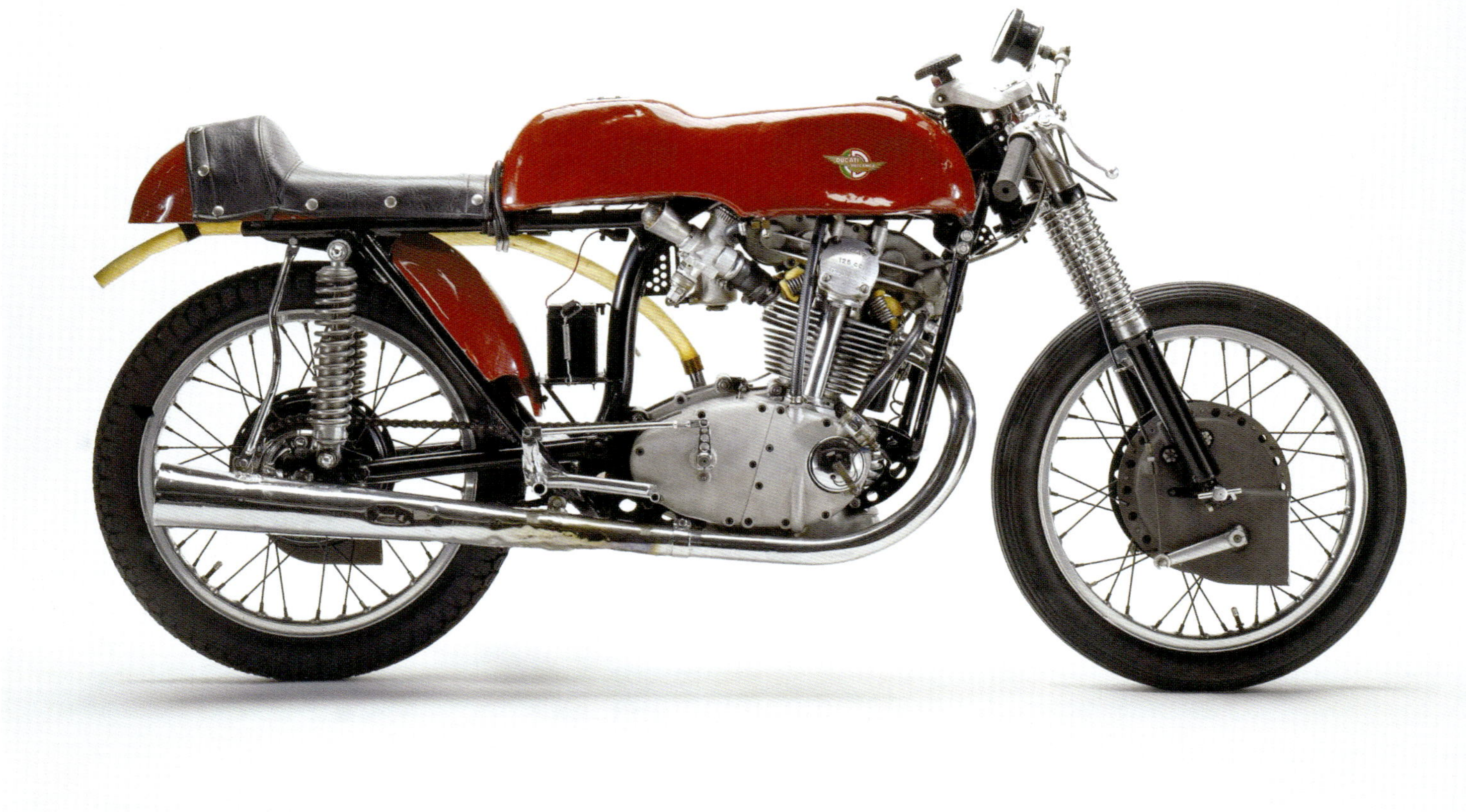

Die erste Bialbero war der Gran Sport sehr ähnlich und hatte einen zweiteiligen Zylinderkopf.

125 GRAND PRIX BIALBERO 1956–1959	
Bohrung (mm)	**55,25**
Hub (mm)	**52**
Hubraum (cm³)	**124,6**
Verdichtung)	**9,8:1 (1956), 11:1 (ab 1958)**
Ventiltrieb	**Königswelle, zwei obenliegende Nockenwellen**
Vergaser	**Dell'Orto SSI 26 oder 27 mm (22 mm für die F2)**
Leistung	**16 bei 11.500/min (17 bei 10.500/min im Lauf des Jahres 1958)**
Schaltung	**Fünfgang**
Räder	**18 Zoll vorne und hinten (17 Zoll ab 1958)**
Reifen	**2.50x18 and 2.75x18 (2.25x17 ab 1958)**
Bremsen	**180x40 und 160x40 (180x25 vorne und hinten ab 1958)**
Radstand (mm)	**1219**
Trockengewicht (kg)	**90**

Desmodromic 125

Obwohl die 125er Bialbero mehr Leistung als der Marianna bot, war es um ihre Zuverlässigkeit bei hohen Drehzahlen nicht gut bestellt. Das Spiel zwischen Ventil und Kolben war bei den höheren Verdichtungsverhältnissen kritisch, hinzu kam das Problem des Ventilspiels bei höheren Drehzahlen. Während seiner Zeit an der Universität hatte Taglioni Interesse an der desmodromischen Ventilbetätigung gezeigt und kurz nach Eintritt in das Unternehmen begann er mit der Arbeit an einem entsprechenden Zylinderkopf für die Gran Sport. Im Laufe des Jahres 1955 stellte er den ersten Prototyp her. Taglionis Vertrauen in das Konzept wurde durch den Erfolg der zwangsgesteuerten Motoren der Mercedes W196 (1954) und 300 SLR (1955) gestärkt.

Taglionis Konstruktion umfasste drei oben liegende Nockenwellen (Trialbero) mit zwei nach außen öffnenden Nockenwellen (wie bei der Bialbero) und einer zentralen Nockenwelle, die die Ventile durch gegabelte Hebel schließt. Die Konstruktion des Zylinderkopfs war ähnlich wie bei der Bialbero und mit einem 27-mm-Dell'Orto wurde die anfängliche Leistung gegenüber der Bialbero geringfügig

OBEN: Die ersten Werks-Desmo-Rennmaschinen trugen das Symbol des tänzelnden Pferdes des italienischen Fliegerasses Baracca aus dem Ersten Weltkrieg.

LINKS: Das Fahrgestell der 125er Desmo von 1956 basierte ebenfalls auf der Marianna.

UNTEN: Degli Antoni siegte 1956 in Hedemora in Schweden.

erhöht, jedoch mit einer viel höheren Drehzahlreserve. Der kleine Desmo konnte bis zu 14.000/min beim Runterschalten aushalten. Unterhalb des Zylinderkopfes war der frühe desmodromische Motor praktisch identisch mit dem Bialbero.

Ducatis Ziel zu Beginn des Jahres 1956 war es, sich beim Großen Preis in Monza im September zu bewähren. Zur Vorbereitung auf dieses wichtige Ereignis debütierte die Desmo unangekündigt beim Großen Preis von Schweden in Hedemora am 15. Juli 1956. In den Händen des Taglioni-Starfahrers Degli Antoni gewann die 125er Desmo ihre Klasse mit einem Schnitt von 135,12 km/h und schlug damit eine ganze Reihe privater MVs und Mondials.

Leider ereignete sich kurz darauf ein Unglück. Bei Testfahrten in Monza verlor Degli Antoni am 7. August 1956 in der Lesmo-Kurve die Kontrolle und starb. Obwohl Alberto Gandossi als Ersatzfahrer eingesetzt wurde, erwies sich der Schock über Antonis Tod als zu groß und die drei Desmos wurden im Rennen von MV von Ubbiali überrollt. Man beschloss bei Ducati bis 1958 zu warten, bevor man sich ernsthaft an Grands Prix heran wagte.

RECHTS: Der erste desmodromische 125er Motor basierte noch auf der Marianna.

125 DESMO 1956–1960

Unterschiede zur 125 Grand Prix

Verdichtung	**10:1 (1956), 10,2:1 (ab 1958)**
Ventiltrieb	**Königswelle, zwangsgesteuerte dreifache obenliegende Nockenwelle**
Vergaser	**Dell'Orto SSI 27 oder 29 mm**
Leistung	**17 PS bei 12.500/min (1956) bis 21,8 PS bei 11.800/min (1960)**
Schaltung	**Fünf- oder Sechsgang**
Räder	**18 Zoll vorne und hinten**
Reifen	**2.50x18 und 2.75x18**
Radstand (mm)	**1270**
Trockengewicht(kg)	**80**

SILURO (TORPEDO)

Da Rekorde in den 50er-Jahren ein beliebtes Werbemittel waren, ermutigten Mario Carini und Santo Ciceri, zwei Mailänder Fahrer, Ducati dazu sie bei einem Rekordversuch in Monza am 30. November 1956 zu unterstützen. Ducati erklärte sich bereit, den Motor vorzubereiten und bei der Nardi und Danese eine Aluminium-Stromlinienverkleidung in Auftrag zu geben. Mit Hilfe eines Windkanals wurde ein offenes Cockpit mit kleiner Plexiglasscheibe entworfen, das sich als äußerst effektiv erwies. Unter der Alukarosserie befand sich , gestützt durch zusätzliche Rohre, praktisch eine Standard-100-cm³-Marianna. Trotz des drohenden Regens stellten Carini und Ciceri insgesamt 44 neue Rekorde auf, wobei die Maschine mit 171,910 km/h gemessen wurde.

Die stromlinienförmige 100-cm³-Siluro von Carini und Ciceri in Monza im Novemeber 1956. Sie stellten insgesamt 44 neue Geschwindigkeits- und Streckenrekorde auf.

SERIENMODELLE 1956

Obwohl die Rennmotorräder mit obenliegender Nockenwelle die Aufmerksamkeit auf sich zogen, wurde die Produktion in Borgo Panigale weiter ausgebaut und der Erfolg der Marianna ließ Ducati zu einem der größten Motorradhersteller Italiens aufsteigen. Im Jahr 1956 verkaufte Ducati 10.767 Motorräder (3,5 Prozent Marktanteil) und beschäftigte mehr als 700 Mitarbeiter. Es waren goldene Zeiten und es sollte bis 1992 dauern, bis diese Verkaufszahlen wieder erreicht wurden. Die Produktpalette beschränkte sich immer noch auf die weniger aufregenden Einzylinder mit obenliegender Nockenwelle.

In diesem Jahr wuchs der Motor der 125TV und 125T auf 125 cm³ an und neben den beiden 125ern gab es vier 98er, drei 65er und zwei 55er.

125TV, 125S, 125T

Äußerlich unterschied sich der frühe 125er nur wenig vom 98er-Motor derselben Ära, verfügte immer noch über eine externe Ölleitung auf der rechten Seite und einen verrippten Zylinderkopf ohne separate Kipphebelabdeckung. Die 125TV und 125S waren die ersten Modelle mit einem Doppelrohrrahmen aus Stahl und versprachen zusammen mit einer verbesserten Federung und einer Vorderradbremse über die gesamte Breite ein besseres Fahrverhalten. Ein stilistisches Merkmal der TV war das Scheinwerfergehäuse über der Gabel. Die 125S hatte einen Stummellenker, während die 125T ein Sparmodell war, mit Stahlrohrrahmen ohne Unterrohre und mit einer weniger ausgefeilten Federung und kleineren Bremsen. Sie war mit Solositz und Gepäckträger oder mit Doppelsitz (sella lunga) erhältlich.

Die 125TV war das Topmodell der 1956er Produktpalette.

125TV, 125S, 125T 1956–1960

Unterschiede zur 98

Bohrung (mm)	**55,2**
Hubraum (cm³)	**124,443**
Verdichtung	**7:1**
Vergaser	**Dell'Orto ME20B (MA18B, 125T)**
Leistung	**6,5 PS bei 6500/min**
Schaltung	**Viergang**
Reifen	**2.50x17, 2.75x17**
Gewicht (kg)	**95**
Vmax (km/h)	**86**
Farben	**Rot**
Motor- und Rahmennummern	**Ab DM 1001 (125TV/125T) Ab DM125S 4000 (125S)**

OBEN: Mit einem Rahmen ohne vordere Unterrohre und einer einfacheren Federung war die 125T ein Einstiegs-Modell.

UNTEN: Die 98T erhielt 1956 einen neuen Rahmen, behielt aber das Dreiganggetriebe bei.

98TL, 98S, 98T, 98N, 65TS, 65T, 65TL, 55E, 55R

Für 1956 wurde die 98TL nach dem Vorbild der neuen 125 umgestaltet und hatte den gleichen Stahlrohrrahmen, aber ohne die doppelten Unterrohre vorne. Außerdem übernahm sie die Federung und das Fahrwerk der früheren 98SS, hatte aber Stahlfelgen. Die Motorspezifikation blieb unverändert. Ebenfalls mit dem neuen Stahlrohrrahmen ausgestattet war der 98T, jetzt mit einem Solositz und Gepäckträger. Sie war nun ein Basismodell neben der 98N mit Pressstahlrahmen, die die 98 ersetzte, ebenfalls mit einem Solositz und weiterhin mit einem Dreiganggetriebe. Die 98 Sport blieb weitgehend unverändert und übernahm das frühere 98SS-Stahlblechchassis und das Styling, während die drei 65er und zwei 55er ebenfalls unverändert blieben.

98N 1956–1957 Unterschiede zur 98

Schaltung	**Dreigang (Viergang ab 1957)**
Gewicht (kg)	**81**
Vmax (km/h)	**80**

OBEN: Die Produktionslinie der 98TL im Jahr 1956. In diesem Jahr ersetzt ein neuer Stahlrohrrahmen den früheren Pressstahlrahmen.

1957

Ende '56 brachte Ducati seine erste Serienmaschine mit obenliegender Nockenwelle auf den Markt, die 175T, der bald darauf die 175 Sport folgte. Ihre Markteinführung fiel mit einem Boom zusammen: 1956 wurden in Italien mehr als drei Millionen Motorräder über 50 cm^3 verkauft. Der unmittelbare Erfolg der 175 Sport und der 175T (sie machten 1957 25 Prozent der 175er-Verkäufe in Italien aus) führte in den nächsten Jahren zu einer Verbreitung von Modellen mit obenliegender Nockenwelle. Ein weiteres wichtiges Ereignis, das die Zukunft von Ducati prägen sollte, war die Ernennung der Berliner Motor Corporation zum US-Vertriebspartner. Deren Einfluss sorgte dafür, dass Ducati den Verkaufsrückgang der späten 50er und frühen 60er überstand.

Da das Rennen Mailand-Taranto nach der Tragödie bei der Mille Miglia im Mai abgesagt wurde, war der Motogiro d'Italia '57 das letzte italienische Straßenrennen. Auch hier dominierten die Mariannas und gewannen alle 100-cm^3-Etappen und acht 125er-Etappen. Die 100er-Kategorie ging an Mandolini und an Graziano die 125er. Auch nach dem Ende der Gran Fondo-Rennen war die Marianna noch erfolgreich, insbesondere beim 24-Stunden-Rennen von Montjuïc in Barcelona im Juli 1957. Auf einer 125er gewannen Spaggiari und Gandossi das Rennen mit einer Durchschnittsgeschwindigkeit von 92,25 km/h souverän.

Leopoldo Tartarini fuhr diese 175er Parallel-Twin im Motogiro 1957, schied aber aus. Der Twin war nie so erfolgreich wie die Singles.

Taglioni entwarf auch eine 175er Twin, die Ende '56 auf der Mailänder Messe vorgestellt wurde. Leopoldo Tartarini nahm mit dieser Maschine am Motogiro d'Italia '57 teil, schied jedoch in der dritten Etappe aus. Mit ihren beiden obenliegenden Nockenwellen, die von einer Stirnradwelle zwischen den Zylindern angetrieben wurden, bildete die 175er die Grundlage für alle späteren Renn-Parallel-Twins. Die Motoren waren zwar kompliziert, aber dennoch wunderschön konstruiert. Die Schwungräder und Pleuel-Unterteile waren aus massivem Stahl gefräst, alle Zahnräder

Marcello Sestini auf einer Gran Sport beim Motogiro d'Italia 1957, dem letzten Gran-Fondo-Straßenrennen der 50er Jahre.

waren aus Gewichtsgründen gelocht und die Ventilfedern freiliegend. Mit einer Verdichtung von 11:1 und 18 mm Dell'Orto-Vergasern leistete die 175er 22 PS bei 11.000/min, war mit 112 Kilo aber zu schwer im Vergleich zum Einzylinder.

Grand Prix (Bialbero) und Desmodromic 125

1957 erhielt die Bialbero ein neues Zylinderkopf-Gussteil mit einem markanten polierten Alu-Getriebedeckel und einer zusätzlichen Ölversorgung direkt zu den Nockenwellen. Bei einigen Exemplaren enthielt der Rahmen nun Verbesserungen der Desmodromic 125, einschließlich eines verstärkten Doppelrohr-Hilfsrahmens unter dem Motor.

1957 gelang es Taglioni die Leistung der 125er Desmo auf 19 PS bei 13.000/min zu steigern und eine 100-cm³-Version für die italienische Formel 2 zu produzieren. In den Händen von Franco Farnè dominierte die 100er Desmo die italienische Juniorenmeisterschaft '57. Auch ein neuer Duplex-Rahmen wurde entwickelt und der Große Preis in Monza war der einzige Grand-Prix-Einsatz für die Desmos in diesem Jahr. Auch hier gab es eine Enttäuschung, da Gandossi in der ersten Runde stürzte und dabei ein Drittel des Feldes zu Fall brachte.

LINKS: 1957 war eine verbesserte Bialbero mit Rahmenverstärkungen unter dem Motor und einem neuen Zylinderkopf erhältlich.

RECHTS: Die einteilige Abdeckung der Königswelle bestand nun aus wunderschönem poliertem Aluminiumguss.

Die 175 Sport war der erste sportliche Einzylinder mit obenliegender Nockenwelle.

SERIENMODELLE 1957

175 Sport

Der 175-cm³-Motor war die Blaupause für alle Ducati-Einzylinder mit obenliegender Nockenwelle bis zu deren Ende 1974. Obwohl der Alumotor mit obenliegender Nockenwelle auf der Gran Sport basierte, waren die Kurbelgehäuse nun aus Druckguss und der Zylinderkopf aus einem Stück. Um den Motor öldicht zu halten, wurden die Ventilfedern abgedeckt, zur Geräuschereduzierung wurden die Kegelräder und der Primärantrieb schräg verzahnt.

Obwohl das allgemeine Motorlayout dem der 100er und 125er Gran Sport entsprach, wurden die Abmessungen geringfügig vergrößert, um den größeren Hubraum zu realisieren und eine spätere Erhöhung auf 200 cm³ zu ermöglichen. Die Konstruktion des Kurbelgehäuses wurde gegenüber der Gran Sport geändert, um eine schmalere vordere und eine breitere hintere Motoraufhängung zu erhalten. Im Zuge der Serienproduktion wurde ein Kickstarter eingebaut, der bei allen Einzylindern mit schmalem Gehäuse problematisch sein sollte. Es wurden Auspuffanlagen mit einem Einzel- oder einem Doppelschalldämpfer angeboten.

Das Fahrwerk basierte ebenfalls auf dem der Gran Sport. Da die 175 Sport den ersten OHC-Serienmotor besaß, wies das 57er Modell eine Reihe einzigartiger Merkmale auf, darunter ein angeschraubtes hinteres Rahmenteil und ein aus zwei geschweißten Teilen bestehendes vorderes Unterrohr. Die Rahmen der ersten Serie (Typ A) enthielten auch die Schwingenbuchsen im Rahmen, was zu einer etwas schmaleren Schwinge als beim Typ B führte. Die Grimeca-Bremsen mit sieben Rippen wurden bei allen 175er Sport und später bei einigen 200ern und 250ern eingesetzt.

175 SPORT 1957

Motor	**Luftgekühlter Einzylinder-Viertakter**
Bohrung (mm)	**62**
Hub (mm)	**57,8**
Hubraum (cm³)	**174,5**
Verdichtung	**8:1**
Ventiltrieb	**Königswelle, eine obenliegende Nockenwelle**
Vergaser	**Dell'Orto MB22.5B**
Leistung	**14 PS bei 8000/min**
Schaltung	**Viergang**
Federung vorne	**Gualandi-, Marzocchi-, Ducati-Gabel**
Federung hinten	**Schwinge mit zwei Stoßdämpfern**
Bremsen (mm)	**Trommeln, vorne 180, hinten 160**
Räder	**18x2.25 Zoll vorne und hinten**
Reifen	**2.50x18, 2.75x18 CEAT**
Radstand (mm)	**1320**
Trockengewicht (kg)	**106**
Vmax (km/h)	**130**
Farben	**Kupfer und Rot**
Motor- und Rahmennummern	**Ab DM175 75001**

57er Modell mit einzigartigen Merkmalen, wie dem Rahmen mit einem verschraubten hinteren Hilfsrahmen und einem zweiteiligen vorderen Unterrohr.

175T

Der Motor der 175T war bis auf eine geringere Verdichtung und den kleineren Dell'Orto mit dem der 175 Sport identisch. Und auch der Rahmen entsprach dem der 175 Sport, mit dem gleichen verschraubten Heckteil und der vorderen Motorhalterung. Die 175T erhielt einen traditioneller gestalteten Tank und tiefere Kotflügel sowie die ersten 17-Zoll-Räder mit Stahlfelgen, die aber bald zu 18-Zöllern wurden.

Nach einer erfolglosen Fahrt mit dem Prototyp der 175 Parallel-Twin beim Giro d'Italia 1957 beschloss Leopoldo Tartarini, mit der neuen 175T eine Weltreise zu unternehmen. Zusammen mit Schulfreund Giorgio Monetti verließen die beiden im September 1957 Bologna, wobei Ducati-Chef Giuseppe Montano sie mit Champagner verabschiedete und ihnen technische Unterstützung für die 60.000 Kilometer lange Reise anbot. In einem für die damalige Zeit zermürbenden Unterfangen besuchten die beiden sechsunddreißig Länder auf fünf Kontinenten und kehrten ein Jahr nach ihrer Abreise mit einem Heldenempfang in Bologna zurück. Letztendlich erwies sich die Reise für Ducati als äußerst erfolgreiches Werbemittel, da neue Märkte in vielen Ländern erschlossen werden konnten, die zuvor nicht auf der Landkarte der Italiener standen.

Die 175T war die Touring-Version des Einzylinders mit obenliegender Nockenwelle. Frühe Exemplare hatten den gleichen Rahmen wie die Sport.

175T 1957 Unterschiede zur 175 Sport	
Verdichtung	**7:1**
Vergaser	**Dell'Orto MB22B**
Leistung	**12 PS bei 6000/min**
Federung vorne	**32 mm Marzocchi-Gabel**
Bremsen (mm)	**Trommeln, vorne 158, hinten 136**
Räder	**17 Zoll; 18x2 Zoll und 18x2.25 Zoll**
Reifen	**3.00x17; 2.50x18 und 2.75x18 CEAT**
Trockengewicht (kg)	**104**
Vmax (km/h)	**110**
Farben	**Dunkelrot mit weißen oder schwarzen Akzenten**
Motor- und Rahmennummern	**Ab DM175 00001**

OBEN LINKS: 1957 war das letzte Jahr, in dem der 125er Rahmen ohne vordere Unterrohre gebaut wurde – hier die Sella Lunga Version.

OBEN RECHTS: Die 65TS von 1957 trug immer noch den Pressstahlrahmen und die rudimentärer Vorderradaufhängung.

125TV, 125S, 125T, 98S, 98TL, 98T, 98N, 65T, 65TL, 65TS

Da das Hauptaugenmerk auf der Einführung der 175 Sport und 175T lag, wurde das bestehende Angebot an Einzylindern mit hängenden Ventilen 1957 wenig geändert. Alle 98er hatten nun den gleichen Stahlrohrrahmen wie die 98TL und erhielten ein Vierganggetriebe.

1958

In diesem Jahr stellte Ducati einen ernsthaften Sieganwärter für die 125-ccm-Weltmeisterschaft dar, während sich das Portfolio sowohl von Einzylindern mit obenliegender Nockenwelle als auch von solchen mit hängenden Ventilen erheblich erweiterte. Nach dem Ausscheiden von Moto Guzzi, Mondial und Gilera Ende '57 entwickelte sich die Grand-Prix-Saison 1958 zu einem Duell zwischen Ducati und MV. Carlo Ubbiali und der amtierende Meister Tarquinio Provini waren starke Gegner. Farnè, Spaggiari und Gandossi traten für Ducati bei den italienischen Meisterschaften an, während das Team für die Grands Prix um Romolo Ferri, Francesco Villa, Luigi Taveri, Dave Chadwick und Sammy Miller erweitert wurde.

Desmodromic 125 Ein- und Zweizylinder

1958 erhielt der Desmo-Einzylinder ein neues Kurbelgehäuse, das im hinteren Bereich verstärkt wurde und einige Modelle waren mit einem Sechsganggetriebe ausgestattet. Die Entwicklung während der Saison führte zum 125er Einzylinder-Desmo, der 23 PS bei 12.500/min leistete. Die 58er Desmos hatten einen Doppelrohrrahmen und waren in diesem Jahr sehr erfolgreich: Farnè gewann die 125er Juniorenmeisterschaft und Spaggiari die 125er Seniorenmeisterschaft in Italien. In der Weltmeisterschaft wurde Alberto Gandossi Zweiter, mit Siegen in Belgien und Schweden.

Nachdem die Weltmeisterschaft verloren war, fuhr Ducati zum letzten Grand Prix in Monza, um wenigstens ein wenig nationalen Ruhm zu erlangen. Francesco Villa stellte die neue 125er Desmo Twin vor, und die Desmo Singles wurden an Gandossi, Taveri, Chadwick und Spaggiari verliehen. Vor 100.000 begeisterten Zuschauern führte Spaggiari die Ducatis auf die ersten fünf Plätze und siegte mit einer Durchschnittsgeschwindigkeit von 155,828 km/h. Für Taglioni und Ducati war es ein spektakulärer Abschluss der Saison.

Dave Chadwick wurde 1958 Dritter bei der 125er-TT auf der Isle of Man.

Romolo Ferri auf dem Weg zum zweiten Platz im 125er Grand Prix der Isle of Man. Ferris Desmo hatte einen speziell abgesenkten Rahmen, passend zu seiner Statur.

Der 125-cm³-Twin basierte auf dem früheren 175er und hatte eine Bohrung und einen Hub von 42,5 x 45 mm, eine Verdichtung von 10,2:1 und ein Paar spezieller 23-mm-Vergaser von Dell'Orto. Die Leistung betrug 22,5 PS bei 13.800/min. Leider war das Leistungsband extrem schmal und die Maschine war schwer zu fahren. Trotz Doppelrohrrahmen und der 17-Zoll-Räder, ließ sich die 125er Desmo-Twin nie so gut fahren wie der Einzylinder.

Die 125-cm³-Desmo-Zweizylinder debütierte 1958 beim Großen Preis der Nationen in Monza. Francesco Villa wurde Dritter hinter zwei Desmo-Einzylindern.

Die 125er Desmo Twin war komplexer als die Single und nicht so zuverlässig.

125 Grand Prix Bialbero

Bis 1958 wurden viele der Entwicklungen der Desmo auch für die Bialbero übernommen. Dazu gehörten neue verstärkte Kurbelgehäuse und in einigen Fällen Doppelzündkerzen sowie der Doppelrohrrahmen der Desmos. Als Privatfahrer war die 125er Bialbero äußerst erfolgreich und in England gewann Fron Purslow 1958 eine Reihe von Rennen, was sich mit dem Jungstar Mike Hailwood fortsetzte, nachdem er Purslows Maschine gekauft hatte.

Der 125 Grand Prix Bialbero erhielt die verstärkten Kurbelgehäuse der 58er Desmo.

175 SPORT, 175T 1958 Unterschiede zu 1957

Vergaser	**UB22.5 BS 2**
Motor- und Rahmennummern	**Ab DM175 76001 (175 Sport) Ab 02001 (175T)**

OHC-SERIENMODELLE 1958

175 Sport, 175T

Zu den Neuerungen an der 175er für 1958 gehörten eine Nockenwelle mit überarbeiteten Steuerzeiten, geänderte Zahnräder des Primärantriebs sowie ein neuer Vergaser. Außerdem bekamen die vorderen Motorplatten vier statt drei Halter, es gab ein neues vorderes Unterrohr, einen in den Hauptrahmen integrierten hinteren Hilfsrahmen und aktualisierte Soziusfußrastenhalter. Abgesehen von dem neuen Rahmen blieb die 175T 1958 weitgehend unverändert. Dieser Rahmen wurde anschließend auch für die übrigen OHC-Modelle verwendet, darunter alle 100-, 125- und 200-cm³-Typen bis 1960.

175 Americano

Nachdem der Vertrieb in Amerika gesichert war, forderte Berliner eine spezielle US-Version, die 175 Americano. Sie war zunächst eine amerikanisierte Variante der 175 Super Sport mit einem Tank im Stil der 125 Sport und einem hohen Lenker, wurde aber 1958 durch ein extravaganteres Modell auf 175T-Basis ergänzt. Es gab also zwei verschiedene Serien der Americano, jede mit einer anderen Motor- und Rahmennummernfolge.

Die 175 Americano (Typ 1), auch als fast identische 200er erhältlich, war ein äußerst attraktives Modell. Angetrieben vom verbesserten 175-Super-Sport-Motor mit größerem Vergaser und Einzelschalldämpfer, verfügte die Americano außerdem über einen Sturzbügel und einstellbare Marzocchi-Stoßdämpfer. Wie bei der 175 Super Sport atmete der Vergaser durch einen offenen Luftfilter, aber der hohe Lenker beschränkte die angegebene Topspeed auf 85 Meilen pro Stunde. Berliner bot diese Version '59 seinem 400 Mann starken Händlernetz an.

Der zweite Typ basierte auf der 175T, mit tieferen Kotflügeln, einem anders abgestimmten Motor, aber mit dem 13-Liter-Tank im 125er-Stil. Das Styling wurde durch einen »Cowboy«-Lenker, eine abgestuften Nieten-Bank und verchromte Tankverkleidungen ergänzt. Einige Modelle verfügten über Ledersatteltaschen und am Sturzbügel montierte Druckluft-Hörner. Die auf der 175T basierende Americano verfügte über den Doppelschalldämpfer der 175 Sport.

175 AMERICANO 1958
Unterschiede zur 175 Sport und 175T

Vergaser	**Dell'Orto SSI 25A (Typ 1)**
Leistung	**18 PS bei 8000/min (Typ 1)**
Bremsen (mm)	**Trommeln, vorne 158 , hinten 136**
Trockengewicht (kg)	**118 (Typ 2)**
Vmax (km/h)	**137 (Typ 1)**
Farben	**Blau und Silber (Typ 2)**
Motor- und Rahmennummern	**DM175 ab 77001–78000 (ungefähr) Typ 1, ab 02501 Typ 2**

Die 175 Americano von 1958 war extravagant gestaltet, mit einem Nieten-Sitz und einem »Cowboy«-Lenker. Auf dem großen Sturzbügel waren zwei Lufthörner montiert.

175 Motocross (Scrambler)

Wie viele andere italienische Motorradhersteller beteiligte sich auch Ducati an verschiedenen Offroad-Rennen in den 50ern. Nachdem 1956 eine italienische Offroad-Meisterschaft mit 250 cm^3 Hubraum ins Leben gerufen worden war, beschloss Ducati, die 175er mit obenliegender Nockenwelle für Offroad-Wettbewerbe zu adaptieren und brachte '58 die 175 Motocross auf den Markt. Sie war ein ernsthafter Versuch, ein wettbewerbsfähiges Geländemotorrad zu entwickeln, das eine Mischung aus einem echten Dirt Racer und einem Trail Bike darstellte, da es für den Wettbewerb gedacht war.

Bis auf den zusätzlichen Luftfilter war der Motocross-Motor derselbe wie der der ersten 175 Americano. Der Rahmen wurde jedoch deutlich verstärkt, die Schwinge wurde mit einer neu gestalteten hinteren Stoßdämpferhalterung und Kettenspanner versehen. Die hintere obere Stoßdämpferbefestigung wurde neu gestaltet und eine zusätzliche Strebe unter dem Sitz hinzugefügt. Weitere Besonderheiten waren eine konische Vorderradbremse, eine längere Vordergabel und größere Räder.

125 Sport

Nur ein Jahr nach der Einführung der 175 wurden die 125 Sport und die ähnliche 100 Sport angeboten. Die Motoren mit kleinerem Hubraum unterschieden sich vom 175er in einer Reihe von Details, insbesondere der glatten Ölwanne ohne Rippen und die ebenfalls glatten Außenrohre der Königswellen, die in einem Stück mit dem Lagergehäuse verbunden waren.

Abgesehen von einem kürzeren ersten und zweiten Gang wurden Kupplung und Getriebe mit der 175 Sport geteilt. Der Scheinwerferring war im Stil der 175 Sport gehalten. Die ersten 125 Sport-Modelle hatten einen ähnlichen Rahmen wie die 175 Sport der ersten Serie, mit einem Dreischrauben-Motorlager vorne und einem angeschraubten Hilfsrahmen, aber mit schmaleren vorderen Motorlagern, einem schmaleren und kürzeren hinteren Hilfsrahmen und einer kürzeren und weniger verstrebten Schwinge. Irgendwann im Laufe des Jahres '58 wurde der Rahmen zum späteren Typ mit einem Dreischrauben-Motorbock vorne.

Die 175 Motocross verfügte über eine Reihe spezieller Komponenten, insbesondere den Rahmen, die Bremsen und die Federung.

175 MOTOCROSS 1958
Unterschiede zur 175 Sport

Vergaser	**Dell'Orto SSI 25A**
Leistung	**14 PS bei 8000/min**
Federung vorne	**Marzocchi-Gabel**
Bremsen (mm)	**Trommel, vorne und hinten 180**
Räder	**21x2.25 Zoll, 19x2.25 Zoll**
Reifen	**2.25x21, 3.00x19**
Radstand (mm)	**1380**
Trockengewicht (kg)	**122**
Farben	**Kupfer und Rot**
Motornummern	**DM175 ab 76001 (1958)**

Die frühe 125 Sport von 1958 hatte den Rahmen der ersten Serie und die größeren Bremsen der 175 Sport.

Ursprünglich waren die Bremsen die gleichen wie bei der 175 Sport, aber die Alufelgen maßen 17 Zoll und bald wurden die Bremsen auf 158 und 136 mm verkleinert. Im Gegensatz zum Tank der 175 Sport war der 17-Liter-Tank der 125 Sport nach dem Vorbild der F3 geformt.

125TS

1958 wurde die 125 Sport durch die 125TS (Turismo Speciale) ergänzt. Ihr Motor ähnelte vordergründig dem der 125 Sport, war aber anders abgestimmt, hatte eine geringere Verdichtung und einen kleineren Vergaser. Im Zylinderkopf gab es eine Reihe von Unterschieden zur 125 Sport, vor allem der Ersatz der Scherenventilfedern durch Schraubenfedern.

125 SPORT 1958 Unterschiede zur 175 Sport

Bohrung (mm)	**55.2**
Hub (mm)	**52**
Hubraum (cm³)	**124,443**
Vergaser	**Dell'Orto MB20B**
Leistung	**10 PS bei 8500/min**
Federung vorne	**30 mm Ducati-Gabel**
Federung hinten	**Schwinge mit zwei RIV- oder Marzocchi-Stoßdämpfern**
Bremsen (mm)	**Trommeln, vo. 180 (158), hi. 160 (136)**
Räder	**17x2.25 Zoll vorne und hinten**
Reifen	**2.50x17, 2.75x17**
Radstand (mm)	**1320**
Trockengewicht (kg)	**100,5**
Vmax (km/h)	**112**
Farben	**Gold und Blau, Gold und Rot**
Motor- und Rahmennummern	**Ab 200001**

125TS 1958
Unterschiede zur 125 Sport

Vedichtung	**7:1**
Vergaser	**Dell'Orto UA18BS**
Leistung	**8 PS**
Bremsen (mm)	**Trommel, vorne 158, hinten 136**
Radstand (mm)	**1310**
Trockengewicht (kg)	**98,5**
Vmax (km/h)	**90**
Farben	**Blau und Weiß, Rot und Weiß**
Engine and Frame Numbers	**Ab DM125TS 650001**

Die 125TS war eine abgewandelte Version der 125 Sport und das einzige Modell mit konventionellen Ventilfedern.

Der Rahmen der 125TS entsprach dem der 125 Sport, aber die Marzocchi-Gabel war einfacher, mit kleinerem Rohrdurchmesser und einer äußeren Abdeckung aus Pressstahl, in die die Scheinwerferohren integriert waren. Die schwarz lackierten Ceriani-Stoßdämpfer waren nicht einstellbar. Es gab zwei Versionen, einen Biposto und einen Monoposto.

100 Sport

Neben der 125 Sport wurde 1958 auch die ähnliche 100 Sport auf den Markt gebracht. Bis auf eine geringere Bohrung und ein höheres Verdichtungsverhältnis war der 100-cm³-Motor angeblich identisch mit dem der 125 Sport, hatte aber einen kleineren Vergaser

Die 100 Sport wurde hauptsächlich für den italienischen Markt produziert und war der 125er sehr ähnlich. *(John Goldman)*

100 SPORT 1958

Unterschiede zur 125 Sport

Bohrung (mm)	**49**
Hubraum (cm³)	**98,058**
Verdichtung	**9:1**
Vergaser	**Dell'Orto MA18B**
Leistung	**8 PS bei 8000/min**
Trockengewicht (kg)	**100**
Vmax (km/h)	**105**
Farben	**Blau und Silber**
Motor- und Rahmennummern	**Ab 250001**

OHV-EINZYLINDER UND ZWEITAKTER, 1958

125TV, 125S, 125T, 98TS, 98TL, 85 Sport, 85T, 65TS, 65TL, 65T

Dieses Jahr bedeutete das Ende der drei 65er auf Cucciolo-Basis und die Einführung der 85 (eine verkleinerte 98). Die 98 wurde als 98TS (Turismo Speciale), weitergeführt und alle 125er erhielten einen Doppelrohrrahmen und Aufkleber anstelle von Tank-Emblemen.

1958 wurden die 85- und 98-cm³-Motoren mit hängenden Ventilen neu konstruiert. Sie hatten weiterhin eine externe Ölleitung auf der rechten Seite, aber eine abnehmbare Kipphebelabdeckung, die eine einfachere Ventileinstellung ermöglichte. Diesem Deckel fehlten Kühlrippen und es gab neu geformte Motordeckel mit einem abgedeckten Schwungrad. Die neue 98TS verfügte über eine schwächere Version des 98-cm³-Motors mit dem 125er-Stahlrohrrahmen, ebenfalls mit doppeltem Unterrohr vorne.

In diesem Jahr wurde auch der erste Ducati-Zweitakter vorgestellt, die 48 Sport. Der Dreigang-Einzylinder-Zweitaktmotor hing in einem offenen Stahlrohrrahmen. Der Zylinder war um 25 Grad geneigt, das Anlassen erfolgte per Pedal und das Design ähnelte dem der 98 TL. Nach nur einem Jahr wurde sie eingestellt, der Zweitakter tauchte 1962 wieder auf.

1959

Da man sich auf die Entwicklung der Serienmotorräder mit obenliegender Nockenwelle konzentrierte, reduzierte Ducati den Renneinsatz in der Saison '59 erheblich. Die Desmo-Einzylinder wurden an einige Fahrer für verschiedene Veranstaltungen ausgeliehen, insbesondere an Mike Hailwood. Mikes wohlhabender Vater Stan übernahm den Vertrieb von Ducati-Motorrädern in Großbritannien und war in der Lage, 125er Desmo-Singles und -Twins für die Grand-Prix-Saison 1959 zu beschaffen. Mike war auf dem Einzylinder sehr erfolgreich und gewann die britische 125er-Meisterschaft und den 125er Ulster Grand Prix.

85 TURISMO, 85 SPORT 1958–1961

Unterschiede zur 98

Bohrung (mm)	**45,5**
Hubraum (cm³)	**84,55**
Verdichtung	**7.5:1**
Vrgaser	**Dell'Orto ME15BS**
Leistung	**5 PS (5,5 PS, 85S)**
Schaltung	**Dreigang (Viergang 85S)**
Reifen	**2.50x17**
Bremsen (mm)	**116x25**
Gewicht (kg)	**80**
Vmax (km/h)	**76 (85S), 70 (85T)**
Farben	**85S Silber und Blau, blauer Rahmen**
85T Rot mit Weiß, roter Rahmen	
Motor- und Rahmennummer	**Ab DM85S (85T) 500001**

1958 erhielt die 125T einen Doppelohrrahmen.

98TS 1958–1963
Unterschiede zur 98TL

Verdichtung	**7:1**
Vergasern	**Dell'Orto ME16BS**
Leistung	**6 PS bei 6800/min**
Schaltung	**Viergang**
Reifen	**2.50x17, 2.75x17**
Federung vorne	**Teleskopgabel**
Federung hinten	**Schwinge**
Bremsen	**123 x 25 mm**
Radstand (mm)	**1270**
Gewicht (kg)	**87**
Vmax (km/h)	**85**
Farben	**Rot und Weiß**

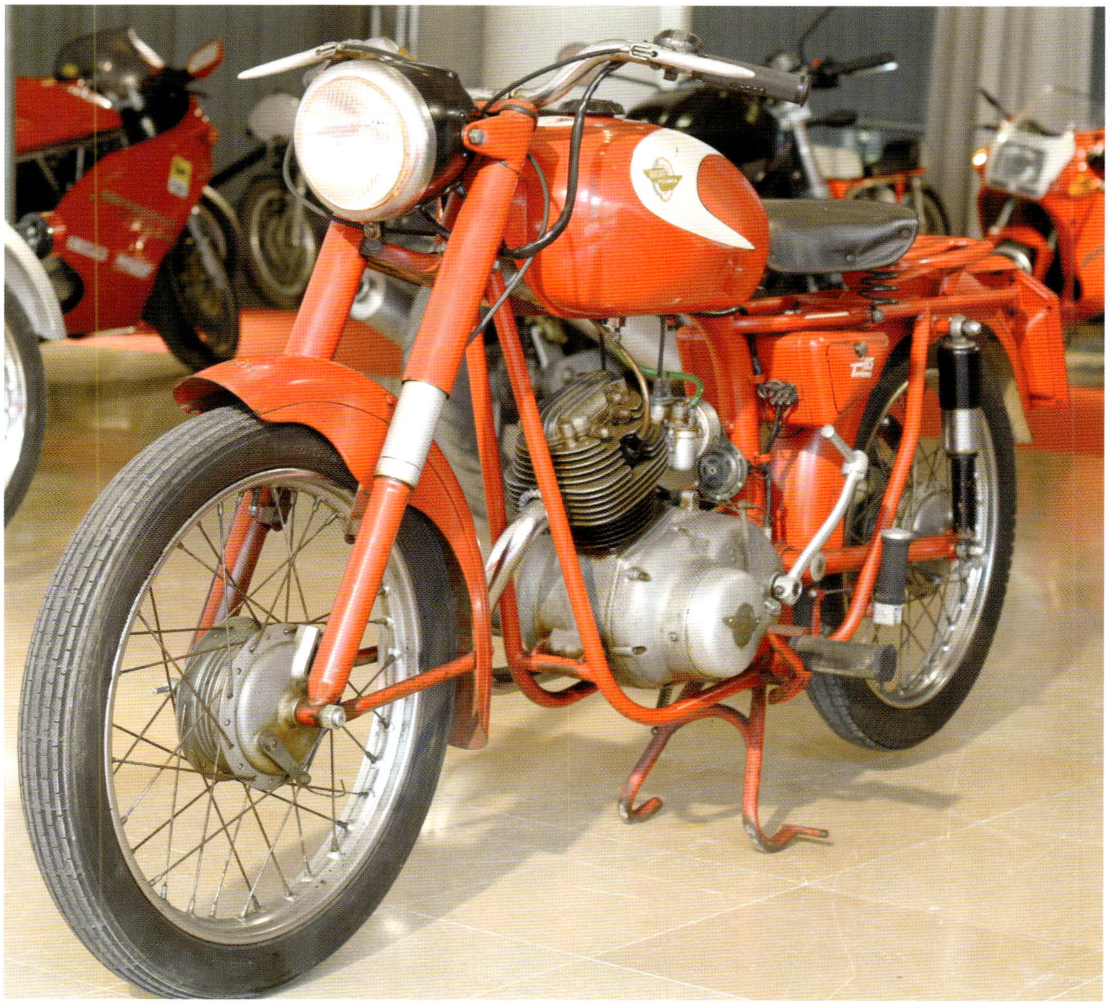

OBEN: Die 85 Sport war attraktiver als die 85T, aber die Leistung war enttäuschend.

MITTE: 1958 waren zwei 125er Sport erhältlich, hier die Version mit hängenden Ventilen und ähnlichem Styling wie die 85.

LINKS: Mit nur einem Dreigang-Getriebe war die 85T eine einfache Maschine.

OBEN: Der überarbeitete Motor verfügte über eine leicht abnehmbare Kipphebelabdeckung und ein abgedecktes Schwungrad.

OBEN RECHTS: 1958 war die 98TS neu. Der Motor und der Rahmen ähnelten der 85.

GEGENÜBER OBEN: Obwohl sie der 125 Sport ähnlich sah, war die 125F3 vorgeblich eine Gran Sport mit abgedeckten Ventilen. *(Roy Kidney)*

GEGENÜBER UNTEN: Die 175 war die erfolgreichste der F3, leicht und relativ leistungsstark. Sie war außerdem mit Amadoro-Doppelbremsen ausgestattet.

125 und 175F3

Im Laufe des Jahres 1958 löste die Formel 3 die Marianna als Serienmotorrad ab, war aber erst 1959 allgemein erhältlich. Die F3, die zunächst als 125er und 175er angeboten wurde, basierte trotz der '57 in Serie gegangenen OHC-Einzylinder noch weitgehend auf der früheren Marianna. Die 125F3 hatte ein Marianna-Kurbelgehäuse und abgesehen von einem einteiligen Zylinderkopf mit abgedeckten Ventilfedern war sie scheinbar identisch mit der Marianna. Wie bei der Marianna waren die Primär- und Kegelräder gerade verzahnt.

Der Einrohrrahmen war zwar dem der Straßenversionen nachempfunden, unterschied sich aber deutlich davon. Leichter und niedriger, mit einem niedrigeren Lenkkopf, kürzerer Schwinge und kürzerer Gabel, variierten sie auch zwischen den Modellen, wobei die 125er den niedrigsten Lenkkopf und die kürzeste Gabel aufwies. Beide hatten 18-Zoll-Räder, die 125er in der Regel mit Marianna-Bremsen und die 175er mit Amadori-Doppelbremsen, ähnlich wie die 125er Grand Prix. Trotz ihrer offensichtlichen Rennausrichtung wurden viele F3 mit einer kompletten Straßenausrüstung geliefert.

Obwohl es sich bei den F3 um echte Werksrenner handelte, waren sie problematisch, weil sie für die meisten Privatfahrer zu teuer waren und durch das Viergang-Getriebe bestraft wurden. Der erste große Erfolg der F3, die speziell für die Formel 3 entwickelt wurde, war '58 in Monza beim 175er F3-Rennen im Rahmen des Grand Prix der Nationen. Hier gewann Franco Villa auf einem werkseitig vorbereiteten 175F3 mit einer Durchschnittsgeschwindigkeit von 142 km/h. Nach diesem Erfolg schickte Ducati Anfang 1959 Franco Farnè mit einer 175F3 nach Amerika. Farnè gewann sechs Rennen in Folge und erwies sich in den Lightweight-Klassen in Daytona, Marlboro und Laconia als unschlagbar.

125, 175 FORMULA 3 1959–1962

Bohrung (mm)	**55,25, 125 (62, 175)**
Hub (mm)	**52 (57,8, 175)**
Hubraum (cm³)	**124,4 (174,5)**
Verdichtung	**9:1**
Vergaser	**Dell'Orto SSI 20C (125), SSI 22.5A (175)**
Leistung	**12 PS bei 9800/min (125), 19 PS bei 9700/min (175)**
Schaltung	**Viergang**
Räder	**18 Zoll**
Federung vorne	**35 mm Teleskopgabel**

Die erste 200 Élite hatte tiefe Schutzbleche, behielt aber den Stummellenker der 175 Sport bei.

OHC-SERIENMODELLE 1959

200 Élite

Als die Berliner Motor Corporation nach einem Motorrad mit mehr Hubraum verlangte, reagierte Ducati, indem man die 175 auf 200 Kubik aufbohrte. Die erste 200er war die Élite, die bis auf den Motor, die tieferen Kotflügel und die Stahlfelgen der 59er 175 Sport sehr ähnlich war. Da diese frühen 200 Élite auf der 175er basierten, wurden sie als Typ A bezeichnet, mit A-Stempeln auf Zylinder und Kopf. Die ersten 500er-Motoren wurden mit einem Dell'Orto SSI im Rennstil ausgerüstet, während die Auspuffanlage aus einem Doppelschalldämpfer bestand.

Während die US-Exemplare verkürzte Kotflügel erhielten, waren sie bei den frühen Élites in Europa tief. Die erste Auflage des 200 Élite hatte auch breitere Stahlräder mit größeren Reifen und der Kraftstofftank ähnelte dem der 175 Sport, erhielt aber Chromteile.

200 ÉLITE 1959
Unterschiede zur 175 Sport

Bohrung (mm)	**67**
Hubraum(cm³)	**203,783**
Verdichtung	**8,5:1**
Vergaser	**Dell'Orto SS27A (bis 150500) UBF24BS (ab 150151)**
Leistung	**18 PS bei 7500/min**
Federung vorne	**30 mm Ducati-Gabel (31,5 mm ab 151501)**
Federung hinten	**Schwinge mit zwei Marzocchi-Stoßdämpfern**
Räder	**18x2.50 Zoll**
Reifen	**2.75x18, 3.25x18**
Trockengewicht (kg)	**106**
Vmax (km/h)	**140**
Farben	**Blau und Silber**
Motor- und Rahmennummern	**E150001–E150500**

Die 59er 200 Super Sport war der Élite sehr ähnlich. Frühe Exemplare waren blau und silberfarben. *(Roy Kidney)*

200 Super Sport

Neben der 200 Élite kam 1959 die 200 Super Sport auf den Markt. Wie die Élite waren die frühen Versionen blau und silber, aber mit sportlicheren Kotflügeln und einem einzelnen Schalldämpfer. Die 200SS war immer mit schmaleren Rädern und Reifen ausgestattet, Alufelgen waren optional erhältlich.

200 SUPER SPORT 1959
Unterschiede zur 200 Élite

Federung vorne	**32 mm Marzocchi-Gabel (Ducati 31,5 mm ab 151501)**
Räder	**18x2.25 Zoll**
Reifen	**2.50x18, 2.75x18**

200TS, 200 Americano

Zur 175 Americano und 175TS gesellte sich 1959 die 200 Americano und 200TS. Der Motor war der gleiche wie bei der 200SS und Élite und sowohl die TS als auch die Americano waren mit den tieferen Élite-Kotflügeln, Stahlrädern und grobstolligen Reifen vorne und hinten ausgestattet. Aber während die Americano einen höheren Lenker hatte, verfügte die 200TS über den niedrigeren Élite-Lenker. Die 200TS Americano war eine Abwandlung der früheren 175 Americano, aber ohne Druckluft-Hörner am Sturzbügel.

200 Motocross (Scrambler)

Zeitgleich mit der Americano wurde die 200 Motocross vorgestellt, die ebenfalls hauptsächlich für den US-Markt bestimmt war. Ähnlich wie die frühere Motocross, teilte die 200 Motocross den Rahmen mit der 175, mit zusätzlichen Versteifungen und Doppelrohr unter dem Motor, konischen Bremsen und größeren Stahlrädern. Obwohl sie beliebter hätte sein sollen, verkaufte sie sich nicht so gut wie die 175er.

200TS, 200TS AMERICANO 1959
Unterschiede zur 200 Élite

Leistung	**17 PS bei 7500/min**
Reifen	**3.00x18 vorne und hinten**
Trockengewicht (kg)	**118**
Vmax (km/h)	**120**

OBEN: Ebenfalls 1959 neu war die 200TS, eine Verschmelzung von Élite und Super Sport.

LINKS: Die 200 Motocross war eine Weiterentwicklung der 175 und enthielt viele spezifische Komponenten.

200 MOTOCROSS 1959
Unterschiede zu 200 Élite

Vergaser	**Dell'Orto SS27A mit F20A Filter**
Federung vorne	**31.5 mm Marzocchi-Gabel**
Räder	**21x2.25 Zoll und 19x2.50 Zoll**
Reifen	**2.75x21 und 3.00x19**
Radstand (mm)	**1380**
Trockengewicht (kg)	**124**
Vmax (km/h)	**107**
Farben	**Kupfer und Rot**

175 SPORT, 175T, 175 MOTOCROSS 1959
Unterschiede zu 1958

Leistung	**11 horsepower at 6,000 rpm (175T)**
Bremsen (mm)	**Drum 158 front, 136 rear**
Motor- und Rahmennummern	**DM175 ab 77001 (175 Sport und Motocross), ab 04001 (175T)**

175TS 1959–1961
Unterschiede zu 175T

Räder	**18x2.00 Zoll vorne**
Radstand (mm)	**1310**
Trockengewicht (kg)	**108**
Vmax (km/h)	**110**
Farben	**Kupfer un Rot, Blau und Silber**
Motor- und Rahmennummern	**DM175 ab 04001**

175 Sport, 175 Super Sport, 175T, 175TS, Americano, 175 Motocross

Ab 1959 war ein Tuning-Kit für die 175 Sport erhältlich, das einen größeren SSI 25A-Vergaser enthielt. In England wurde die 175 Sport als 175 Silverstone und mit dem Tuning-Kit als 175 Silverstone Super bezeichnet. Um die Nomenklatur weiter zu komplizieren, beschloss Berliner 1959, die 175 Sport als Super Sport zu vermarkten (mit Einzelschalldämpfer und Tuning-Kit). Die angegebene Leistung betrug 18 PS und die Höchstgeschwindigkeit 144 km/h.

1959 bekam die 175T die kleineren Bremsen der 125, während die Optionen nun einen Einzelsitz, einen hohen Lenker und einen Gepäckträger umfassten. Die amerikanische 175T hatte einen noch höheren Lenker, aber die 175 Americano und Motocross blieben in diesem Jahr unverändert.

Im selben Jahr kam die 175TS (Turismo Speciale), eine weitere Variante des 175T. Sie wurde in großen Stückzahlen gebaut, vor allem für den heimischen Markt. Anderswo waren die Touring-Modelle eher unbeliebt. Obwohl sie vordergründig der 175T ähnelte, verfügte die 175TS über einen praktischeren Lenker, einen niedrigeren Sitz und kleinere Bremsen (von der 125), die sie in diesem Jahr auch mit der 175T teilte.

125 Sport, 125TS, 100 Sport

Irgendwann im Laufe des Jahres '58 wurde der 125er-Rahmen gegen einen modernen Rahmen mit vier Schrauben für die vordere Motoraufnahme sowie einem einteiligen hinteren Hilfsrahmen ersetzt und die Bremsen wurden verkleinert. 1959 kam ein Aufkleber auf dem Tank, der die Siege beim 24-Stunden-Rennen von Montjuïc ('57 und '58) feierte. In Amerika wurde die 125 Sport als 125 Super Sport (mit Sport-Aufklebern) verkauft, in England hieß die 125 Sport »125 Monza«. Auf Grund ihres hohen Preises verkaufte sich die 125 Sport nicht gut. Da 125er in Italien nach wie vor beliebt waren, wurde sie weiter produziert. Die 100 Sport wurde 1959 eingestellt.

STOSSSTANGEN-EINZYLINDER 1959

125TV, 125T, 98TS, 98 Bronco, 85 Sport, 85T, 85 Bronco

Mit dem Auslaufen der 65er übernahm die 85er die Rolle des Basismodells, die 85T wurde für die USA zur 85er Bronco (mit kleinerem Tank). Ebenfalls neu in den Staaten war in

125 SPORT, 125TS, 100 SPORT 1959
Unterschiede zu 1958

Vergaser	**Dell'Orto UB20BS (125 Sport)** **Dell'Orto ME18BS (125TS)** **Dell'Orto UA18BS (100 Sport)**
Leistung	**6,2 PS bei 6500/min (125TS)**
Bremsen (mm)	**Trommeln, vorne 158, hinten 136**
Farben	**Rot/Kupfer (125 Sport)**

OBEN: 1959 erhielt die 125 Sport einen neuen Rahmen und kleinere Bremsen. *(Roy Kidney)*

RECHTS: Die US 125 Sport von 1957 war bronze- und kastanienbraun, mit Tank-Emblemen anstelle von Aufklebern. *(Roy Kidney)*

98 BRONCO 1959–1962	
Unterschiede zur 98TS	
Reifen	**2.75x16 Bronco**
Bremsen	**116 x 25 mm Bronco**
Farben	**Lila und Bronze**

Eines der vielen Modelle, das für Berliner produziert wurde, war die 98 Bronco. Ein kleinerer Tank, Räder und Bremsen unterscheiden sie von der 98TS.

diesem Jahr die 98 Bronco, die in Europa als 98 Cavallino verkauft wurde. Sie war der 98TS sehr ähnlich, hatte aber einen 13-Liter-Tank, 16-Zoll-Räder und kleinere Bremsen.

1960

Ende 1959 stellte Ducati sein Werks-Engagement im Grand-Prix-Sport ein und Stan Hailwood gelang es, eine Barcone Desmo Single zu erwerben. Außerdem beauftragte er Taglioni mit dem Bau von Desmo 250- und 350-Parallel-Twins auf Basis der 125er. Die Barcone war die letzte Entwicklung des Desmo-Einzylinders und verfügte neben einem größeren Sechsgang-Kurbelgehäuse über einen einfachen Unterrohrrahmen, der sich unter dem Motor in ein Doppelrohr teilte. Auf den englischen Kurzstrecken erwiesen sich Hailwood und die Barcone als eine beeindruckende Kombination, mit der er die 125er-Meisterschaft gewann.

Auf Druck von Berliner wurde '60 auch eine 250-cm³-Version der 175F3 entwickelt. Der Prototyp der 250F3 mit ihrem speziellen 74-mm-Zylinder leistete 32 PS bei 9000/min und Francesco Villa wurde zu einer Reihe von Straßenrennen in den Vereinigten Staaten geschickt. Dank erfolgreicher Einsätze etablierte er dort Ducati als Hersteller zuverlässiger und konkurrenzfähiger Rennmaschinen und ebnete den Weg für die Einführung der Serien-250er.

UNTEN: Der Zylinderkopf mit dreifacher Nockenwelle ähnelte den früheren Versionen, aber die Barcone-Kurbelgehäuse waren größer.

UNTEN RECHTS: Die Barcone 125 war die letzte Version des Desmo-Rennmotorrads.

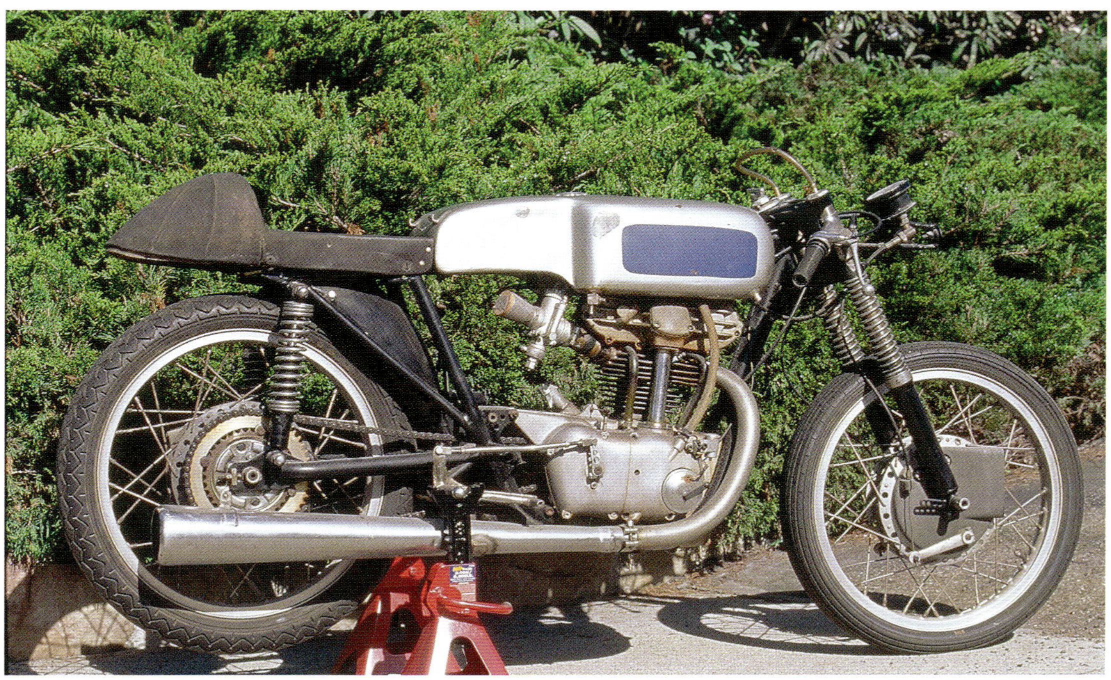

OBEN LINKS: Mike Hailwood mit der 250 Desmo Twin im Jahr 1960.

OBEN: Da es sich im Grunde um eine vergrößerte 125er handelte, war das Handling des 250er-Twin mangelhaft.

250 und 350 Desmo-Zweizylinder

Anfang 1960 erhielt Mike Hailwood eine 250er Parallel-Twin. Sie teilte sich Bohrung und Hub von 55,25 x 52 mm mit der 125er Single und war ansonsten eine verkleinerte Version der früheren 125er Twin. Mit zwei 30-mm-Vergasern von Dell'Orto leistete der Motor 43 PS bei 11.600/min und verhalf der 250er mit Sechsganggetriebe zu einer Höchstgeschwindigkeit von etwa 216 km/h. Leider war der Motor zu stark und zu schwer für den schwachen Doppelrohrrahmen und selbst mit Norton-Gabeln und Girling-Stoßdämpfern war das Handling mangelhaft. Hailwood

Um das Fahrverhalten zu verbessern, ließ John Surtees von Ken Sprayson ein neues Chassis mit geschobener Schwinge für die 250er und 350er Desmo-Twins bauen.

hatte Anfang 1960 einige Erfolge mit der 250er in England, war aber mit dem Fahrverhalten nie zufrieden und gab schließlich einen anderen Rahmen in Auftrag.

1960 wurden auch zwei 350-cm-Twins gebaut, eine für Ken Kavanagh und einer für Hailwood. Die 64x54-mm-Twins leisteten angeblich 48 PS bei 11.000/min, aber keiner der beiden Fahrer war zufrieden. Anfang '61 ließ Hailwood einen Sprayson-Reynolds-Rahmen mit geschobener Schwinge für die 350er bauen, schließlich erwarb John Surtees alle 250er- und 350er-Twins und rüstete sie auf geschobene Schwinge um. Sie waren nicht erfolgreich und die komplexen Twins wurden von gebrochenen Kurbelgehäusen, gebrochenen Zahnrädern und Problemen mit der Elektrik und der Zündung geplagt, bevor sie im Laufe des Jahres 1963 ausgemustert wurden.

OHC-SERIENMODELLE 1960

Dank der guten Auftragslage durch Berliner wurden in diesem Jahr 21.104 Motorräder produziert, davon 14.403 Singles mit obenliegender Nockenwelle. Es war das stärkste Produktionsjahr für die Einzylinder mit obenliegender Nockenwelle.

200 Élite, 200 Super Sport, 200 Motocross, 200TS Americano

1960 wurde die 200er mit einer Reihe von Verbesserungen ausgestattet, darunter ein kleinerer Vergaser sowie ein neues Getriebe, eine neue Kupplung und ein neuer Primärantrieb. Das Fahrwerk der Élite wurde mit dreifach verstellbaren Stoßdämpfern, schmaleren Stahlfelgen und einem kleineren Hinterradreifen ausgestattet. Die Kotflügel der Élite waren nun kürzer und sportlicher als die der 200SS, begleitet von einer kürzeren Aprilia-Rückleuchtenhalterung.

Offensichtlich war die Élite nun weitgehend identisch mit der 200 Super Sport, die sich nur noch durch den Doppelschalldämpfer und spezielle Tank-Embleme unterschied. Auch die 200 Americano blieb in diesem Jahr unverändert, ebenso wie die 200 Motocross.

175 Sport, 175T, 175TS Americano, 175 Motocross

In diesem Jahr waren alle 175er im Grunde genommen abgespeckte 200er, die sich die gleichen Typ-A-Kurbelgehäuse und Zylinderkopf-Gussteile teilten. Die Marzocchi-Stoßdämpfer hatten eine dreifach einstellbare Federvorspannung.

Die 200 Super Sport für 1960 war in Rot und Kupfer gehalten und hatte immer noch verchromte Tankverkleidungen.

200 ÉLITE, SS, MOTOCROSS, AMERICANO 1960 Unterschiede zu 1959

Vergaser	**Dell'Orto UBF24BS**
Räder	**18x2.25 Zoll**
Reifen hinten	**3.00x18**
Farben	**Kupfer und Rot**
Motor- und Rahmennr.	**Ab 150501**
Stückzahlen	**1486 (Élite)** **843 (TS Americano)** **607 (Motocross)**

175 SPORT, T, TS AMERICANO MOTOCROSS 1960 Unterschiede zu 1959

Motor- und Rahmennummern	**DM175 ab 78001 (175 Sport, Motocross), ab 05001 (175T, TS)**
Stückzahlen	**1511 (175 Sport) 1772 (175T USA) 1162 (175 Americano) 1466 (175 Motocross) 2670 (175TS)**

Die 125 Sport erhielt für 1960 attraktive neue Farben und blieb in Italien bis 1967 im Programm.

125 SPORT, 125TS

Auch bei der 125 Sport wurde '60 einiges verbessert, darunter der Zylinderkopf, die Kupplung, das Getriebe und der Primärantrieb. Das Fahrwerk bekam Radaelli-Stahlfelgen und Tank-Embleme ersetzten die Aufkleber. Die 125 Sport wurde in dieser Form noch einige Jahre lang weiter gebaut, hauptsächlich für den italienischen Markt. Die 125TS enthielt ebenfalls die Änderungen am Motor. In diesem Jahr wurden zwei Sitztypen angeboten, gestreift oder einfarbig schwarz.

STOSSSTANGEN-EINZYLINDER 1960

98TS, 98 Bronco (Cavallino), 85 Super Sport, 85 Sport, 85T, 85 Bronco

Die Palette der Stößelstangen-Singles umfasste nun auch eine 85 Super Sport mit höherer Verdichtung und größerem Vergaser, von der jedoch nur wenige Exemplare hergestellt wurden. Die 125TV wurde zugunsten der anspruchsvolleren OHC-125TS eingestellt, während die beliebteren 85er und 98er Stößelstangen-Singles unverändert blieben.

125 SPORT, 125TS 1960 Unterschiede zu 1959

Federung vorne	**31,5 mm Ducati-Gabel**
Federung hinten	**Ceriani**
Farben	**Gold/Blau (125 Sport), Blau/Grau (125TS)**
Motor- und Rahmennummern	**Ab etwa 203700 (125 Sport) Ab 650001 (125TS)**
Stückzahlen	**671 (125 Sport) 890 (125TS) 1325 (125TS, schwarze Sitzbank)**

85 SUPER SPORT 1960

Unterschiede zur 85 Sport

Verdichtung	**9:1**
Vergaser	**Dell'Orto ME16BS**
Leistung	**6,5 PS bei 7500/min**
Gewicht (kg)	**79**
Stückzahlen	**62 (85 SS)**
Andere Stückzahlen (Stoßstangen-Motor) 1960	**1260 (85 Sport) 1400 (85T) 748 (85 Bronco) 89 (98 Cavallino) 2557 (98 Bronco) 585 (98TS)**

KAPITEL 3

FRAGWÜRDIGES WACHSTUM

OBENLIEGENDE NOCKENWELLE, EINZYLINDER MIT HÄNGENDEN VENTILEN UND ZWEITAKTER, 1961–1970

Ähnelte der 250er Motor dem 175er und 200er, waren die Gussteile des Typ-B-Motors komplett neu. *(Roy Kidney)*

Die 250F3 von 1961 hatte ein ähnliches Design wie die 250 Diana. In diesem Jahr waren die Bremsen von Amadoro und obwohl sie als Rennmaschine verkauft wurde, hatte die 250F3 einen Scheinwerfer und ein Rücklicht.

Da Ducati bereits erfolgreich 250-cm³-Werksrennmaschinen einsetzte, war es unvermeidlich, dass der OHC-Motor auf 250 cm³ anwuchs. Die erste Serien-250er wurde '61 als sportliche Diana und Touring Monza auf den Markt gebracht. Das war typisch für den evolutionären Ansatz, den Ducati zu dieser Zeit verfolgte. Die Einzylinder mit obenliegender Nockenwelle waren in der Produktion zweitrangig gegenüber den Singles mit hängenden Ventilen.

Zur gleichen Zeit sah Ducati die Zukunft in der Herstellung von billigen Transportmitteln in größeren Stückzahlen und im Laufe des Jahres 1961 arbeitete man an der Entwicklung von Zweitakt-Singles. Trotz der Produktion einer großen Anzahl uninspirierter Modelle, trug diese Fehlentscheidung wenig zur Rentabilität und zum Ruf des Unternehmens bei.

1961

1961 homologierte Ducati die OHC-250 vom Typ B. Der Motor und der Rahmen waren neu und hatten nur wenige Teile mit den vorherigen Modellen Typ A 200 und 175 gemeinsam. Die 200er und 175er wurden in diesem Jahr als Typ A weitergeführt, außerdem wurde die 250F3 als käufliche Rennmaschine eingeführt. Die Stößelstangen-Singles umfasste auch die sportlichere 125 Aurea, aber die Gesamtproduktion ging 1960 deutlich auf 12.338 Stück zurück.

250 F3

Die 250F3, auch Manxman genannt, war eine Weiterentwicklung der 175F3. Der 250er-Zylinderkopf verfügte auch über Aufnahmen für Öffner- und Schließerhebel, weshalb einige wenige Exemplare als Desmo gebaut wurden. Der Rahmen der 250F3 ähnelte dem der 175F3, hatte aber eine längere Schwinge und einen höheren Lenkkopf sowie eine neue 35 mm Marzocchi-Gabel. 19-Zoll-Räder und eine 200 mm Amadori-Vorderradbremse kamen 1961 zum Einsatz. Die schwerere 250F3 wurde nur in sehr geringen Stückzahlen produziert und weniger erfolgreich als die 175F3.

250 Diana (Daytona) und 250 Monza

Der Typ B mit obenliegender Nockenwelle war vordergründig ein neues Modell. Der Motor erhielt neue Kurbelgehäuse und andere Gussteile und hatte folglich nur wenige Teile

250 FORMULA 3 1961–1962

Bohrung (mm)	**74**
Hub (mm)	**57,8**
Hubraum (cm³)	**248,6**
Verdichtung	**8,5:1**
Vergaser	**Dell'Orto SSI 29A**
Leistung	**23 PS bei 8200/min**
Schaltung	**Viergang**
Räder	**19 Zoll**

250 DIANA (DAYTONA), MONZA 1961

Bohrung (mm)	**74**
Hub (mm)	**57,8**
Hubraum (cm³)	**248,589**
Verdichtung	**8:1**
Vergaser	**Dell'Orto UBF24BS**
Leistung	**19,5 PS bei 7550/min (16,4 PS bei 7200/min Monza)**
Schaltung	**Viergang**
Federung vorne	**31,5 mm Ducati-Gabel**
Federung hinten	**Schwinge, zwei Marzocchi-Dämpfer**
Bremsen (mm)	**Trommeln, vorne 180, hinten 160**
Räder	**18x2.25 Zoll (18x2.5 Zoll Monza) vorne und hinten**
Reifen	**2.75x18, 3.00x18**
Radstand (mm)	**1330**
Trockengewicht (kg)	**120 (125 Monza)**
Vmax (km/h)	**140 (135 Monza)**
Farben	**Blau und Silber (Diana) Blau/Gold, Rot/Silber, Schwarz/Silber (Monza)**
Motor- und Rahmennummern	**Ab DM250 80001**

mit dem früheren Typ A auf 175er-Basis gemeinsam. 1961 waren die beiden Typ B 250er die sportliche Diana (Daytona für UK) und die Tourenmaschine Monza. Der Rahmen wurde für den Typ-B leicht umgestaltet, wobei die Buchsen der Schwinge vom Rahmen zur Schwinge verlegt wurden. Die Diana- und Monza-Rahmen von 1961 (wie auch die Typ-B-200er und 125er der gleichen Ära) hatten außerdem zwei zusätzliche Befestigungsschrauben vor der hinteren Stoßdämpferaufnahme. Die Bremsen kamen von Grimeca, die vorderen hatten Kühlschlitze.

Die 250 Diana und Daytona unterschieden sich von den früheren OHC-Singles durch den 17-Liter-Tank und die seitlichen Abdeckungen. Diese enthielten Einlässe für den Luftfilter und die Entlüftungsschläuche sowie links ein Werkzeugfach mit Klappdeckel. Die ähnliche 250 Monza war das Tourenmodell, das den kleineren 13-Liter-Tank der 200TS beibehielt, aber mit höherem Lenker, Seitenständer und Sturzbügel ausgestattet war. Obwohl sie sich gegenüber der 200er und 175er kaum veränderte, läutete die 250 Diana eine neue Ära für Ducati ein. Sie war die erste Hochleistungs-Ducati, die erschwinglich war, und mit einem Tuning-Kit konnte sie in einen effektiven Club-Racer verwandelt werden.

Einer der Klassiker unter den »Narrow Case«-Singles war die Diana mit vier Gängen. *(Roy Kidney)*

STÜCKZAHLEN 1961

1560 (125TS)
1000 (125 Sport)
1283 (175TS)
115 (175 Motocross)
350 (200 Motocross)
250 (200TS Americano)
820 (200TS Americano schwarze Sitzbank)
1511 (200 Élite)

TYP A EINZYLINDER 1961

200 Élite, 200 Motocross, 200TS Americano, 175TS, 175 Motocross, 125 Sport, 125TS

Die bestehenden Typ A OHC-Singles überschneiden sich 1961 mit der neuen Typ B-Produktion, die Palette wird reduziert. Abgesehen von einer kleinen Anzahl von Americanos, die einen zweifarbigen Sitz erhielten, blieben die 200, 175 und 125 Singles gegenüber 1960 unverändert.

Die 250 Monza war die Touring-Version der Diana.

STOSSSTANGEN-EINZYLINDER 1961

125 Aurea, 98TS, 98 Bronco (Cavallino), 85 Super Sport, 85 Sport, 85 Bronco

Neu in der Reihe der Stoßstangen-Motoren war in diesem Jahr die 125 Aurea, die ähnlich der 125 Sport gestylt war. Analog zur früheren 125TV und unter Beibehaltung des Doppelrohrrahmens wurde der 125 Sport-Stil des Tanks durch einen sportlichen Scheinwerfer, einen zigarrenförmigen Auspuff und einen markanten zweifarbigen Sattel ergänzt.

Die sportliche 125 Aurea kam 1961 neu dazu. Gestaltet wie die 125 Sport, war die Aurea mehr »Show« als »Go«.

125 AUREA 1961

Unterschiede zur 125TV 1959

Verdichtung	6,8:1
Vergaser	Dell'Orto ME18BS
Bremsen (mm)	123x25
Radstand (mm)	1285
Gewicht (kg)	90
Farben	Metallicblau und Gold, blauer rahmen, blaue Sitzbank
Motor- und Rahmennummern	Ab DM125A 85001
Stückzahle	1800
Andere Stückzahlen (Stoßstangen-Motor) 1961	40 (85 Sport) 22 (85 Super Sport) 1200 (85 Bronco) 785 (98 Cavallino) 997 (98 Bronco) 605 (98TS)

1962

Obwohl in diesem Jahr der neue OHC-Typ B konsolidiert wurde, flossen die meisten Ressourcen in die Einführung einer neuen Reihe von kleinen Zweitaktern. Die ersten davon waren drei 48er, die Gesamtproduktion belief sich '62 auf 24.443 Stück. Sie wurden entwickelt, um die Vorteile der neuen italienischen Straßenverkehrsordnung zu nutzen, die keine Zulassung für 50-ccm-Motorräder verlangte. Doch während die Palette der Zweitakter wenig inspirierend war, entwickelte sich der 250 cm³ OHC-Einzylinder zu den hervorragenden Scrambler und Diana Mark 3. 1962 wurde die 200er zum Typ B auf 250er-Basis, wobei zwei Modelle fortgeführt wurden: die 200TS Americano und die 200 Élite, zu denen sich die 200GT gesellte.

OHC-EINZYLINDER 1962

250 Scrambler (Motocross)

Auf Wunsch von Berliner kam 1962 die 250 Scrambler auf den Markt. Sie löste die 200 Motocross ab und brachte auch die sportlichere 250 Diana Mark 3 hervor, eine hervorragende Rennmaschine, die ebenfalls speziell für Amerika entwickelt wurde. Im Gegensatz zur 200 Motocross, die eine große Anzahl von spezifischen Teilen aufwies, vor allem bei den Bremsen, der Aufhängung und dem Rahmen, war die 250 Scrambler im Grunde eine heiße Monza.

Der 250-cm³-Viergang-Motor vom Typ B verfügte über eine höhere Verdichtung, eine »schärfere« Nockenwelle und einen größeren Dell'Orto SSI-Vergaser. Die Auspuffanlage bestand aus einem offenen 36-mm-Rohr. Anders als bei der 250 Diana (und anderen OHC-Singles) erfolgte die Ventileinstellung nun mit Unterlegscheiben statt mit Schrauben und Kontermuttern, während die Zündung und das 6-Volt-System von der 175F3 stammten, mit einer Magnetzündung und einer extrem einfachen Beleuchtung. Berliner hatte die Scrambler als Mehrzweckmodell konzipiert. Obwohl sie mit Stollenreifen ausgestattet war, konnte sie für Straßenfahrten, Straßenrennen, Short-Track-Rennen oder Scrambles eingesetzt werden.

Die 250 Scrambler von 1962 basierte auf der 250 Monza und war sehr erfolgreich. Der offene Auspuff und die Ausstattung war gerade so zulassungskonform. *(Roy Kidney)*

Der Motor der 250 Scrambler war fast so hoch getunt wie der der 250 Diana Mark 3. *(Roy Kidney)*

250 SCRAMBLER 1962

Unterschiede zur 250 Diana/Daytona

Verdichtung	**9,2:1**
Vergaser	**Dell'Orto SSI 27A**
Leistung	**27 PS bei 8000/min**
Reifen	**3.00x19, 3.50x19**
Radstand (mm)	**1350**
Trockengewicht (kg)	**109**
Vmax (km/h)	**135**
Farben	**Blauer Rahmen, Blau und Silber**
Motornummern	**Ab DM250 80001–84500 (ungefähr)**
Stückzahl	**417 (USA)**

250F3, 250 Diana (Daytona), 250 Monza, 250 Diana Mark 3

1962 waren die wenigen verfügbaren 250F3 mit einer größeren 230-mm-Oldani-Vorderradbremse ausgestattet, aber die Einführung der günstigeren 250 Diana Mark 3 machte die teure F3 praktisch überflüssig. Die 250 Monza blieb unverändert und während die Standard 250 Diana in Europa und Großbritannien (wo sie noch Daytona hieß) weiterhin beliebt war, forderte Berliner für '62 eine sportlichere Version. Die 250 Diana Mark 3, eine käufliche Rennmaschine, traf den Nerv der Amerikaner und wurde zu Ducatis Markenzeichen in den USA. Die Leistung war vergleichbar mit der aktueller 250er-Twins und mit einer Topspeed von über 100 Meilen pro Stunde war sie fast so schnell wie 500er-Motorräder.

Scheinbar war die 250 Diana Mark 3 eine Mischung aus der normalen Diana und der nur in den USA erhältlichen Scrambler. Der Motor verfügte über den 27 mm Dell'Orto SSI-Vergaser der Scrambler, jedoch ohne Luftfilter, sowie über eine etwas höhere Verdichtung und andere Steuerzeiten. Wie bei der Scrambler erfolgte die Ventileinstellung ebenfalls über Unterlegscheiben, die Abgase enwichen entweder über einen Silentium-Schalldämpfer oder

Den kleinen Scheinwerfer und das Rücklicht teilten sich die 250 Diana Mark 3 und die 250 Scrambler.

250 DIANA MARK 3 1962

Unterschiede zur 250 Diana und SCR

Verdichtung	**10:1**
Leistung	**30 PS bei 8300/min**
Tires	**2.50x18, 2.75x18**
Radstand (mm)	**1320**
Trockengewicht (kg)	**110**
Vmax (km/h)	**177**
Farben	**Blauer Rahmen, Blau und Silber**
Motornummern	**Ab DM250 80001–85851**

Die 250 Diana Mark 3 war Anfang der 60er-Jahre einer der wettbewerbsfähigsten Club-Racer auf dem Markt, wurde jedoch durch ein Vierganggetriebe eingeschränkt. Die Straßenausrüstung war minimal. *(Roy Kidney)*

UNTEN: Während die Standard-Diana in den USA nicht sehr beliebt war, liebten die Engländer die 250 Daytona.

UNTEN: Die 62er 250 F3 hatte eine große Oldani-Vorderradbremse, war aber immer noch durch ein Vierganggetriebe eingeschränkt.

UNTEN: Die einzige Instrumentierung war ein zentraler Veglia-Drehzahlmesser und der Stummellenker ermöglichte eine Gabelbrücke mit glatter Oberseite. *(Roy Kidney)*

einen schwarz lackierten Megaphon-Auspuff. Da das elektrische System samt Magnetzündung mit der 175 F3 und der 250 Scrambler geteilt wurde, war die Beleuchtung minimal. Die 250 Diana Mark 3 war die bedeutendste Ducati, die jemals in Amerika verkauft wurde.

200 Élite, 200GT, 200 Americano, 125 Sport, 125TS

Da die Nachfrage nach der 200 Élite auch nach der Einführung der 250er anhielt, wurde sie ab '62 als verkleinerte Typ B weitergeführt. Die allgemeinen Spezifikationen blieben unverändert und auch der Rahmen war ein Typ B, was sich an den stärkeren Schwingendrehpunkten und Quetschbolzen zeigte. 1962 war eine weitere 200er erhältlich, die 200GT, die wie die neue 250 Diana mit deren Tank ausgestattet war, aber die früheren D-Type-Aufkleber trug. Da sie nur mäßige Leistung bot, war die 200GT anfangs nicht sehr beliebt, setzte sich aber bald durch, da die Versicherung für 200-cm³-Maschinen günstiger war. Eine weitere Variante der 200er war die 200 TS/Americano, scheinbar eine 250 Monza mit einem 200er Typ B-Motor, die aber nur für '62 produziert wurde. Auch die 125 Sport und die TS wurden in diesem Jahr unverändert fortgeführt.

UNTEN: 1962 war die 200 Élite eine reduzierte 250er anstelle einer vergrößerten 175er.

200 ÉLITE 1962 Unterschiede zur Typ A	
Verdichtung	**7,8:1**
Trockengewicht (kg)	**111**
Vmax (km/h)	**140**
Motor- und Rahmennummern	**Ab DM200E 155000 (ungefähr)**
Stückzahl	**1400**

200 GT 1962

Unterschiede zur 200 Élite

Vergaser	**UBF24BS**
Trockengewicht (kg)	**115**
Vmax (km/h)	**135**
Farben	**Rot nd Weiß**
Stückzahl	**280**

200 TS AMERICANO 1962

Unterschiede zur Type A

Verdichtung	**7,8:1**
Farbe	**Rot**
Stückzahl	**1211**

STÜCKZAHLEN ANDERE OHC-MOTOREN 1962

770 (125TS)
1100 (125 Sport)

STÜCKZAHLEN STOSSSTANGEN-MOTOREN 1962

850 (85 Bronco)
655 (98 Cavallino)
1050 (98 Bronco)
900 (98TS)

STOSSSTANGEN-EINZYLINDER 1962

98TS, 98 Bronco (Cavallino), 85 Bronco

Die Produktion der 125er Aurea wurde in diesem Jahr eingestellt. Um den neuen Zweitaktern gerecht zu werden, wurde die Palette der Singles mit Stößelstangen gestrafft.

ZWEITAKTER 1962

48 Brisk, 48 Piuma, 48 Sport

Zu den neuen Zweitaktern für 1962 gehörte das Dreigang-Moped Piuma.

Ducati führte 1962 drei Zweitakter ein. Der 48-cm³-Motor tauchte erstmals in der kurzlebigen 48 Sport von 1958 auf. Das Basismodell war die 48 Brisk, die vor allem für den italienischen Markt produziert wurde. Die 48 Brisk hatte zwar nur einen Solositz und einen Pedalantrieb, aber die Teleskopgabel und die hintere Schwinge mit zwei Stoßdämpfern waren für diese Art von Maschine recht ausgeklügelt. Neben der Brisk gab es die ähnliche Piuma (oder Puma für Großbritannien) mit einem Dreigang-Einheitsgetriebe und einer in den Gasgriff integrierten Handschaltung. Abgesehen vom Getriebe und dem kantigeren Styling der Piuma waren die Brisk und die Piuma in ihrer Ausstattung praktisch identisch.

Neben der Brisk und der Piuma gab es 1962 auch die 48 Sport. Sie war ein Mini-Motorrad mit einem Duplex-Stahlrohrrahmen und einem Stummellenker. Angelassen wurde per Fußtritt oder Pedale, doch die 48 Sport unterschied sich von den Mopeds durch den Motor mit höherer Verdichtung, einem Dell'Orto-

Die 48 Sport wurde so gestaltet, dass sie der Diana mit obenliegender Nockenwelle ähnelt.

Fallstromvergaser und einem polierten Ansaugtrichter. Die Dreigangschaltung wurde immer noch von Hand bedient.

1963

Die Verbreitung von Zweitaktmodellen ließ die Produktion in diesem Jahr auf erstaunliche 37.034 Motorräder ansteigen. Die V4-Apollo weckte in diesem Jahr das meiste Interesse. Die Entwicklung der OHC-Singles mit geriet ins Stocken und das Angebot an Stoßstangen-Einzylindern wurde eingeschränkt. Aber da Berliner das Sagen hatte und das Management viel Vertrauen in das Zweitaktprogramm setzte, war es eine unruhige Zeit in Borgo Panigale. Es wurden so viele Zweitakter produziert, dass die unverkauften Bestände zu einem ernsthaften Problem wurden und die Motorradproduktion bis zum Jahr 2000 die Zahl von 1963 nicht übersteigen sollte.

48 BRISK, 48 PIUMA, 48 SPORT

Motor	**Luftgekühlter Einzylinder-Zweitakter**
Bohrung (mm)	**38**
Hub (mm)	**42**
Hubraum (cm³)	**47.633**
Verdichtung	**6,3:1 (9,5:1 Sport)**
Vergaser	**Dell'Orto T4 12D1 (UA 15S Sport)**
Leistung	**1,34 PS (1,5 Piuma, 4,2 Sport)**
Schaltung	**Eingang (Dreigang Piuma & Sport)**
Federung vorne	**Teleskopgabel**
Federung hinten	**Schwinge mit zwei Stoßdämpfern**
Bremsen (mm)	**Trommeln, 90 (105 Sport)**
Reifen	**2.00x18 (2.25x18 Piuma, 2.25x19 Sport)**
Trockengewicht (kg)	**45 Brisk, 47 Piuma, 49 Sport**
Vmax (km/h)	**40 Brisk, 50 Piuma, 80 Sport**
Farben	**Rot, Rot und Bronze (Sport)**
Motornummern	**Ab DM48 010001, 300001 (Sport)**
Rahmennummern	**Abm DM48P 01001 (Piuma)**
	Ab DM48E 10001 (Sport)
Stückzahlenn	**6000 (48 Brisk) 5500 (48 Piuma) 4000 (48 Sport)**

Apollo

Apollo, der griechische Gott der Künste, steht für Ordnung, Harmonie, Zivilisation und Prophezeiung, und es gab kein prophetischeres Motorrad als die außergewöhnliche Ducati Apollo mit zehn PS und 1260 cm³-V4. Noch erstaunlicher war, dass dieses Motorrad in Italien nach US-Vorgaben von einem Unternehmen entwickelt und gebaut wurde, das kaum Erfahrung mit Zweirädern über 250 cm³ hatte. Damals roch die Apollo nach extremer Übertreibung, doch fünfzig Jahre später kann man ihre Größe und Ausstattung als Mainstream bezeichnen. Die Apollo war wirklich ihrer Zeit voraus.

Joe Berliner wollte die Vorherrschaft von Harley-Davidson auf dem Polizeimotorradmarkt in den USA brechen. Die offiziellen Spezifikationen der Polizeibehörde verlangten einen Motor mit 1200 cm³ oder mehr, einen Radstand von mindestens 60 Zoll und 5,00x16 Zoll große Reifen. Er überzeugte Montano und Taglioni, ein solches Projekt in Erwägung zu ziehen, und erklärte sich bereit, den Prototyp zu bezahlen und sich an den Kosten für die Werkzeuge für

APOLLO

Motor	**Luftgekühlter 90° V4-Viertakter**
Bohrung (mm)	**84,5**
Hub (mm)	**56**
Hubraum (cc)	**1257**
Verdichtung	**10:1 (8:1)**
Ventiltrieb	**Hängende Ventile, Stößelstangen**
Vergaser	**Dell'Orto SSI 32 (SSI 24)**
Leistung	**100 PS (80 PS), später 67 PS**
Schaltung	**Fünfgang**
Achsantrieb	**Duplex-Kette**
Federung vorne	**38 mm Ceriani-Gabel**
Federung hinten	**Schwinge mit zwei Stoßdämpfern**
Reifen	**5.00x16 Pirelli**
Radstand (mm)	**1550**
Trockengewicht (kg)	**240**

GANZ OBEN: Seiner Zeit um Jahrzehnte voraus, war die Apollo zu groß und zu stark für die Reifen von 1964.

OBEN: Wenn man sich den Apollo-Motor ansieht, kann man leicht die Inspiration für die späteren V-Twins erkennen.

die Produktion zu beteiligen. Berliner wollte ein leichtes V4-Motorrad mit 1200 cm^3, das die Harley in jeder Hinsicht übertreffen sollte. Auch die Wartungsfreundlichkeit hatte Priorität und so wurden Stößelstangen und hängende Ventile verwendet, wobei die zahnradgetriebene einzelne Nockenwelle wie bei einem amerikanischen V8 angeordnet war. Die erste Apollo leistete damals beeindruckende 100 PS, wobei der Motor als tragendes Element in einen massiven Rahmen integriert war. Leider gab es 1963 noch keine Reifen, die einem Dauerbetrieb mit 120 Meilen pro Stunde gewachsen waren und obwohl die Leistung nachträglich begrenzt wurde, hatten Ducati und Berliner einfach nicht die Mittel, um die Produktion aufzunehmen. Glücklicherweise ließ sich Taglioni durch den Misserfolg der Apollo nicht entmutigen und konnte viele ihrer Eigenschaften als Inspiration für die 750 V-Twin sieben Jahre später nutzen.

VIERTAKT-EINZYLINDER 1963

200GT, 250 Diana, 250 Diana Mark 3, 250 Monza, 250 Scrambler, 125 Aurea, 98TS

Da 1964 weitere Aktualisierungen geplant waren, wurde die Palette der OHC-Modelle für 1963 auf fünf Modelle reduziert, die größtenteils unverändert blieben. Die einzige 200er war die 200GT, es gab in diesem Jahr keine 175er oder gar 125er. Während die bestehenden 250er-Modelle unverändert blieben, erhielt die 250 Monza einen neuen Sitz. In diesem Jahr feierte die 125 Aurea ein kurzes Comeback und die 98TS wurde noch ein weiteres Jahr lang gebaut.

ZWEITAKTER 1963

48/1 Brisk, 48 Piuma, 48 Piuma Sport, 48SL, 48 Cacciatore, 48 Sport (50 Falcon), 80 Setter, 80 Sport, 80 Falcon

Die 48 Brisk wurde in diesem Jahr zur 48/1 Brisk weiterentwickelt, die nun ein ähnliches Design wie der Piuma aufwies, wobei auch eine Piuma Sport erhältlich war. Die Motorspezifikation für alle 48er beinhaltete ein etwas höheres Verdichtungsverhältnis und mehr Leistung, wobei einige Exemplare der 48 Piuma den leistungsstärkeren 48 Sport Motor hatten. Für 1963 war auch die Piuma Export erhältlich, die einen integrierten Scheinwerfer, einen Doppelsitz, größere Bremsen und einen vollständig geschlossenen Antriebsstrang besaß. US-Exemplare waren mit dem leistungsstärkeren 48 Sport-Motor ausgestattet.

STÜCKZAHLEN STOSSTANGEN- UND OHC-MOTOREN 1963

911 (200GT)
500 (250 Diana)
383 (250 Monza)
250 (250 Scrambler USA)
1000 (125 Aurea)
500 (98TS)

Abgesehen von einem neuen Sitz wurde die 250 Monza für das Modelljahr 1963 kaum verändert.

Zu den weiteren neuen Modellen gehörten die 48 Sport Export, deren Tank dem der 200 Élite entsprach (einige davon mit dem für 1964 neu spezifizierten lüftergekühlten Motor), sowie die 48SL, die geländegängige 48 Cacciatore und die 50 Falcon (eine 48 Sport) für die USA. Das Trio der 80er umfasste die 80 Setter, die 80 Sport und die 80 Falcon. Die 80 Setter sah der 48 Sport für den heimischen Markt ähnlich, verfügte aber über einen Rahmen mit einem einzelnen Unterrohr (der den Motor als tragendes Element nutzte) und tieferen Kotflügeln. In diesem Jahr war auch eine leistungsstärkere 80 Sport mit Stummellenker und einem sportlicher geformten Tank erhältlich, ebenso wie die 80 Falcon. Die 80er erwies sich in Amerika und England als unpopulär und war ab 1963 nur noch in Italien erhältlich.

OBEN: Die 80 Setter hatte einen Rahmen mit einem einzigen Unterrohr, das den Motor als tragendes Element nutzte.

OBEN RECHTS: Die 48 Sport Export hatte einen Kraftstofftank im Élite-Stil und Stoßdämpfer mit freiliegenden Federn.

48/1 BRISK, PIUMA, PIUMA SPORT 48 SPORT, SL, CACCIATORE

Unterschiede zu 1962

Verdichtung	**7:1**
Leistung	**1,5 PS**
Motor- und Rahmennummern	**Ab DM 700001 (48SL)** **Ab DM48SL 0001 (Frame)**
Stückzalen	**8500 (48/1 Brisk)** **3500 (48 Piuma pedal)** **3812 (48 Piuma kick)** **2300 (48 Piuma Export pedal)** **49 (48 Sport pedal)** **6488 (48 Sport kick)** **5500 (48 Sport Export kick)** **561 (48 Sport Export fan)**

80 SETTER, 80 SPORT, 80 FALCON

Unterschiede zur 48

Bohrung (mm)	**47**
Hub (mm)	**46**
Hubraum (cm³)	**79,807**
Verdichtung	**7,1:1**
Vergaser	**Dell'Orto ME 15BS**
Leistung	**4,25 PS (5,5 PS)**
Schaltung	**Dreigang**
Bremsen (mm)	**Trommeln, 118**
Reifen	**2.25x18, 2.50x17**
Trockengewicht (kg)	**62**
Vmax (km/h)	**75**
Farben	**Blau und Silber**
Stückzahl	**580 (80 Setter)** **1500 (80 Sport)** **700 (80 Falcon)**

Obwohl sie einen Rahmen aus Pressstahl hatte, war die 48 Piuma Sport ein attraktives Angebot.

1964

Nach dem explosionsartigen Anstieg der Produktion von Zweitaktern im Jahr 1963 wurde die Produktion 1964 auf realistischere 6788 Stück reduziert. Angeführt wurde das Programm von neuen Fünfgang-OHC-Singles. Doch während sich Ducati auf deren Einführung vorbereitete, liefen viele der bestehenden Viergang-Modelle weiter. Die ersten Fünfgang-Modelle waren die 250GT und die 250 Mark 3, gefolgt von der Mach 1. Die Viergang-250F3 war inzwischen überholt und wurde von der Fünfgang-Rennmaschine Mach 1S ersetzt. 1964 wurde auch eine Scrambler mit vier Gängen eingeführt und mit dem Brio-Roller wurde ein weiterer zweifelhafter Versuch unternommen, den Markt zu durchdringen.

FIVE-SPEED OVERHEAD CAMSHAFT SINGLES 1964

250GT

Die 250GT war die Nachfolgerin der 200GT mit einem neuen Fünfgangmotor. Zusammen mit dem neuen Getriebe wurde auch die elektrische Anlage verbessert und der Motor sanfter abgestimmt. Einzigartig war der der unter der oberen Gabelbrücke montierte Schwanenhals-Lenker. Da die Leistung äußerst bescheiden war, wurde die 250GT nur bis 1964 gebaut.

Die 250GT war die erste Einzylindermaschine mit fünf Gängen und obenliegender Nockenwelle.

250 Mark 3

Zusammen mit der Einführung der Fünfgang-250GT ersetzte eine 250 Mark 3 mit fünf Gängen in den USA die 250 Diana Mark 3. Sie wurde nicht mehr offiziell als Diana bezeichnet und hatte nun einen hohen Lenker statt der Rennsport-Stummel. Das Rücklicht verfügte nun über einen Kippschalter, der für

250GT 1964

Unterschiede zur 250 Monza

Leistung	**18,4 PS bei 7200/min**
Schaltung	**Fünfgang**
Radstand (mm)	**1320**
Farben	**Rot und Weiß, Schwarz und Silber**
Motornummer (auf linker Gehäusehälfte)	**DM250 85852–87421**
Rahmennummern	**DM250 85852–87421 US-Motorräder hatten keine Rahmennummer, sondern eine am Lenkervorbau angebrachte Folie mit der Motornummer.**
Stückzahl	**722**

250 MARK 3 1964

Unterschiede zu 1963

Motornummern	**DM250 85852–92171**

Stromfluss sorgte, falls eine Rücklichtbirne durchbrannte, sodass die Magnetzündung weiter funktionieren konnte. Abgesehen vom Fünfgang-Getriebe blieb der Motor samt schwarz lackiertem Megaphon-Auspuff gegenüber 1963 unverändert.

250 Mach 1

Der Erfolg der 250 Diana Mark 3 in Amerika veranlasste Ducati 1964 zur Entwicklung der Mach 1 mit fünf Gängen. Sie war als sportliches Straßenmotorrad gedacht, das weltweit verkauft werden sollte. Da sie eine Zulassung haben musste, erthielt sie die Elektrik und das Zündsystem der 250GT. Mit einer angeblichen Topspeed von 170

OBEN RECHTS: 1964 hatte die 250 Mark 3 mit fünf Gängen einen hohen Lenker und ein neues Rücklicht. Zur Serienausstattung gehörten ein Drehzahlmesser und eine Nummertafel.

Mit einer batteriebetriebenen Elektrik war die 250 Mach 1 eine straßenzugelassene Version der nur in den USA erhältlichen 250 Mark 3.

250 MACH 1 1964	
Unterschiede zur 250 Mark 3	
Vergaser	**Dell'Orto SSI 29D**
Leistung	**27,6 PS bei 8500/min**
Radstand (mm)	**1350**
Trockengewicht (kg)	**116**
Vmax (km/h)	**170**
Farben	**Rot und Silber**
Motornummern	**DM250M1 00001–00370 (ungefähr)**
Rahmennummern	**DM250 00001–00370 (ungefähr)**
Stückzahl	**362**

Die Mach 1 gilt als die schnellste 250er auf dem Markt und wurde zu einer der legendärsten Serien-Ducatis.

km/h und ihrem roten Rahmen wurde die Mach 1 zum am meisten verehrten Einzylinder der Schmalmotor-Baureihe.

Angetrieben wurde die Mach 1 von einem verbesserten 250GT-Motor mit größeren Ventilen, geänderten Steierzeiten sowie einem neuen Borgo-Schmiedekolben mit drei Kolbenringen. Der Einlasskanal wurde vergrößert, passend zum größeren Dell'Orto-Vergaser. Sie trug einen roten Rahmen und nach hinten versetzte Fußrasten und Bedienelemente.Der Benzintank war der kleinere und schlankere 200GT-Typ, der an der Unterseite eingekerbt war, um Platz für den Vergaser zu schaffen. Die meisten Mach 1 hatten einen Stummellenker mit einer flachen Gabelbrücke. Eine bizarre Option war ein hoher Lenker im US-Touring-Stil.

250 Mach 1S

1964 wurde eine kleine Anzahl von Mach 1S produziert, die nur für Werks-, Vertriebs- und Händler-Rennteams erhältlich waren. Diese sahen der regulären Mach 1 ähnlich, trugen aber 250M1S-Stempel auf dem Motor und eine spezielle Nummernfolge, die bei 00001 begann und um 00030 endete. Der Motor verfügte über eine Reihe spezieller Werkskomponenten, darunter eine F3-Kurbelwelle mit ver stärkten Pleuel und größeren Ventilen. Wie die Mark 3 hatte sie eine Magnetzündung. Während die Gabel und der Rahmen mit einem Unterrohr mit der Mach 1 identisch waren, handelte es sich bei der Vorderradbremse um eine 200-mm-Oldani. Es wurde gemunkelt, dass Berliner fünf Mach 1S importierte.

Mach 1S #00007 im Zustand wie bei einem Rennen. Dieses Motorrad, das 1964 von Frank Calder in Connecticut gefahren wurde, hat einen nicht serienmäßigen Sitz, aber die originale Lichtanlage blieb erhalten. *(Phillip Andersen)*

In den 60ern war die Werbung von Berliner sehr effektiv. Hier schüttelt der Herausgeber des Cycle Magazins, Floyd Clymer, die Hand A. J. Foyt Juniors, dem Gewinner des Indianapolis 500-Rennens von 1964 mit der 250 Monza.

250 SCRAMBLER 1964
Unterschiede zu 1963

Leistung	**30 PS bei 8300/min**
Motornummern	**Ab DM250 84500 (ungefähr)–85851**
Stückzahl	**107**
Andere Stückzahlen (Viergang OHC-Einzylinder) 1964	**498 (250 Diana)** **67 (250 Monza USA)** **610 (200 Élite)** **766 (200GT)** **452 (125 Sport)** **670 (125TS)**

VIERGANG OHC-EINZYLINDER 1964

250 Scrambler, 250 Monza, 250 Diana/Daytona, 200 Élite, 200GT, 125 Sport, 125TS

Während die 250 Daytona und Monza mit vier Gängen unverändert blieben, wurde die 250 Scrambler 1964 neu gestaltet. Neben einem speziellen Giuliari-Scrambler-Sattel gab es einen längeren und niedrigeren Tank im Diana-Stil und praktischere, gummierte, klappbare Fußrasten. Die 200 Élite wurde als Grand Sports oder Super Sports in Großbritannien und zusammen mit der 200GT als Spezialimport von Ghost Motorcycles in New York angeboten, während die 125 Sport und die 125TS nach einer einjährigen Pause unverändert zurückkehrten.

STOSSSTANGEN-EINZYLINDER 1964

125 Bronco

Der einzige in diesem Jahr produzierte Einzylinder mit Stößelstangen war die nur in den USA erhältliche 125er Bronco. Abgesehen von einem kleineren 13-Liter-Tank und 16-Zoll-Rädern mit Stollenreifen war diese Maschine der Aurea sehr ähnlich. Leider führte die Kombination aus bescheidener Leistung und mäßigem Fahrwerk zu einem extrem langsamen Motorrad.

In den 60er-Jahren war die 125er Bronco in den USA eine der Hauptstützen der Produktpalette, obwohl sie nicht sehr beliebt war.

125 BRONCO
Unterschiede zur 125 Aurea

Reifen	**2.75x16**
Radstand (mm)	**1290**
Gewicht (kg)	**91**
Farben	**Candyrot und Silber, Schwarz und Silber, Dunkelblau und Silber**
Motornummern	**Ab DM125A 90001**
Stückzahl	**300**

OBEN LINKS: Die 50 Falcon erhielt 1964 eine Gebläsekühlung, der Auspuff trat links aus. Es wurden nur wenige Exemplare hergestellt.

OBEN: Die 90 Cadet (Falcon) hatte den Auspuff auf der rechten Seite.

ZWEITAKTER 1964

50 Falcon, 80 Setter, 80 Sport, 90 Falcon, 90 Mountaineer, 90 Cacciatore, 48 Brio

Da 1963 so viele 48-cm³-Varianten produziert wurden, waren sie noch mehrere Jahre lang unverändert erhältlich. Die bestehenden 80er Setter und Sport wurden weitergeführt, allerdings nur in Europa, während die anderen Zweitakter 1964 einen Lüfter erhielten, der mittels Metallabdeckung Zylinder und Zylinderkopf kühlte. Der Fallstromvergaser war gestrichen und der Rahmen war wieder als Doppelrohr ausgeführt.

Die Nachfrage nach Modellen mit größerem Hubraum führte Ende 1963 zur Einführung des 90 Cacciatore (Mountaineer) und des 90 Cadet (Falcon) in den USA. Der lüftergekühlte 87-cm³-Motor war fast identisch mit dem 48-cm³-Aggregat, verfügte aber über eine stärkere Lichtmaschine und einen größeren Vergaser. Die linke Motorabdeckung wies eine große Öffnung für die Abluft auf, weshalb der Auspuff auf der rechten Seite austrat. Beide hatten Handschaltung und einen Solositz.

Die letzten 64er Modelle waren der Brio-Roller und das Fattorino-Dreirad. In der Absicht, so viele Zweitaktvarianten wie möglich zu schaffen, wurde der 48-cm³-Motor mit Gebläsekühlung Ende 1963 in den Brio-Roller und den 3R Fattorino (Laufbursche) eingebaut. Wie der unglückliche Cruiser von 1952 war der Brio ein echter Motorroller nach dem Vorbild von Vespa und Lambretta, während der Fattorino ein kommerzielles Lastendreirad war. Diese Maschinen waren in erster Linie für den italienischen Markt bestimmt, wurden aber auch in kleinen Stückzahlen exportiert. Zum Leidwesen von Ducati war der Motorroller-Boom bereits vorbei, als der Brio auf den Markt kam.

90 CADET, 90 CACCIATORE (MOUNTAINEER) 1964

Motor	**Gebläsegekühlter Einzylinder-Zweitakter**
Bohrung (mm)	**49**
Hub (mm)	**46**
Hubraum (cc)	**86,744**
Verdichtung	**8,5–9:1**
Vergaser	**Dell'Orto UA 18S**
Leistung	**6 PS**
Schaltung	**Dreigang**
Bremsen (mm)	**Trommeln, 118**
Reifen	**2.25x18, 2.50x18 (2.50x16, 3.25/3.50x16, Cacciatore)**
Radstand (mm)	**1160**
Trockengewicht (kg)	**66 (68 Cacciatore)**
Vmax (km/h)	**90**
Stückzahlen Zweitakter 1964	**22 (50 Falcon) 480 (80 Setter) 789 (80 Sport) 50 (90 Falcon) 71 (90 Mountaineer) 822 (90 Cacciatore)**

1965

Für 1965 erhielten alle OHC-Singles ein Fünfgang-Getriebe und auf Wunsch von Berliner wurde eine 350er in zehn Modelle umfassende palette aufgenommen. Die Produktion stieg in diesem Jahr leicht auf 7440 Stück. Da die USA weiterhin der wichtigste Markt für Ducati waren, schickte das Werk

48 BRIO 1964

Motor	**Gebläsegekühlter Einzylinder-Zweitakter**
Bohrung (mm)	**38**
Hub (mm)	**42**
Hubraum (cm³)	**47,633**
Verdichtung	**7:1**
Vergaser	**Dell'Orto SHA 14/12**
Leistung	**1,5 PS**
Schaltung	**Dreigang**
Federung vorne	**Gezogene Schwinge**
Federung hinten	**Schwinge mit Gummidämpfern**
Bremsen (mm)	**Trommel, 105**
Reifen	**2.75x9**
Trockengewicht (kg)	**63,5**
Vmax (km/h)	**50**

OBEN: Unfähig, aus den Erfahrungen mit dem Cruiser zu lernen, brachte Ducati 1964 einen weiteren Roller heraus, den Brio.

Franco Farnè testet den 125 cm³ Vierzylinder-Renner Anfang 1965.

im Februar ein Team nach Sebring, in dem Franco Farnè auf einer neuen 350SC die 350er-Klasse gewann.Die kürzlich erschienene 350er wurde anschließend als Sebring bezeichnet.

Ebenfalls in diesem Jahr ließ Taglioni eine frühere 125er-Vierzylinder-Rennmaschine wieder aufleben. Der 125er-Vierzylinder wurde auf Wunsch der spanischen Mototrans-Tochter entwickelt und verfügte über ein Achtgang-Getriebe, vier Ventile pro Zylinder und doppelte obenliegende Nockenwellen, die von einer zentralen Kette und Stirnrädern angetrieben wurden. Die Leistung betrug anfangs 23 PS bei 14.000/min. Nach ersten Tests Anfang 1965 verschwand der 125er-Vierer. In den 70er und 80er-Jahren war er im Leningrader Museum ausgestellt, kehrte aber schließlich nach Italien zurück.

250 und 350SC

1965 lösten die 250SC und 350SC die Mach 1S als Kunden-Rennmaschine ab. Wie die frühere F3 war auch die SC ein handgefertigtes Sportgerät, die nur wenig mit der Serien-250er gemein hatte. Die Kurbelgehäuse wurden im Sandgussverfahren hergestellt und waren für den Doppelrohrrahmen ausgelegt. Der Zylinderkopf war mit dem der 250F3 identisch, während das Fünfgang-Getriebe mit engerer Übersetzung, breiteren Zahnrädern und längeren Wellen nur bei der SC zum Einsatz kam.

Die 250SC verfügte 1965 über einen Doppelrohrrahmen und einen Tank im Stil der Mach 1.

Neben dem SC-spezifischen Doppelrohrrahmen mit breiteren Motorlagern gab es auch eine spezielle Marzocchi-Gabel mit abgesetzten Gabelrohren. Der Tank war der Mach 1 nachempfunden und wie bei der F3 gab es eine komplette Straßenausrüstung, einschließlich Hupe. Für die Saison 1965 wurden nur etwa vierzig 250SCs und zehn 350SCs gebaut.

OHC-EINZYLINDER 1965

350 Sebring, 350 Scrambler, 250GT, 250 Monza, 250 Scrambler, 250 Mark 3, 250 Mach 1, 200 Élite, 200GT, 125 Sport

Abgesehen von der 200 Élite, der 200GT, der 125 Sport und der neuen 160 Monza Junior mit Viergang-Getriebe erhielten alle OHC-Singles in diesem Jahr ein Fünfgang-Getriebe. Der 250GT-Motor wurde aufgrund der Kritik, er sei zu schwach, mit einer neuen Nockenwelle und einem größeren Einlassventil auf die Monza-Spezifikation hochgestuft. Mit Ausnahme des neuen Fünfgang-Getriebes blieb die 250 Monza weitgehend unverändert. In diesem Jahr wurde auch eine Reihe 350 Scrambler gebaut.

Da Ducati in Europa bereits über den leistungsstärkeren Mach 1 verfügte, erhielt die US-250-Mark-3 für 1965 den Mach 1-Motor. Der verfügte nun über die größeren Ventile und den SSI-Vergaser der Mach 1. Die Magnetzündung wurde von der früheren Mark 3 übernommen. Ein weiterer Unterschied zur Mark 3 von 1964 waren die zusätzlichen Seitenverkleidungen und die Übernahme der nach hinten versetzten Fußrasten und Bedienelemente der Mach 1. Die rote und silberne Farbe der Mark 3 und der schwarze Rahmen blieben gegenüber

250 AND 350SC 1965

Bohrung (mm)	**74 (250), 76 (350)**
Hub (mm)	**57,8 (250), 75 (350)**
Hubraum (cm³)	**248,6 (340)**
Verdichtung	**10,2:1 (10:1)**
Vergaser	**Dell'Orto SSI 30 (SSI 32B, 350)**
Bremsen (mm)	**Grimeca, 230**
Räder	**19 Zoll**
Radstand (mm)	**1320**
Gewicht (kg)	**115 (250) 117 (350)**
Vmax (km/h)	**190 (250) 200 (350)**
Motornummern	**DM250SC 1–40 (ungefähr) DM350SC 1–10 (ungefähr)**

250GT, 250 MONZA, 250 & 350 SCRAMBLER 1965

Unterschiede zu 1964

Motor- und Rahmennr.	**Ab DM250 87422**
Stückzahl	**710 (250GT) 152 (250 Monza) 163 (USA 250 Scrambler) 121 (USA 350 Scrambler)**
Stückzal (200 und 125 1965)	**381 (200 Élite) 569 (200GT) 513 (125 Sport)**

OBEN: Eine Berliner Werbung von 1965, die eine 250GT (nicht wie angegeben eine Monza) vor der Unisphere auf der New Yorker Weltausstellung zeigt. Dies ist ein Prototyp; die Serienmodelle hatten die neueren Eagle-Tankaufkleber.

OBEN RECHTS: Die 250 Mark 3 erhielt für 1965 einen Mach 1-Motor. Neu waren die nach hinten versetzten Bedienelemente und die Seitenabdeckungen im Mach 1-Stil.

UNTEN: Dominiert vom 29 mm SSI-Vergaser von Dell'Orto, wurde der Mach 1-Motor für 1965 unverändert beibehalten.

250 MARK 3 AND MACH 1 1965

Unterschiede zu 1964

Vergaser	**Dell'Orto SSI 29D (Mark 3)**
Radstand (mm)	**1350 (Mark 3)**
Trockengewicht (kg)	**112 (Mark 3)**
Motornummern	**Ab DM250M1 00370 (ungefähr)**
Stückzahl	**338 (Mach 1)**

1964 unverändert, ebenso wie der serienmäßige hohe Lenker, der Veglia-Drehzahlmesser, die Nummertafel und der Megaphon-Auspuff. Abgesehen vom Sitz blieb die Mach 1 unverändert.

350 Sebring

Auf Wunsch von Berliner wuchs der Fünfgang-Motor des Typs B 1965 auf 350 cm³ an, aber da Taglioni sich Sorgen um die Zuverlässigkeit machte, wurde der 350 Sebring konservativ abgestimmt. Die milde Nockenwelle und der Kopf mit kleinen Ventilen wurden mit der 250 Monza und der GT geteilt, aber die 350 hatte einen Borgo-Kolben mit drei Ringen sowie eine höhere Primärübersetzung. Das Grundchassis entsprach dem der 250 Monza. Abgesehen von den Farben und den seitlichen Abdeckungen war die US-Ausgabe identisch mit der 250 Monza, während die zweite 65er-Ausgabe wie die 250 Diana/Daytona gestylt war.

160 Monza Junior

Auf Wunsch von Berliner wurde auch die 160 Monza Junior gebaut. Ihr Motor basierte auf der 125er, war aber äußerlich durch die fehlenden Rippen an der Ölwanne und den Kipphebelabdeckungen zu erkennen. Die elektrische Anlage bestand aus einer

350 SEBRING 1965

Unterschiede zur 250 Monza

Bohrung (mm)	**76**
Hub (mm)	**75**
Hubraum (cm³)	**340,237**
Verdichtung	**8,5:1**
Vergaser	**Dell'Orto UBF24BS**
Leistung	**32 PS bei 8500/min**
Radstand (mm)	**1330**
Trockengewicht (kg)	**123**
Vmax (km/h)	**125**
Motornummern	**Ab DM350 01001**
Stückzahl	**1286**

Die konservativ abgestimmte und wie die 250 Monza gestylte 350 Sebring von 1965 lieferte enttäuschende Leistung.

Magnetzündung, ähnlich wie bei der 250 Scrambler, aber mit einer kleinen Batterie für die Beleuchtung. Zu den geringeren Gesamtabmessungen trugen die 16-Zoll-Stahlräder mit kleineren Bremsen bei. Es gab zwei Versionen: Die erste war wie die 250 Monza gestaltet, die zweite hatte einen eckigen Tank und Kotflügel sowie den kugelförmigen Aprilia-Scheinwerfer.

Die erste 160 Monza Junior war ähnlich gestaltet wie die 1965er 250 Monza.

160 MONZA JUNIOR 1965

Unterschiede zur 125 Sport

Bohrung (mm)	**61**
Hub (mm)	**52**
Hubraum (cm³)	**156**
Verdichtung	**8,2:1**
Vergaser	**Dell'Orto UB22BS**
Leistung	**16 PS bei 8000/min**
Räder	**16x2.25 Zoll, 16x1.85 Zoll**
Reifen	**2.75x16, 3.25x16**
Radstand (mm)	**1330**
Trockengewicht (kg)	**106 (108 ab der zweiten Serie 1965)**
Vmax (km/h)	**102**
Farben	**Schwarz/Siler, Rot/Gold**
Motornummern	**Ab DM160 18001**
Stückzahlen	**710**

OBEN: Die 100 Mountaineer war der 90er sehr ähnlich, aber für den amerikanischen Markt hatte die Zahl 100 einen besseren Klang.

OBEN RECHTS: Die 100 Brio hatte einen kleineren Raddurchmesser und einen größeren Sitz als die 48er Brio.

STOSSSTANGEN-EINZYLINDER UND ZWEITAKTER 1965

125 Bronco, 80 Setter, 80 Sport, 100 Cadet, 100 Mountaineer, 90 Cadet (Falcon), 90 Mountaineer, 100 Brio

Während die 125 Bronco, die 90 Cadet (Falcon), die 90 Mountaineer, die 80 Setter und die 80 Sport unverändert weitergeführt wurden, ersetzte 1965 eine etwas größere 100 Cadet und Mountaineer die 90er. Zur 48er gesellte sich in diesem Jahr auch eine 100er Brio, die nun mit Doppelsitz und Rädern mit kleinerem Durchmesser ausgestattet war. Bei der 100 Cadet und der 100 Mountaineer wurde der Motor auf 94 cm³ aufgebohrt – bei gleicher Leistung.

1966

Ducati bot leichte Aktualisierungen der OHC-Singles an, während die Zweitaktreihe weitgehend unverändert blieb. Die Motorradproduktion ging auf 5913 Stück zurück, aber ernstere Probleme standen bevor, als der US-Verkaufsboom im Herbst 1966 zusammenbrach.

100 CADET, 100 MOUNTAINEER 1965
Unterschieder zur 90 1964

Bohrung (mm)	**51**
Hubraum (cm³)	**94**
Verdichtung	**10:1**
Stückzahl 1965	**455 (100 Cadet) 369 (100 Mountaineer)**
Stückzahlen 125 Bronco und andere Zweitakter 1965	**911 (125 Bronco) 80 (90 Cadet) 80 (90 Falcon) 110 (90 Mountaineer) 220 (80 Setter) 200 (80 Sport)**

100 BRIO 1965 Unterschiede zur 48 Brio

Bohrung (mm)	**51**
Hub (mm)	**46**
Hubraum (cm³)	**94**
Verdichtung	**8,5:1**
Vergaser	**Dell'Orto SHB 18/16**
Leistung	**7 PS**
Reifen	**2.45x8, 3.50x8**
Trockengewicht (kg)	**80**
Vmax (km/h)	**76**

250 und 350 SC

Die 250 und 350SC, die nach wie vor als Sonderbestellungen bei den Händlern erhältlich waren, wurden für 1966 kaum verändert. Die 250SC erhielt nun einen Amal-Vergaser (die 350er behielt den Dell'Orto), und beide Versionen wurden mit Oldani-Bremsen ausgestattet. Ebenfalls neu waren ein Tank aus Fiberglas und ein Solositz mit Höcker, aber die Grundabmessungen blieben unverändert. Die SCs waren zwar sehr schöne Kreationen, aber auch zu schwer und der Doppelrohrrahmen bot kaum Vorteile gegenüber dem Standardrahmen. Sie waren nicht sonderlich erfolgreich, ebneten aber den Weg für den nächsten Renner, die Desmo, die Farnè im März '66 in Modena vorstellte. Diese erste desmodromische 250er war eine modifizierte 250SC, aber als sie 1967 ins Sortiment aufgenommen wurde, war sie enger mit den Serienmaschinen verwandt.

Die 1966er 250SC hatte einen neuen Kraftstofftank, Oldani-Bremsen und einen Amal-Vergaser.

250 AND 350SC 1966
Unterschiede zu 1965

Vergaser	**Amal 1 3/16 Zoll 389 Monobloc (250)**
Bremsen (mm)	**Oldani, 200**

OHC-EINZYLINDER 1966

350 Sebring, 350 Scrambler, 250 Monza, 250GT, 250 Scrambler, 250 Mark 3, 250 Mach 1, 200 Élite, 160 Monza Junior, 125 Sport

1966 erhielten die 250er und 350er OHC-Singles neue Grimeca-Bremsen, die vordere mit einer zusätzlichen Belüftung auf der rechten Seite, die bis 1972 verwendet wurde. Die 250er und 350er Touring-Modelle wiesen nun das fragwürdige eckige Design auf, das 1965 bei der 160er Monza Junior eingeführt worden war. Außerdem sollte in diesem Jahr die Entwicklung der schmalen Kurbelgehäuse abgeschlossen werden.

250 Mark 3 and 250 Mach 1

Die 250 Mark 3 wurde 1966 nur wenig verändert, aber aufgrund der Kritik an der Kickstarteranordnung mit den nach hinten versetzten Fußrasten kehrten die Diana und die Monza zur Schaltwippe und den vorne angebrachten Rasten zurück. Abgesehen von den neuen Bremsen blieb die Mach 1 in ihrem letzten Jahr unverändert.

250 MARK 3, MACH 1 1966
Unterschiede zu 1965

Motornummern (250 Mark 3)	**DM250M3 oder M1 01500–01800 (ungef.) Auch ab DM250M3 92172–105000 (1966–1967)**
Stückzahl	**138 (Mach 1)**

RECHTS: 1966 kehrt die 250 Mark 3 wieder zur Schaltwippe zurück.

Der Prospekt von 1966 zeigt die Mark 3 (links) noch mit nach hinten versetzten Fußrasten.

Die Vorderradbremse aus dem Jahr 1966 enthielt auch eine Lufthutzenattrappe auf der rechten Seite.

350 Sebring, 250 Monza, 250GT, 200 Élite, 160 Monza Junior, 125 Sport

Die 250er und 350er Touring-Modelle wurden nach dem Vorbild der zweiten 160er Monza Junior von 1965 umgestaltet, wobei Scheinwerfer, Tank und Kotflügel kantiger aussahen. Die Sitzbank war dicker und die 250 Monza und die GT waren fast identisch. Obwohl das neue Design nicht von allen akzeptiert wurde, verkauften sich diese Modelle gut, insbesondere die 160 Monza Junior. Die 125 Sport wurde unverändert beibehalten und war hauptsächlich für den italienischen Markt bestimmt, während die 200 Élite mit vier Gängen vorgeblich für das Vereinigte Königreich erhältlich war, wo sie als 200 Super Sport verkauft wurde. Im Gegensatz zu den Fünfgang-Singles behielt die 200 Élite die frühere Vorderradbremse (ohne Lufthutze) bei.

250 and 350 Scrambler

Ducati bemühte sich, die Scrambler für 1966 noch attraktiver zu machen, indem man sie mit der elektrischen Anlage der 160 Monza Junior ausstattete, um sie straßentauglicher zu machen. Dazu gehörten der Scheinwerfer und das Rücklicht im Bullet-Style der 160er, eine Magnetzündung und eine kleine Batterie für die Stromversorgung des Brems- und Standlichts. Zu den weiteren Neuerungen für 1966 gehörten eine modifizierte Aufhängung und ein 18-Zoll-Hinterrad. In Amerika gehörten ein Tachometer und ein Schalldämpfer zur optionalen Ausstattung. Irgendwie haben diese Aktualisierungen die Attraktivität der Scrambler gemindert, weshalb sie sich in diesem Jahr schlechter verkaufte.

350 SEBRING, 250 MONZA, 250GT, 160 MONZA JUNIOR, 200 ÉLITE, 125 SPORT 1966

Stückzahlen	**1166 (350 Sebring)** **760 (250 Monza)** **126 (200 Élite)** **406 (160 Monza Junior)** **377 (125 Sport)**

OBEN LINKS: Die Touring-Modelle des Jahres 1966 erhielten ein neues, kantiges Design. Dies ist das beliebteste Modell, der 160 Monza Junior.

250 & 350 SCRAMBLER 1966

Unterschiede zu 1965

Hinterrad	**18x3.00 Zoll**
Reifen hinten	**4.00x18**
Trockengewicht (kg)	**109**
Motor- und Rahmennummern	**DM250 92172–105000** **DM350 05006–05105**
Stückzahlen	**203 (250 Scrambler)** **145 (350 Scrambler)**

LINKS: Die 250 Scrambler wurde für 1966 überarbeitet, um sie straßentauglicher zu machen.

STOSSSTANGEN-EINZYLINDER UND ZWEITAKTER 1966

125 Bronco, 100 Cadet, 100 Mountaineer, 90 Cadet (Falcon), 90 Mountaineer, 50SL, 100/25 Brio

Sowohl die lüftergekühlte 100 Cadet als auch die 100 Mountaineer erhielten ein Viergang-Getriebe mit rechtsseitiger Fußschaltung über die übliche Wippe, blieben aber ansonsten unverändert. Aus dem Brio 100 wurde der Brio 100/25, und obwohl sie schon seit einigen Jahren nicht mehr produziert wurden, waren Brisk, Piuma Sport, 50SL und Brio 48 in diesem Jahr noch in Europa erhältlich. Die 48 Piuma Sport wurde zur 50 Piuma Sport.

Weitere neue Modelle für 1966 waren die 50SL und die 50SL/2. Die 50SL war eine weitere fade Wiedergabe der früheren 48SL, aber mit einem neuen luftgekühlten Viergangmotor und dem kantigen Styling, das in diesem Jahr vorherrschend war. Die 50SL/2 hatte ihren eigenen, unverwechselbaren Tank, war aber ein Tourenmodell mit hohem Lenker und hohen Auspuffrohr. Diese Modelle läuteten für '67 eine neue Reihe sportlicher 50-cm³-Zweitakter ein.

50SL, SL2 1966

Motor	**Luftgeühlter Einzylinder-Zweitakter**
Bohrung (mm)	**38,8**
Hub (mm)	**42**
Hubraum (cm³)	**49,660**
Verdichtung	**9,5:1**
Vergaser	**Dell'Orto SHA 14/12**
Leistung	**4,2 PS**
Schaltung	**Viergang**
Reifen	**2.25x19**
Trockengewicht (kg)	**58**
Vmax (km/h)	**80**
Stückzahl	**10**

100 CADET, 100 MOUNTAINEER 1966
Unterschiede zu 1965

Schaltung	**Viergang**
Stückzahlen	**577 (100 Cadet)** **418 (100 Mountaineer)**
Stückzahlen 125 Bronco und andere Zweitakter	**725 (125 Bronco)** **150 (90 Cadet)** **110 (90 Falcon)** **202 (90 Mountaineer)**

100/25 BRIO 1966 **Unterschiede zur 100 Brio**

Vedichtung	**10:1**

1966 erhielt die 100 Cadet ein Viergang-Getriebe mit Fußschaltung.

Die luftgekühlte 50SL läutete eine neue Reihe von Zweitaktern mit kleinem Hubraum ein.

1967

Trotz des Zusammenbruchs des US-Marktes setzte Ducati die Entwicklung der neuen Single-Ducati mit breitem Kurbelgehäuse fort. Das Unternehmen glaubte auch, dass das Überleben abhänge von der Erweiterung der Zweitaktpalette und der Einführung eines neuen Singles mit hängenden Ventilen. Alle neuen Modelle führten zu einem leichten Anstieg der Produktion auf 6242 Stück, was sich aber nicht in Verkäufen niederschlug. Fast 3500 für Amerika bestimmte Motorräder landeten schließlich in England, wo sie bis 1971 erhältlich waren.

250 und 350SCD (Sport Corsa Desmo)

Da der Kopf der 250F3 bereits für den desmodromischen Ventiltrieb ausgelegt war, lag es auf der Hand, dass auch die SC einen zwangsgesteuerten Kopf erhalten würde. Sechs 250er und eine 350er wurden 1967 in Daytona eingesetzt. Doch die Desmo-Ducatis fielen bei der technischen Inspektion der AMA durch, da das Ventilsystem als »Änderung der Grundkonstruktion« angesehen wurde. So erhielt Ducati trotzdem ordentlich Publicity.

Die SCDs (Sport Corsa Desmo) unterschieden sich deutlich von den früheren SCs und waren Vorläufer der neuen Breitmotoren, die Ende 1967 erschienen. Die SCD verfügten über normale Druckguss-Kurbelgehäuse mit einem Fünfgang-Getriebe und Standardübersetzung. Die SCD besaßen außerdem einen Rahmen mit einem einzelnen Unterrohr aus Chrom-Molybdän ohne eine Schleife über dem Schwingendrehpunkt. Die Räder maßen nun vorne und hinten 18 Zoll, Marzocchi lieferte die speziellen kürzeren 35-mm-Gabeln mit Aluminium-Gabelbeinen und einer Gabelbrücke aus Stahl. Die Bremsen waren von Oldani. Es wurden nur etwa fünfundzwanzig SCDs produziert. In den Vereinigten Staaten baute Reno Leoni einige davon zu erfolgreichen Rennmaschinen um, während in Italien Roberto Gallina und Gilberto Parlotti bei den Straßenrennen an der italienischen Riviera zu Beginn der Saison einige respektable Ergebnisse erzielten.

250 UND 350 SCD 1967–1968

Bohrung (mm)	**74 (250), 76 (350)**
Hub (mm)	**57,8 (250), 75 (350)**
Hubraum (cm³)	**248,6 (340)**
Ventiltrieb	**Desmodromik, einzelne obenliegende Nockenwelle, Königswelle**
Leistung	**35 PS bei 11.500/min (250 SCD) 41 PS bei 10500/min (350 SCD)**
Schaltung	**Fünfgang**
Federung vorne	**35 mm Marzocchi-Gabel**
Federung hinten	**Schwinge mit zwei Stoßdämpfern**
Bremsen	**Oldani**
Räder	**18 Zoll**
Motornummern	**Ab SCD01**

Die 250 und 350SCD waren Werksrenner, deren Rahmen und Motor als Prototypen für die Serienmotorräder mit breitem Kurbelgehäuse dienten.

LINKS: Die Werbung der Berliner Motor Corporation betonte 1967 weiterhin die Verbindung zum Automobilsport.

OBEN: Bis 1967 hatte sich die 250 Mark 3 von dem minimalistischen Straßenrenner der ersten Exemplare entfernt. Der Scheinwerfer wurde nun mit dem Scrambler geteilt.

UNTEN: Die Mark 3 ersetzte 1967 die Mach 1 und enthielt die Zündanlage der 250 Monza.

OHC-EINZYLINDER 1967

350 Sebring, 350 Scrambler, 250 Monza, 250 Scrambler, 250 Mark 3, 160 Monza Junior, 125 Sport

Mit der bevorstehenden Einführung des Einzylinders mit breitem Kurbelgehäuse wurden die bestehenden OHC-Singles im Wesentlichen beibehalten. Die 200er wurde eingestellt, die 160er und 125er mit Viergang-Getriebe blieben unverändert. Die 250 Mark 3 entwickelte sich aus der ursprünglichen Sportster von '62 weiter. Als die 250 Mark 3 die Mach 1 in Europa ersetzte, erhielt die das Monza-Schwungrad, den Stator und den Regler, außerdem den Scheinwerfer der Scrambler.

350 SEBRING, 350 UND 250 SCRAMBLER, 250 MONZA, 250 MARK 3, 160 MONZA JUNIOR, 125 SPORT 1967

Stückzahlen	**807 (350 Sebring)** **320 (350 Scrambler)** **210 (USA 250 Scrambler)** **192 (Mark 3)** **419 (250 Monza)** **922 (160 Monza Junior)** **263 (125 Sport)**

STOSSSTANGEN-EINZYLINDER 1967

125 Cadet/4, 125 Cadet/4 Lusso, 125 Cadet/4 Scrambler

Der letzte Ducati-Single mit hängenden Ventilen war die 125 Cadet/4, die 1967 eingeführt wurde und bis 1970 lief. Sie hatte viele Teile mit der Zweitakt-Cadet gemein, aber der Motor basierte immer noch auf dem Stoßstangen-Triebwerk. Die Bohrung und der Hub waren geändert, ebenso das Design des Zylinderkopfs. Die Zündkerze wurde nach rechts verlegt und die beiden hängenden Ventile waren parallel angeordnet, statt wie bisher gegenüber. Der Doppelrohr-Stahlrohrrahmen ähnelte dem der 125 Bronco. Neben der Cadet/4 gab es eine fast identische Lusso (Luxus) mit einer verbesserten Vorderradgabel, einem Sportscheinwerfer im Bullet-Stil und größeren Reifen. Die Scrambler verfügte über Gabelmanschetten, einen hochgezogenen Auspuff und ein Motorschutzblech.

Der 125 OHV-Motor wurde leicht überarbeitet und lebte 1967 als 125 Cadet/4 weiter. Die kantigen Kotflügel und der Scheinwerfer waren Stilmerkmale der damaligen Zeit.

125 CADET/4 (SCRAMBLER, LUSSO) 1967

Motor	**Luftgekühlter Einzylinder-Viertakter**
Bohrung (mm)	**53**
Hub (mm)	**55**
Hubraum (cm³)	**121,3**
Verdichtung	**8,4:1**
Ventile	**Hängend, Stößelstangen gesteuert**
Vergaser	**Dell'Orto ME18BS**
Schaltung	**Viergang**
Reifen	**2.25x18, 2.50x18** **2.50x18 2.75x18 (Lusso)** **2.75x18, 3.25–3.50x16 (Scrambler)**
Bremsen (mm)	**Trommeln, 118**
Federung vorne	**Marzocchi-Gabel**
Federung hinten	**Schwinge**
Radstand (mm)	**1160**
Gewicht (kg)	**72 (75, Scrambler)**
Vmax (km/h)	**95 (80, Scrambler)**
Farben	**Rot/Weiß, Schwarz/Weiß**
Motor- und Rahmennummern	**Ab DM125 50001 (Motor)** **Ab DM125C4/01001 (Rahmen)**
Stückzahlen 1967	**300 (125 Cadet/4 1966)** **554 (125 Cadet/4 1967)** **68 (125 Cadet/4 USA)** **160 (125 Cadet/4 Lusso)** **73 (125 Cadet/4 Lusso USA)** **170 (125 Cadet/4 Scrambler)** **160 (125 Cadet/4 Motocross USA)**

Neben der 125 Cadet/4 gab es die Cadet/4 Scrambler, aber sie war keine echte Geländemaschine.

ZWEITAKTER 1967

100 Cadet, 100 Mountaineer, 90 Falcon, 90 Mountaineer, 50SL, 50SL/1, 50SL/2, Brisk 50/1, 48SL, 48 Cacciatore, 100/25 Brio, Rolly

Zu der 50SL und 50SL/2 gesellte sich 1967 eine sportliche 50SL/1. Der lange Tank war mit zwei Deckeln versehen und die Vorderradgabel hatte freiliegende Federn. Der Zylinderkopf war neu und das Verdichtungsverhältnis war höher. Der Vergaser sog Luft durch einen Alu-Ansaugtrichter, wahlweise gab es ein niedriges oder hohes Auspuffrohr mit Hitzeschild. Auch wenn sie nur 50 cm³ Hubraum hatte, war die 50SL/1 mit ihrem niedrigen Lenker und dem abrupt abfallenden Sattel eine der zweckmäßigsten Ducatis der damaligen Zeit. Die luftgekühlte 48SL verfügte jetzt über das sportliche Fahrwerk der 50SL/1

1967 erhielten die Zweitakt-Cadet und die Mountaineer ihre vierte Motorenvariante in ebenso vielen Jahren, obwohl die früheren gebläsegekühlten Versionen in den USA bis 1967 verkauft wurden. Der überarbeitete Motor hatte einen neuen Zylinderkopf und einen

Auch wenn sie nur 50 cm³ Hubraum hatte, betonten der lange Tank und die beiden Tankdeckel den sportlichen Charakter des 50SL.

verchromten Zylinder und war nicht mehr gebläsegekühlt. Eine größere Bohrung erhöhte den Hubraum und zusammen mit einem größeren Vergaser stieg die Leistung leicht an. Abgesehen von Motor gab es keine Änderungen.

Aus der Brisk wurde 1967 die Brisk 50/1. Abgesehen von stilistischen Neuerungen wie einem kantigen Tank, einem kantigen vorderen Kotflügel und einer kleineren Version des quadratischen Scheinwerfers der 160 Monza war diese Version identisch mit der 48/1. Ebenfalls in diesem Jahr wurde aus der 48 Piuma die 50 Piuma, jetzt mit dem eckigen Tank und dem Scheinwerfer der ähnlichen Brisk. Das Styling wurde durch Weißwandreifen ergänzt. Zur 50 Piuma gesellte sich die Rolly mit dem Eingang-Motor der Brisk in einem Stahlrahmen, aber ohne Hinterradfederung. Vorne gab es eine rudimentäre hydraulische Teleskopgabel und den Scheinwerfer der späteren eckigen Piuma-Typen.

50SL/1 1967
Unterschiede zur 50SL

Verdichtung	**11:1**
Vergaser	**Dell'Orto UA018S**
Leistung	**6 PS**
Trockengewicht (kg)	**61**
Vmax (km/h)	**80**
Motornummern	**Ab DM48V4 323001**
Rahmennummern	**Ab DM48V4 323001 Ab DM48SL4 52001**
Stückzahl	**61**

OBEN: Einer der interessanteren Zweitakter dieser Ära war die 48SL von 1967. Sie behielt zwar den früheren gebläsegekühlten Motor bei, doch der Benzintank und die freiliegenden Gabelfedern verliehen ihr einen Hauch von Zweckmäßigkeit.

LINKS: Die 100 Cadet erhielt 1967 einen Motor mit etwas mehr Hubraum, der zudem luftgekühlt war.

UNTEN LINKS: Die 100 Mountaineer hatte auch den neuen Motor, aber ansonsten war sie dem Vorgängermodell sehr ähnlich.

UNTEN RECHTS: 1967 entwickelte sich die Brisk zur 50/1 mit kantigem Benzintank und Scheinwerfer.

100 CADET 100 MOUNTAINEER 1967 **Unterschiede zu 1966**	
Motor	**Luftgekühlter Einzylinder-Zweitakter**
Bohrung (mm)	**52**
Hubraum (cm³)	**97,69**
Verdichtung	**11,2:1**
Vergaser	**Dell'Orto UBF24 BS**
Leistug	**7,2 PS bei 6250/min**
Farben	**Roter Rahmen, Rot und Silber (Mountaineer)**
Stückzaheln Zweitakter 1967	**800 (100 Cadet)** **611 (100 Mountaineer)** **123 (90 Falcon)** **164 (USA 90 Mountaineer)**

ROLLY 1967–1968 **Unterschiede zur Brisk 50/1**	
Federung hinten	**Starr**
Reifen	**2.00x18**
Trockengewicht (kg)	**42**
Vmax (km/h)	**50**

OBEN: Neu für 1967 war das unscheinbare Moped Rolly.

1968

Trotz eines schwierigen Verkaufsumfelds brachte Ducati 1968 zwei bedeutende Modelle auf den Markt: den Single mit breitem Kurbelgehäuse und obenliegender Nockenwelle und die Mark 3 Desmo. Der Breitmotor beinhaltet viele Verbesserungen, die mit der Renn-SCD begonnen wurden, während Fabio Taglioni mit der Mark 3 Desmo seinen Traum verwirklichen konnte – das erste Serienmotorrad mit desmodromischer Ventilsteuerung. Die neuen Einzylinder wurden neben der bestehenden Palette von Stoßstangen- und Zweitakt-Singles eingeführt; die Produktion stieg auf 8754 Stück.

OHC-EINZYLINDER (BREITMOTOR) 1968

250 und 350 Scrambler

Obwohl das Triebwerk scheinbar die gleiche Konstruktion wie der Schmalmotor aufwies, enthielt es einige Änderungen, die die Zuverlässigkeit verbessern sollten. Die auffälligste Neuerung war die breitere hintere Kurbelgehäusebefestigung, aber auch ein verstärkter Kickstarter, der beim Vorgänger immer problematisch war. Gleichzeitig wurde die gesamte Motorstruktur vergrößert, das Gewicht – auch des Rahemns – stieg nicht unerheblich an. Viele Enthusiasten beklagten die Umstellung auf das breite Gehäuse, einige Rennfahrer bevorzugten nach wie vor das leichtere und reaktionsfreudigere »Narrow Case«, aber letztendlich entwickelte sich das breite Gehäuse zu Antrieb einiger der besten Ducati-Modelle.

Trotz des Absatzeinbruchs in Amerika im Jahr 1967 war die Scrambler das erste der neuen Modelle mit breitem Gehäuse, das sich direkt an den US-Markt richtete. Die Scrambler wurde als 250er und 350er produziert und war anfangs wie der Vorgänger gestylt. Die 250er war genauso moderat abgestimmt wie ihre Vorgängerin mit schmalem Gehäuse, während die

250 & 350 SCRAMBLER 1968

Unterschiede zu 1967

Bohrung (mm)	**74 (76)**
Hub (mm)	**57,8 (75)**
Hubraum (cm³)	**248,589 (340,2)**
Verdichtung	**9:1 (9,5:1)**
Vergaser	**Dell'Orto SSI 27D (250) Dell'Orto SSI 29D (350)**
Radstand (mm)	**1380**
Trockengewicht (kg)	**132 (133)**
Farben	**Rot, Weiß, Schwarz**
Motornummern (auf rechter Gehäusehälfte)	**DM250 104501–106000 (ungefähr) DM350 05006–05495**
Stückzahlen 1968	**320 (350 Scrambler 1967) 997 (USA 250 Scrambler) 865 (USA 350 Scrambler)**

OBEN LINKS: Die erste 250er Scrambler mit Breitmotor hatte ein ähnliches Design wie die vorherige mit schmalem Gehäuse. Auch der Auspuff war wie bei der Vorgängerversion ohne Schalldämpfer.

LINKS: Die zweite Serie der 250 Scrambler von 1968 verfügte über einen neuen Kraftstofftank. Die elektrische Anlage umfasste eine kleine Batterie und eine Hupe.

350er eine schärfere Nockenwelle, ein höheres Verdichtungsverhältnis und einen größeren Vergaser aufwies. Die neue Marzocchi-Federung umfasste jetzt Gabelfaltenbälge.

Kurz nach Einführung wurden beide Scrambler überarbeitet und mit einer leistungsfähigeren 70-Watt-Elektrik mit Regler und größerer Batterie ausgestattet. Der 11-Liter-Ttank wurde umgestaltet und mit verchromten Platten versehen. Im Laufe des Jahres 1968 bekam das hintere Rahmenteil eine Schleife, die beide hinteren Unterrohre miteinander verband.

250 Monza, 350 Sebring und 160 Monza Junior

1968 wurden die 250 Monza und die 350 Sebring auch mit Breitmotor angeboten, die 250 Monza in zwei Versionen, eine für die USA und eine für Europa. Die europäischen Modelle behielten den kantigen Stil des Vorgänger bei, ebenso wie die 350 Sebring. Da die Leistung dieser beiden Typen gegenüber dem vorherigen Schmalmotor unverändert blieb und das Gewicht erhöht wurde, waren sie träge und beide Modelle blieben erfolglos. Obwohl eine große Anzahl von 160 Monza Junior unter den nach Großbritannien reexportierten Motorrädern war, wurden in diesem Jahr wieder einige hundert unveränderte Monza Junior gebaut.

Die 350er Sebring wurde auch kurzzeitig mit Breitmotor produziert. Der frühe Rahmen hier hat keine Verstärkungsschlaufe nahe des Schwingendrehpunkts.

250 MONZA, 350 SEBRING, 160 MONZA JUNIOR 1968–1969

Unterschiede zu 1967

Motornummern (auf rechter Gehäusehälfte)	**Ab DM250 104501** **Ab DM350 05006**
Stückzahlen 1968	**225 (350 Sebring)** **887 (250 Monza)** **401 (160 Monza Junior)**

250 und 350 Mark 3

Eine bedeutendere Neuerscheinung 1968 war die Mark 3 und die ähnliche Mark 3 Desmo, die als sportliche Nachfolger der vorherigen Mark 3 galt. Die Motoren wurden im Wesentlichen mit der entsprechenden Scrambler geteilt, aber die 250er war besser abgestimmt. Dazu gehörten die frühe Mach 1- und Mark 3-Nockenwelle und größere Ventile, eine höhere Verdichtung und ein größerer Vergaser. Die Chromstahlräder und die Bremsen wurden mit der vorherigen Mark 3 geteilt, ebenso wie die Marzocchi-Gabel.

Für 1968 hatte der von Leopoldo Tartarini entworfene Mark 3-Kraftstofftank zwei Einfüllstutzen, wie 1967 bei der Zweitakter-50SL/1. Der 13-Liter-Tank im Brotkastenstil fand jedoch nicht überall Anklang und viele Mark 3 wurden mit Scrambler-Tanks geliefert. Die Mark 3 hatten außerdem silberfarben lackierte Tankverkleidungen und Kotflügel.

Eine der ersten neuen Single-Motorräder mit breitem Gehäuse, die 350 Mark 3 von 1968.

250 & 350 MARK 3 1968-1970
Unterschiede zur Scrambler 1968

Verdichtung	**10:1**
Vergaser	**Dell'Orto SSI 29D**
Räder	**18x2.50 Zoll vorne und hinten**
Reifen	**2.75x18, 3.00x18**
Federung vorne	**31,5 mm Marzocchi-Gabel**
Radstand (mm)	**1360**
Trockengewicht (kg)	**127 (128)**
Vmax (km/h)	**143 (250)** **150 (350)**
Farben	**Rot/Silber, roter o. schwarzer Rahmen**
Motornummern	**DM250 105001–108620** **DM350 05105–11052**
Stückzahlen 1968	**710 (350 Mark 3)** **826 (250 Mark 3)**

OBEN: Nur die 1968er Mark 3 und der Desmo hatten doppelte Einfüllstutzen.

UNTEN: Die 68er 350 Mark 3 Desmo sah ähnlich aus wie die normale Mark 3. Nur die frühen Exemplare hatten einen roten Rahmen.

250 und 350 Mark 3D

Die 68er Serien-Desmo war vordergründig eine Mark 3 mit einem desmodromischen Zylinderkopf nach dem Muster des SCD, mit einer Nockenwelle, aber unter Beibehaltung der Scheren-Ventilfedern von der 160 Monza Junior. Ansonsten war der Desmo-Motor identisch mit der Mark 3, mit denselben Ventilgrößen und Dell'Orto-Vergaser. Obwohl das Chassis, einschließlich der dünnen Marzocchi-Gabel und des Doppeltanks, ebenfalls mit der Mark 3 identisch war, wies der Tank der Mark 3 Desmo verchromte Verkleidungen, kleine »D«-Aufkleber auf den Seitendeckeln sowie verchromte Kotflügel und Scheinwerfergehäuse auf.

Wie bei der regulären Mark 3 wurden auch bei vielen 68er 250er und 350er Mark 3 Desmos Scrambler-Tanks verbaut. Auf Wunsch waren mehrere Hochleistungsoptionen erhältlich, darunter eine »scharfe« Nockenwelle, ein Megaphon-Auspuff, alternative Vergaserdüsen und eine komplette Rennverkleidung. Mit der Rennausrüstung war die 350 Mark 3 Desmo angeblich das schnellste Serienmodell von Ducati, mit einer Höchstgeschwindigkeit von 179 km/h. Trotz ihrer Schwächen, insbesondere des Gewichts und der schwachen Federung, war die Mark 3 Desmo eines der besseren Ducati-Modelle der 1960er Jahre.

250 & 350 MARK 3 DESMO 1968–1970
Unterschiede zur Mark 3

Leistung	**34 PS bei 7500/min (Kurbelwelle 350)** **20,5 PS (Hinterrad 350)** **36 PS (Kurbelwelle 350 Renn-Kit)**
Vmax (km/h)	**150, 160 mit Megaphon (250)** **165, 180 mit Megaphon (350)**
Farben	**Rot, Kirschrot, roter o. schwarzer Rahmen**
Stückzahlen 1968	**309 (350 Mark 3D)** **902 (250 Mark 3D)**

STOSSSTANGEN-EINZYLINDER UND ZWEITAKTER 1968

125 Cadet/4, 125 Cadet/4 Lusso, 125 Cadet/4 Scrambler, 100 Cadet, 100 Mountaineer, 50SL/1A, 50SL/2A, 100/25 Brio, Rolly

Obwohl die 125 Cadet/4 und die Cadet/4 Lusso neue Seitenverkleidungen erhielten, blieb die Palette der OHV-Singles 1968 weitgehend unverändert. Die luftgekühlten 50-cm³-Zweitakter wurden zu den Modellen 50SL1/A und 50SL/2A weiterentwickelt, wobei die 50SL1/A einen neuen Tank mit nur einem Stutzen und einen niedrigen Auspuff bekam. Die SL2/A war eine Tourenversion mit hohem Lenker und Doppelsitz. Die Modelle 100 Cadet, 100 Mountaineer, 100/25 Brio und Rolly blieben unverändert, die 90-cm³-Zweitakter wurden eingestellt.

1969

Nach mehr als einem Jahrzehnt finanzieller Verluste, die vor allem auf die Abhängigkeit vom scheiternden US-Markt zurückzuführen waren, wurde Ducati mit der Eingliederung in die EFIM-Gruppe (Ente Finanzaria per gli Industrie Metalmeccaniche) ein neuer Aufschwung ermöglicht. Die neuen Direktoren Arnaldo Milvio und Fredmano Spairani lösten Montano ab und Ducati begann ein ehrgeiziges Entwicklungsprogramm. In der Zwischenzeit brachte Ducati sein bisher

STÜCKZAHLEN STOSSTANGEN-EINZYLINDER UND ZWEITAKTER 1968

621 (125 Cadet/4)
265 (125 Cadet/4 Lusso)
239 (125 Cadet/4 Scrambler)
456 (100 Cadet)
320 (100 Mountaineer)

RECHTS: Die 125 Cadet/4 erhielt 1968 neue Seitendeckel, blieb aber ansonsten unverändert.

UNTEN LINKS: Die 50 SL1A ersetzte 1968 die 50 SL1.

UNTEN RECHTS: Zur 50 SL1/A gesellte sich die 50 SL 2/A als Tourenmaschine.

größtes Modell raus: die 450 Scrambler – natürlich für den US-Markt. Daraus entwickelten sich die 450 Mark 3 und die Desmo und die Gesamtproduktion stieg 1969 auf 11.295 Stück.

450 Scrambler (Jupiter), 450 Mark 3 und 450 Mark 3 Desmo

Als 1968 der OHC-Einzylinder mit breitem Gehäuse eingeführt wurde, sollte er eine standfeste Hubraumerhöhung über die 340 cm³ des Schmalmotors hinaus ermöglichen. So wuchs der Single 1969 auf 436 cm³ an. Obwohl sich der US-Markt noch in einer Flaute befand, war die erste 450er eine für Amerika bestimmte Scrambler. Die 450 Scrambler wurde als direkte Konkurrenz zur britischen 441 BSA Victor entwickelt und in den USA als Jupiter verkauft. Die ersten Prototypen der 450 Scrambler, in die viele Entwicklungen aus dem Rennprogramm eingeflossen waren, liefen bereits im Juli '68, die Serienversion war ab Januar 1969 erhältlich.

Ein neuer Dell'Orto-Vergaser ersetzte den SSI-Rennvergaser und während der Zylinderkopf im Wesentlichen unverändert blieb, befanden sich in den neuen Kurbelgehäusen ein längeres Pleuel und ein längerer Zylinder. Der 450er-Rahmen verfügte über zusätzliche Stahlversteifungen am Oberrohr und an den hinteren Unterrohren, aber die Bremsen, Räder und die Federung waren mit denen der 250er und 350 Scrambler identisch.

Neben der 450 Scrambler bot Ducati 1969 auch eine Mark 3 und eine Mark 3 Desmo an, die den 250er- und 350er-Versionen entsprachen, aber mit dem 450er-Motor und einem verstärkten Rahmen ausgestattet waren. Das Aggregat der 450 Mark 3 war identisch mit dem der 450 Scrambler, während die 450 Desmo der 250er und 350er Desmo ähnelte. In diesem Jahr verfügte der sargförmige 13-Liter-Tank nur noch über einen einzigen Einfüllstutzen und wie bei der 250 und 350 wurden viele 450 Mark 3 und Desmos mit einem Scrambler-Tank produziert. Die meiste Kritik an der neuen 450er konzentrierte sich auf die Vibrationen und die Leistung. Der 29 mm Vergaser wurde als sehr klein für den Motors angesehen und die 450 Desmo war nicht so schnell wie die früheren 250 Mach 1 und Mark 3.

Ebenfalls 1969 neu waren die Mark 3 und der ähnliche Mark 3 Desmo, jetzt mit einem Einfüllstutzen und separaten Instrumenten. Hier ist die Mark 3 D abgebildet.

1969 erhielt die Scrambler einen 450er Motor und einen stärkeren Rahmen. Mit wenigen Änderungen hielt sich das Modell bis 1975. Dies ist eine frühe 450er Scrambler mit Euro-Spezifikation, eine der beliebtesten Singles mit Breitmotor. Ein auffälliges neues Merkmal ist der große runde Luftfilter auf der rechten Seite.

450 SCRAMBLER, MARK 3, MARK 3D 1969–1970 Unterschiede zur 250 und 350 1968

Bohrung (mm)	**86**
Hub (mm)	**75**
Hubraum (cm³)	**435,7**
Verdichtung	**9,3:1**
Vergaser	**Dell'Orto VHB29AD**
Leistung	**27 PS bei 6500/min (SCR)**
Trockengewicht (kg)	**133 (SCR)** **130 (Mark 3 & D)**
Farben	**Gelb, schwarze Streifen (SCR)** **Kirschrot (Mark 3 & D)**
Motornummern	**Ab DM450 450001**
Rahmennummern	**Ab DM450S 460001**
Stückzahlen 1969	**2507 (450 Scrambler)** **359 (450 Mark 3)** **418 (450 Mark 3 D)**

250 und 350 Scrambler, Mark 3 und Mark 3 Desmo, 250 Monza, 160 Monza Junior

1969 wurde die 350 Scrambler in Amerika als 350SSS (Street-Scrambler-Sport) vermarktet. Der Motor blieb unverändert und atmete immer noch durch einen Dell'Orto SSI-Vergaser, aber deren Schwerpunkt auf Straßenbetrieb erschwerte den Verkauf der Mark 3. Bei der und der Desmo ersetzte ein Einzeltank den charakteristischen Doppeltank und der Rahmen wurde schwarz lackiert. Wie schon 1968 wurden einige Mark 3 mit Scrambler-Tanks ausgestattet, die 250 Monza und 160 Monza Junior blieben unverändert.

250 & 350 SCRAMBLER, M3, M3D, 250 160 MONZA 1969 Unterschiede zu 1968

Colors	**Gelb, Orange, Rot (SCR)** **Rot/Kirschrot (Mark 3 & D)**
Stückzahlen 1969	**2190 (350 Scrambler)** **2536 (250 Scrambler)** **213 (350 Mark 3D)** **256 (350 Mark 3)** **342 (250 Mark 3)** **591 (250 Monza)** **423 (160 Monza Junior)**

1969 wurde die 350 Scrambler in Amerika als 350 SSS verkauft. Sie trug immer noch den Renn-SSI-Vergaser. *(Angus Dykman)*

OHV-EINZYLINDER UND ZWEITAKTER 1969

125 Cadet/4, 125 Cadet/4 Lusso, 125 Cadet/4 Scrambler, 100 Cadet, 100 Mountaineer

Die OHV-Singles blieben unverändert, und die einzigen Zweitakter, die 1969 produziert wurden, waren die 100 Cadet und die 100 Mountaineer. Während die 100/25 Brio und die 50SL1 in Italien noch zum Verkauf standen, war der lokale Markt mit Motorrollern und Zweitaktern mit geringem Hubraum überschwemmt, und die Ducatis wurden nicht als etwas Besonderes angesehen.

STÜCKZAHLEN STOSSSTANGEN-EINZYLINDER UND ZWEITAKTER 1969

440 (125 Cadet/4)
150 (125 Cadet/4 Lusso)
141 (125 Cadet/4 Scrambler)
310 (100 Cadet)
172 (100 Mountaineer)

1970

Obwohl die Verkaufszahlen von Ducati immer noch stagnieren, stellen Milvio und Spairani im Laufe des Jahres Taglioni die Mittel zur Verfügung, um zwei 90°-V-Motoren zu entwickeln: eine 500er für den Rennsport und eine 750er für die Produktion. Es entstanden Prototypen, doch in der Zwischenzeit blieb die Ducati-Produktpalette im unverändert. Eine 50er und eine 100er Zweitakt-Scrambler waren 1970 die einzigen neuen Modelle. Da die Nachfrage nach der 250er, 350er und 450er Scrambler weiterhin groß war, lag die Motorradproduktion bei 10.236 Stück.

OHC-EINZYLINDER 1970

250, 350 und 450 Scrambler 250, 350, 450 Mark 3 und Mark 3D, 160 Monza Junior

Während die 450er unverändert blieben, erhielten die 250er und 350er (Mark 3, Desmo und Scrambler) im Laufe des Jahres den neuen Dell'Orto-Vergaser mit quadratischem Gasschieber. Der Vergaser der 250 Scrambler wurde auf 26 mm verkleinert, alle anderen Modelle erhielten den 29-mm-Vergaser. Die Scrambler erfreute sich weiterhin großer Beliebtheit, während die Mark 3 und die Desmo an Bedeutung verloren. Berliner stellte den Import der Mark 3 nach Amerika ein, da es wirtschaftlich sinnvoller war, sich auf die neue 450R/T und die spanischen Mototrans-Modelle zu konzentrieren. In diesem Jahr endete auch die Produktion der 160 Monza Junior, eines der meistverkauften Ducati-Modelle der 1960er-Jahre.

STOSSSTANGEN-EINZYLINDER UND ZWEITAKTER 1970

125 Cadet/4, 125 Cadet/4 Lusso, 125 Cadet/4 Scrambler, 100 Cadet, 100 Scrambler, 50 Scrambler

Obwohl Berliner die Palette der Zweitakter und OHV-Motoren nicht mehr importierte, wurde die Cadet in begrenztem Umfang weiter produziert. Als Antwort auf die damals in Italien herrschende Mode der Zweitakt-Motorräder brachte Ducati zwei Zweitakt-Scrambler auf den Markt, die von Versionen der 50SL- und 100 Mountaineer-Motoren angetrieben wurden. Die 50er Scrambler war ähnlich gestaltet wie die Viertakt 125 Cadet Scrambler, während die 100er einen anderen Benzintank und Seitenteile mit Nummerntafeln hatte. Der Rahmen war der gleiche Doppelrohrrahmen wie bei der Cadet und der SL, aber bei der Vorderradgabel

250, 350, 450 SCRAMBLER, MARK 3, MARK 3D, 160 MONZA JUNIOR 1970

Unterschiede zu 1969

Verteiler	**Dell'Orto VHB26BD (250SCR) Dell'Orto VHB29AD (Mark 3, D, 350SCR)**
Farben	**Weiß, Gelb, Blau (Mark 3 & D)**
Motornummern	**Bis DM250 108620 (250) DM350 11052 (350) DM450 453508 (450)**
Stückzahlen	**2511 (450 Scrambler) 2495 (350 Scrambler) 2537 (250 Scrambler) 206 (450 Mark 3 D) 199 (450 Mark 3) 110 (350 Mark 3D) 133 (350 Mark 3) 157 (250 Mark 3D) 178 (250 Mark 3) 200 (160 Monza Junior)**

50, 100 SCRAMBLER 1970

Motor	**Luftgekühlter Einzylinder-Zweitakter**
Bohrung (mm)	**38,8 (52)**
Hub (mm)	**42 (46)**
Hubraum (cm³)	**49,66 (97,69)**
Verdichtung	**10,5:1 (11,2:1)**
Vergaser	**Dell'Orto UBF24BS**
Leistung	**3,27 PS (6,27 PS)**
Schaltung	**Viergang**
Federung vorne	**Teleskopgabel**
Federung hinten	**Schwing mit zwei Stoßdämpfern**
Bremsen (mm)	**Trommel, 118**
Reifen	**2.50x18, 2.50x17 (2.75x18, 3.75x16, 100)**
Radstand (mm)	**1150 (1180)**
Trockengewicht (kg)	**70 (71)**
Stückzahl	**315 (50) 500 (100)**
Stückzahl andere OHV-Einzylinder und Zweitakter 1970	**257 (125 Cadet/4) 108 (125 Cadet/4 Lusso) 90 (125 Cadet/4 Scrambler) 240 (100 Cadet)**

Die letzten kleinen Zweitakter der 60er-Jahrr Motorräder waren die uninspirierten 50 und 100 Scrambler – hier eine 100er.

um einen moderneren Ceriani-Typ. Beide Scrambler verfügten über einen hochgezogenen Auspuff, einen hohen vorderen Kotflügel, doch es handelte sich nicht um ernstzunehmende Geländemotorräder. Die 50er und 100er Scrambler waren nicht sonderlich beliebt und 1970 beschloss das neue Management von Ducati, dass die Zukunft in profitableren Motorrädern mit größerem Hubraum lag. Die Zweitakter starben schließlich – zumindest für eine kurze Zeit.

Rückblickend hatte Ducati zweifelsohne Glück die 60er zu überleben. In einer Ära, die von falschen Entscheidungen und der Produktion einer ganzen Reihe uninspirierter Modelle unter dem Diktat von Berliner geprägt war, hatte Ducati großes Glück, wirtschaftlich nicht zur Rechenschaft gezogen zuwerden. Im Gegensatz zu den Japanern, die mit einem klaren Plan in Amerika einmarschierten, schien Berliner den US-Markt nicht wirklich zu verstehen. Aber dann leitete das neue Management einen Richtungswechsel ein. Und mit der Einführung eines 750er Superbikes wollte Ducati dieses schwierige Jahrzehnt hinter sich lassen.

KAPITEL 4

DAS ERSTE DUCATI-SUPERBIKE

DIE 750, EINZYLINDER UND ZWEIZYLINDER 1971–1974

Spairani, Calcagnile, Milvio und Taglioni waren die vier Protagonisten, die für die Ducati 750 verantwortlich waren. Hier sind sie mit einem der Vorserienmodelle im Juli 1971 zu sehen.

In den 1960er erlangte Ducati einen Ruf für die Herstellung hochwertiger sportlicher Singles, aber dieProduktion von Maschinen mit größerem Hubraum brachte das Unternehmen auf den Weg des Ruhms. Die 750GT, die gleichzeitig mit dem 500er Grand Prix-Twin entwickelt wurde, sollte das bedeutendste neue Modell seit der Marianna sein. Vor der 750er war der OHC-Einzylinder mit Königswelle das Ducati-Markenzeichen, doch mit der 750er wurde daraus der 90-Grad-V-Twin. Obwohl sie anfangs mit Skepsis betrachtet wurde, war der Sieg beim 200-Meilen-Rennen von Imola 1972 ein Schlüsselereignis. Es verlieh der jungen 750er Glaubwürdigkeit in einem Markt, der mit Superbikes aus Japan und Europa gesättigt war. Der Erfolg von Imola führte bald zu einer ganzen Reihe von Twins mit Königswellen.

1971

Obwohl Ducati immer noch mit Streiks und der Versorgung mit Bauteilen zu kämpfen hatte, kamen 1971 mehrere wichtige neue Modelle auf den Markt. Während der neue Single mit breitem Gehäuse vordergründig eine Fortsetzung eines früheren Themas war, ging Ducati mit der 450R/T und den neuen Desmo-Singles zu einer stärkeren Ausrichtung auf Gelände- und Straßensport über. Gleichzeitig wurde zum ersten Mal seit 1958 wieder ein offizielles Grand-Prix-Rennprogramm aufgelegt. Obwohl die Motorradproduktion mit 9.916 Exemplaren leicht zurückging, konzentrierte man sich auf verkaufsstärkere Modelle, wie die Viertakt-Scrambler.

Colin Seeley entwarf einen speziellen Rahmen für die Ducati 500 Grand Prix. Hier ist er mit dem Ergebnis Anfang 1971 zu sehen.

500GP 1971–1972

Motor	**Luftgekühlter 90° V2-Viertakter**
Bohrung (mm)	**74**
Hub (mm)	**58**
Hubraum (cm^3)	**498**
Verdichtung	**10:1 (8:1)**
Ventiltrieb	**Königswelle, eine obenliegende Nockenwelle**
Leistung	**61,5 PS (1971) 72 PS (1972)**
Schaltung	**Sechsgang**
Federung vorne	**35 mm Marzocchi-Gabel**
Federung hinten	**Schwinge mit zwei Ceriani-Stoßdämpfern**
Reifen	**3.00x18, 3.25x18**
Radstand (mm)	**1430**
Trockengewicht (kg)	**135**

Giuliano auf dem Weg zum vierten Platz auf der 500GP in Sanremo Ospedaletti im Oktober 1971.

500 Grand Prix Twin und 350 Triple

Neben der 750er verbrachte Taglioni einen Großteil des Jahres 1970 mit der Arbeit an der 500er Grand Prix V-Twin. In der Hoffnung, mit Giacomo Agostinis 500-cm^3-MV-Agusta-Dreizylinder mithalten zu können, ähnelte das grundlegende Motorlayout dem der 750er, war aber wesentlich kompakter. Um die Entwicklung zu beschleunigen, beauftragte Spairani Colin Seeley mit dem Bau eines Rennrahmens. Marzocchi lieferte eine spezielle Vorderradgabel mit einer einzelnen Lockheed-Scheibenbremse vorne, und hinten gab es Ceriani-Stoßdämpfer und eine 200-mm-Trommelbremse von Fontana. Ducati beschloss, die 500er vorzustellen, indem sie einige 1971 einige nationale Läufe bestritten, bei denen man Agostini jedoch nie besiegete.

Eine weitere Initiative von Milvio und Spairani im Jahr 1971 war die Entwicklung eines Dreizylinder-Grand-Prix-Motors mit 350 cm^3 Hubraum. Im Gegensatz zum V2-Motor wurde dieser nicht selbst entwickelt, sondern Ricardo in England mit der Arbeit betraut. Obwohl ein Prototyp des Motors gebaut wurde, stellte man das Projekt im Laufe des Jahres 1972 ein.

750GT

Die 750GT kam im Juli '71 auf den Markt. Da Taglioni wirtschaftlich pragmatisch vorgehen musste, übernahm der neue 750er V-Twin (oder L-Twin, wie er ihn nannte) viele Konstruktionsmerkmale des breiten OHC-Einzylinders. Die Aluminium-Kurbelgehäuse waren nach wie vor vertikal geteilt, wobei der vordere Zylinder um 15 Grad nach oben geneigt war. Wie die Single verfügte sie über eine gepresste Kurbelwelle mit rollengelagerten Pleuel. Ebenfalls vom Einzylinder übernommen wurde der weite Ventilwinkel von 80 Grad, 1971 eigentlich überholt, und um den Kipphebelkasten so schmal wie möglich zu halten, wurden die Scherenventilfedern durch einfache Schraubenventilfedern ersetzt.

OBEN: Die ersten 750GT wurde als Vorserie produziert, die sich in vielen Details von den späteren Versionen unterscheidet.

LINKS: Die 750GT läutete ein neues Zeitalter für Ducati ein, und der 90°-L-Twin etablierte ein neues Motorenkonzept.

Der 750er-Motor wurde von eine Nasssumpfschmierung mit Öl versorgt und die einzige Filterung erfolgte über einen Gazefilter in der Ölwanne. Das Bordnetz wurde auf 12 Volt aufgerüstet, die Zündung erfolgte über Batterie, Spule und Zündkerzen. Um die Motorlänge zu minimieren, befand sich die Vorgelegewelle des Fünfgang-Getriebes oberhalb der Hauptwelle. Die Gemischaufbereitung erfolgte über zwei Amal-Vergaser, die Luftfilterung übernahmen zwei separate schwarzen Kunststoff-Airboxen mit jeweils einem Trockenfilter. Die gerade so straßenzugelassene Auspuffanlage bestand aus zwei Conti-Schalldämpfern.

Der 750-cm³-V-Twin war in einem von Seeley inspirierten Stahlrohrrahmen untergebracht, der den Motor in gewohnter Ducati-Manier als tragendes Element nutzte. Vorne steckte die Borrani-Alufelge samt Lockheed-Einzelscheibein einer Marzocchi-Gabel, hinten kam eine Duplexbremse zum Einsatz. Die 750GTs von 1971 hatten einen 17-Liter-Kraftstofftank aus Metalflake-Glasfaser, Edelstahl-Kotflügel und eine Reihe von subtilen Unterschieden, die sie von späteren Exemplaren abhoben. Dazu gehörten weiter vorne positionierte Fußrasten, spezielle Smiths-Instrumente und ein dickerer Sattel. Das von Taglioni, Renzo Neri und Franco Farnè entworfene Metalflake-Styling entwickelte sich aus dem zeitgenössischen silberfarbenen Desmo-Singles.

250, 350 und 450 Desmo

1971 verwandelte Ducati die Mark 3 Desmo in eine der wichtigsten sportlichen Ducati-Singles: die Desmo 250, 350 und 450. Die von Taglioni, Neri und Farnè neu gestaltete

750GT 1971

Motor	**Luftgekühlter 90° V2-Viertakter**
Bohrung (mm)	**80**
Hub (mm)	**74,4**
Hubraum (cm³)	**748**
Verdichtung	**8,5:1**
Ventiltrieb	**Königswelle, eine obenliegende Nockenwelle**
Vergaser	**30 mm Amal R 930/76 und /77**
Leistung	**57 PS bei 7700/min**
Federung vorne	**38 mm Marzocchi-Gabel**
Federung hinten	**Schwinge, zwei 305 mm Marzocchi-Stoßdämpfer**
Bremse vorne (mm)	**Scheibe, einfach, 275**
Bremse hinten (mm)	**Trommel, 200**
Räder	**Borrani WM2x19 vo., WM3x18 hi.**
Reifen	**3.25x19, 3.50x18**
Radstand (mm)	**1530**
Trockengewicht (kg)	**185**
Vmax (km/h)	**200**
Farben	**Silberfarbener o. schwarzer Rahmen Metalflakeblau, Orange, Grün, Rot**
Stückzahl	**660 30 (USA)**
Motornummern	**Ab DM750 750001**
Rahmennummern	**Ab DM750S 750001**

Die 1971er 350 Desmo mit dem Spitznamen »The Silver Shotgun« etablierte einen neuen sportlichen Stil für Ducati.

Desmo war nun ein echter Café Racer, mit Stummellenker, nach hinten versetzten Fußrasten und einem absoluten Minimum an Straßenausstattung. Mit ihren auffälligen metalflake-silberfarbenen Fiberglasteilen setzte die Desmo 1971 und 1972 noch mehr ein Zeichen als ihre Vorgängerin und erhielt den Spitznamen »¯he Silver Shotgun«.

Die erste der neuen Desmo-Singles war die 350er. Der 350 cm³ Desmo-Motor blieb bis auf ein größeres Hauptlager auf der rechten Seite unverändert. Obwohl einige frühe Exemplare einen Dell'Orto SSI-Vergaser hatten, verfügten die meisten Produktionsversionen über den üblichen Dell'Orto VHB.

250, 350, 450 DESMO

Unterschiede zur 250, 350 und 450 Mark 3 Desmo

Leistung	**26 PS bei 9000/min (250) 29 PS bei 8500/min (350) 31 PS bei 6500/min (350)**
Federung vorne	**35 mm Marzocchi-Gabel**
Räder	**Borrani WM2x18 Zoll, vo. u. hi.**
Reifen	**2.75x18, 3.25x18**
Trockengewicht (kg)	**128**
Vmax (km/h)	**150 (250) 165 (350)**
Farben	**Metalflakesilber**
Motornummern	**Ab DM250 110000 (ungefähr) Ab DM350 12200 (ungefähr) Ab DM450 455500 (ungefähr).**
Ragmennummern	**Ab DM250GT 102500 (ungefähr) Ab DM350S 355000 (ungefähr) Ab DM450M3 700100 (ungefähr).**
Stückzahlen	**380 (450) 170 (350) 300 (250)**

Die Gabel und die Bremse wurden gegenüber früheren Desmos verbessert.

Die minimalistische Instrumentierung umfasste bei diesem Exemplar nur einen großen zentralen Drehzahlmesser. Bei den meisten war ein Tacho im Scheinwerfergehäuse integriert.

Während der Rahmen dem der Mark 3 Desmo ähnelte, waren die Vorderradaufhängung, die Vorderradbremse und die Räder neu. Die Marzocchi-Gabel war nun eine stärkere 35-mm-Einheit, die Bremse eine Grimeca-Duplex-Bremse und die Räder kamen von Borrani. Der minimalistische, sportliche Stil zeigte sich auch im Stummellenker, den nach hinten versetzten Fußrasten und dem großen Veglia-Drehzahlmesser.

Als Sportmotorrad war die Desmo funktional und ohne Prätention, und schon bald nach dem Erscheinen der 350er waren identisch aussehende 250er und 450er Versionen erhältlich. Da die silberfarbenen Desmos nur in kleinen Stückzahlen produziert und nicht einmal in den USA verkauft wurden, sind sie heute sehr begehrt. Trotz moderater Leistung verkörperte sie auf brillante Weise das sich entwickelnde sportliche Ethos von Ducati.

350, 450 R/T

Während die 450 Scrambler ein erfolgreicher Versuch war, ein Geländemotorrad mit Straßenausrichtung zu schaffen, wollte Berliner ein echtes Offroad-Zweirad, um es mit der BSA 441 Victor in Amerika aufzunehmen. Die daraus resultierende 450R/T wurde in den USA als Geländemaschine mit einem Kit für die Straßenausrüstung verkauft.

Der 450R/T-Motor war identisch mit dem der 450 Desmo, allerdings ohne Batterie und Zündschlüssel, dafür mit Magnetzündung. Zur optionalen Straßenausstattung gehörten ein Aprilia-Scheinwerfer und ein CEV-Rücklicht auf einem Gummibügel. Für die R/T wurde ein neuer Rahmen entworfen, der einige Merkmale mit dem der 750GT gemeinsam hatte. Obwohl das Unterrohr wie bei den anderen Singles beibehalten wurde, verstärkten die horizontalen Rohre des Hilfsrahmens das Rückgrat und den Lenkkopf mit einem angeschraubten Heckteil.

Der Desmo-Motor der 450R/T verfügte außerdem über einen Dekompressionshebel hinter der Königswelle.

350, 450R/T

Unterschiede zur 350 und 450 Desmo

Bremsen (mm)	Trommeln, 160 vorne u. hinten
Reifen	3.00x21, 4.00x18 Pirelli Cross
Radstand (mm)	1450
Trockengewicht (kg)	128
Farben	Rahmen Schwarz o. Silber, Gelb
Motornummern (450R/T)	Ab DM450 453000 (ungefähr).
Stückzahlen	6 (350R/T) 194 (450R/T)

Die Verkleidungsteile der 450R/T waren aus Fiberglas und die leichten Räder stammten von Borrani.

OBEN RECHTS: Die Desmo 450R/T war ein ernsthafteres Geländemotorrad als die Scrambler. Dieses Exemplar nach italienischer Spezifikation hat einen Doppelschalldämpfer und Straßenausstattung.

Das Lenkkopflager war ebenfalls wie bei der 750er mit Kegelrollen versehen, die Federung bestand aus einer 35 mm Marzocchi-Gabel mit polierten Aluminiumbeinen und freiliegenden Rohren, die einen Federweg von sieben Zoll boten.

Die R/T unterscheidet sich von der Scrambler durch das 21 Zoll Borrani-Aluvorderrad und die kleinere Vorderradbremse, den 10-Liter-Fiberglastank und die gummigelagerten Fiberglaskotflügel. Die 450R/T, die von Berliner intensiv beworben wurde, war ein beeindruckender Versuch, aber leider nicht konkurrenzfähig mit der neuen Welle an 400-cm³-Zweitaktern für den Geländeeinsatz. In diesem Jahr wurden auch einige 350R/T gebaut.

250, 350, 450 Scrambler und Mark 3

Abgesehen von kleinen Aktualisierungen blieb die 71er Scrambler auf dem Vorjahresstand. Da sich der Sargtank der Mark 3 als unpopulär erwies, wurde die Mark 3 für 1971 mit einem neuen, größeren Kraftstofftank ausgestattet. Die Motoren wurden mit der Scrambler geteilt und abgesehen von einer dickeren Sitzbank blieb der Rest der Mark 3 unverändert und umfasste weiterhin die dünne 31,5 mm Ducati-Gabel sowie Stahlräder. Da der Stil der Mark 3 nun von der sportlicheren Desmo abwich, wurde kein Stummellenker mehr angeboten, sondern ein aufrechter Tourenlenker, der besser zu den weiter vorne montierten Fußrasten passte.

Die 1971er Mark 3 wurde hauptsächlich für den italienischen Markt produziert und nicht in die Vereinigten Staaten importiert. Im selben Jahr wurde in Italien die Touring 450T und 450TS mit geringerer Verdichtung eingeführt. Zur spezifischen Touring-Ausstattung gehörten ein tiefer vorderer Kotflügel, ein Paar lackierte Seitenkoffer und ein Sturzbügel. Die wichtigste Neuerung war die Einführung eines 12-Volt-Bordnetzes.

250, 350 UND 450 SCRAMBLER UND MARK 3, 450T, TS

Unterschiede zu 1970

Reifen hinten	**3.25x18 (350 und 450 Mark 3)**
Motornummern	**Ab 108620 (250)** **Ab 11051 (350)** **Ab 453509 (450)**
Stückzahlen	**2502 (450 Scrambler)** **2302 (350 Scrambler)** **1956 (250 Scrambler)** **284 (450 Mark 3)** **222 (350 Mark 3)** **433 (250 Mark 3)** **34 (450 TS)**

VON LINKS IM UHRZEIGERSINN:

Die 71er Scrambler 350 hatte ein neues Rücklicht und neue Instrumente bekommen.

Obwohl die Scrambler kaum verändert wurde, hat Ducati ihr Image für 1971 aufpoliert.

Eines der weniger erfolgreichen Modelle der frühen 1970er Jahre war die Touring 450TS.

Die Mark 3 wurde wenig umgestaltet. Dies ist die 450er, aber die 250er und 350er waren ähnlich.

125 Scrambler, 100 und 50 Scrambler

Während die Produktion des OHC-Schmalmotors in Bologna endete, lieferte die spanische Ducati-Tochter Mototrans 1971 und 1972 125-cm³-Motoren für die 125 Scrambler. Zu den Spezifikationen gehörten ein spanischer Amal-Vergaser und ein Fünfgang-Getriebe. Die meisten anderen Komponenten stammten aus Italien, darunter die Marzocchi-Federung sowie CEV-Instrumente und -Rückleuchten. Obwohl einige wenige Exemplare in den Vereinigten Staaten verkauft wurden, war die teure 125 Scrambler nicht besonders beliebt. Unverändert blieben auch in diesem Jahr die 100er und 50er Zweitakt-Scrambler.

1972

Obwohl die neue 750er bereits im Verkauf war und gute Kritiken erhielt, wurde die Produktion durch den verzögerten Bau eines neuen Gebäudes bis ins Jahr '72 hinein stark beeinträchtigt. Aufgrund erheblicher Arbeitsunruhen und zeitweiliger Arbeitsniederlegungen wurde erst im März ein Metallarbeiterabkommen unterzeichnet, so dass das Werk für den Rest des Jahres ohne Streikgefahr arbeiten konnte. Der Wendepunkt kam im April mit einem spektakulären Sieg beim ersten 200-Meilen-Rennen in Imola. Danach wurde die 750er Ducati ernsthaft als führendes Superbike gehandelt.

Leider war Ducati nicht in der Lage, die gestiegene Nachfrage nach der 750er zu befriedigen, so dass 1972 schließlich 8546 Motorräder aller Hubraumklassen produziert wurden. Die

125 SCRAMBLER 1971

Motor	**Luftgekühlter Einzylinder-Viertakter**
Bore (mm)	**55,2**
Hub (mm)	**52**
Hubraum (cm³)	**124,443**
Verdichtung	**8,5:1**
Ventiltrieb	**Königswelle, eine obenliegende Nockenwelle**
Vergaser	**Amal 375/20**
LeistungS	**10 PS bei 8000/min**
Schaltung	**Fünfgang**
Federung vorne	**Marzocchi-Gabel**
Federung hinten	**Schwinge, zwei Stoßdämpfer**
Bremsen (mm)	**Trommeln, 158 und 136**
Reifen	**2.50x19, 3.50x18**
Radstand (mm)	**1340**
Trockengewicht (kg)	**105**
Farben	**Rot, Gelb, Orange, schwarzer Rahmen**
Motonummern	**Ab DM 20001–21000 (ungefähr)**
Stückzahlen	**100 (125 Scrambler) 60 (USA 125 Scrambler) 160 (50 Scrambler) 120 (100 Scrambler)**

Mit Stollenreifen, einem hohen Kotflügel und weißen Numertafeln aus Kunststoff war die 125 Scrambler ernsthafter für den Einsatz im Gelände geeignet als die größeren Scrambler.

Entwicklung beschränkte sich auf die Einführung der 750 Sport, 750GT und Singles wurden unverändert weitergeführt.

Das 200-Meilen-Rennen von Imola

Mit der Ankündigung der Imola 200, dem »Daytona Europas«, die am 23. April 1972 stattfinden sollten, wurde Taglioni von Spairani damit beauftragt, das Rennen mit allen Mitteln zu gewinnen. Die Fahrer waren Paul Smart, Bruno Spaggiari, Ermanno Giuliano und Alan Dunscombe. Obwohl deren zwangsgesteuerten 750er-Rennmaschinen der 750GT erstaunlich ähnlich sahen, hatten sie doch nur wenig mit der Serienmaschine gemein. Der Motor verfügte über leichtere Pleuel, Kolben mit höherer Kompression, desmodromische Nockenwellen mit hohem Hub, Doppelzündung und ein Paar 40 mm Dell'Orto-Vergaser. Der Rahmen begann sein Leben als Serienteil, während der Kunststofftank einen unlacierten, also durchsichtigen Streifen als eindeutige »Benzinanzeige« erhielt.

Am Renntag kamen 70.000 Zuschauer an die Strecke, um zu sehen, wer das Rekordpreisgeld von 35.000.000 Lire gewinnen würde. Neben den Werks-Ducatis nahmen die MV Agustas von Giacomo Agostini und Alberto Pagani sowie die Moto Guzzis von Guido Mandracci und Jack Findlay teil. Zu den anderen Werksteams gehörten Norton, BSA und Triumph, während Kundenteams mit Kawasakis, Hondas und BMWs das Feld vervollständigten. Zu Beginn des Rennens folgten die beiden silbernen Ducatis zunächst Agostini, nach dessen Ausfall fuhren Smart und Spaggiari gemeinsam, wobei Smart schließlich vier Sekunden vor Spaggiari die Ziellinie überquerte. Smarts Renndurchschnitt lag bei 157,353 km/h, er teilte sich die schnellste Runde von 161,116 km/h mit Spaggiari und Agostini. Ducati hatte der Welt bewiesen, dass die desmodromische 750er es mit allen Konkurrenten aufnehmen und gewinnen konnte!

F750 IMOLA 1972 Unterschiede zur 750GT

Verdichtung	**10:1**
Ventiltrieb	**Königswelle, Desmodromik, eine obenliegende Nockenwelle**
Vergaser	**Dell'Orto PHM40**
Leistung	**86 PS bei 9200/min**
Bremse vorne (mm)	**Zwei Scheiben, 275**
Bremse hinten (mm)	**Scheibe, 230**
Räder	**Borrani WM3x18 vorne und hinten**
Reifen	**3.25x19, 3.50x18**
Trockengewicht (kg)	**178**
Vmax	**272 km/h**
Farbe	**Metalflakesilber**

VON LINKS IM UHRZEIGERSINN:

Das beeindruckende Aufgebot an 750er-Werksmaschinen in Imola 1972.

Paul Smart (Erster) und Bruno Spaggiari (Zweiter) sorgten für einen spektakulären Doppelsieg.

Fabio Taglioni mit Paul Smart nach dem Sieg in Imola.

OBEN: Das 90°-Layout des 750GT-Motors wurde zur charakteristischen Konfiguration für Ducati-Motoren.

OBEN RECHTS: Die 1972er 750GT ähnelt der Version von 1971, aber die Seitenabdeckungen sind jetzt aus Fiberglas.

750GT UND 750 SPORT

Als die 750GT in die reguläre Produktion ging, stiegen die Stückzahlen auf 1062 und sie wurde leicht aktualisiert. Nun war auch eine spezielle US-Version erhältlich, die unter anderem einen höheren Lenker, Blinker und ein größeres Rücklicht aufwies. Zur 750GT gesellte sich 1972 eine sportlichere 750 Sport. Sie basierte auf der GT und verfügte weiterhin über deren Rahmen mit breitem hinteren Hilfsrahmen, hatte aber einen leistungsstärkeren Motor. Das Triebwerk verfügte über Kolben mit höherer Kompression und ein Paar neue, größere Dell'Orto-Vergaser mit Beschleunigerpumpen. Da die durch offene Trichter ansaugten, konnte die Leistung der 750 Sport gegenüber der GT deutlich gesteigert werden. Abgerundet wurde die sportliche Ausstattung durch einen Stummellenker, nach hinten versetzte Fußrasten und eine minimalistische Instrumentierung. Mit ihren unverwechselbaren gelb-schwarzen Fiberglas-Teilen und den z-förmigen Zierstreifen ist die '72er Sport unverkennbar.

Die 72er 750GT ist immer noch eine sehr schöne Maschine.

750 SPORT 1972
Unterschiede zur 750GT

Verdichtung	**9,3:1**
Vergaser	**Dell'Orto PHF32A**
Leistung	**62 PS bei 8200/min**
Trockengewicht (kg)	**182**
Vmax (km/h)	**210**
Farben	**Gelb und Schwarz**
Stückzahlen	**645 (750 Sport)** **90 (USA 750 Sport)** **642 (750GT)** **150 (USA 750GT)** **270 (E-Starter 750GT)**
Motornummern	**Ab DM750 750700 (ungefähr)**
Rahmennummern	**Ab DM750S 750700 (ungefähr)**

250, 350 und 450 Scrambler; Desmo; Mark 3; 450 R/T; 125 Scrambler

Da sich die Produktion verzögerte und die 750er den Markt dominierte, wurde die bestehende Palette der OHC-Einzylinder 1972 unverändert weitergeführt. Die Zweitakt-Scrambler-Produktion wurde unterbrochen, aber im Laufe des Jahres 1973 wieder aufgenommen. Obwohl die OHC-Scrambler von der 750er und den sportlichen Singles in den Schatten gestellt wurden, war sie mit 4940 gebauten Exemplaren weiterhin das beliebteste Modell der Baureihe.

STÜCKZAHLEN OHC-EIN-ZYLINDER 1972

163 (450 R/T USA)
430 (450 Mark 3)
400 (350 Mark 3)
380 (250 Mark 3)
1561 (450 Scrambler)
1368 (350 Scrambler)
2011 (250 Scrambler)
158 (125 Scrambler)

OBEN: 450 Scrambler warten im Oktober 1972 im Werk Borgo Panigale auf ihre Auslieferung. *(Allan Tannenbaum)*

UNTEN: Die erste 750 Sport sah auffällig aus und hatte einen breiten hinteren Hilfsrahmen und z-förmige Zierstreifen.

1973

Obwohl Ducati noch vom Erfolg in Imola zehrt, stagniert der Absatz und die EFIM hält das Ducati-Management für finanziell unverantwortlich. Im Laufe des Jahres 1973 ersetzte ein neuer Direktor, Cristiano De Eccher, Milvio und Spairani, um das Werk in Borgo Panigale rentabler zu machen. De Eccher schränkte sofort das Rennprogramm ein und genehmigte nur noch zwei Veranstaltungen (Imola und das 24-Stunden-Rennen von Barcelona). Außerdem leitete er das Ende der 750er und der OHC-Singles ein, da beide in der Herstellung zu teuer waren. Da Ducati die Preise für die OHC-Singles erhöhte, verzichtete Berliner auf den Import und bezog stattdessen die 250er und 350er von Mototrans in Spanien.

Trotz dieser eher düsteren Aussichten blieb die Produktion mit 7632 Motorrädern hoch. Auch auf der Rennstrecke war Ducati weiterhin sehr erfolgreich: Bruno Spaggiari wurde auf einer speziellen 750er Kurzhuber Zweiter bei der Imola 200 und Benjamin Grau und Salvador Canellas gewannen das 24-Stunden-Rennen von Barcelona auf einem Prototyp der 860er.

Ducati setzte 1973 bei den Imola 200 drei spezielle Kurzhub-Rennmaschinen ein. Spaggiari (Nr. 84) wurde Zweiter. Die anderen wurden von Bruno Kneubuhler (Nr. 86) und Mick Grant (Nr. 85) gefahren.

Die 73er 750 Super Sport basierte auf der 750 Sport und hatte schwarze Motorabdeckungen. Diese hier war '75 und '76 die Rennmaschine des Cycle Magazins, die heute wieder in altem Glanz erstrahlt.

750 Super Sport, 750 Sport, 750GT

Unmittelbar nach dem Sieg in Imola versprach Spairani die Produktion von Imola-Repliken, aber sie erschienen erst Mitte '73. Die ersten 750 Super Sports waren modifizierte 750 Sports und obwohl nur wenige gebaut wurden, ging eine an das Cycle Magazine in Kalifornien, wo Cook Neilson und Phil Schilling sie zu einem konkurrenzfähigen Superbike weiterentwickelten.

Der Super Sport-Motor unterschied sich von der Sport durch die Desmo-Köpfe, 40 mm Vergaser und spezielle Pleuel, während das Chassis dreifache Scheibenbremsen, eine Halbverkleidung und einen großen Fiberglastank mit der durchsichtigen Benzinstandsanzeige aufwies. Das Styling der 750SS war eine Gemeinschaftsarbeit von Taglioni, Neri, Farnè und der Ducati Rennsport-Tochter NCR. 1973 wurde die 750 Sport von Leopoldo Tartarini neu gestaltet, jetzt mit einem schmalen hinteren Hilfsrahmen und neuen Aufklebern. Die 750GT erhielt einen Stahltank und eine italienische Scarab-Vorderradbremse ersetzte die britische Lockheed, ansonsten blieben die Spezifikationen unverändert.

750GT UND SPORT 1973 Unterschiede zu 1972	
Farben	**Orange/Schwarz, Rot/Schw.(750GT)**
Motornummern	**Ab DM750 752200 (ungefähr)**
Rahmennummern	**Ab DM750S 752200 (ungefähr)**
Stückzahlen	**1817 (750GT)** **746 (750 Sport)**

Lang, schlank und schmal - die 73er war eine reine Sportster.

Eine der beeindruckendsten Stylingleistungen von Ducati aller Epochen: die 750 Sport von 1973.

1973 erhielt die 750GT einen Stahltank und -seitendeckel. Euro-Spec-Versionen wie diese hatten schwarze Gabelbeine und hintere Stoßdämpferabdeckungen.

250, 350 und 450 Scrambler, Desmo, Mark 3, 50 Scrambler

Die Baureihe der OHC-Singles wurde mit der elektronischen Zündung »Ducati Elettrotecnica« oder »Motoplat« sowie mit einem neuen Scheinwerfer und neuen Instrumenten aktualisiert. Die Scrambler und die Mark 3 erhielten eine 35 mm Marzocchi-Gabel, Borrani-Räder und die doppelseitige Vorderradbremse, während die Desmo neu gestaltet wurde, um der 750 Sport zu entsprechen. Dazu gehörte auch ein neuer einteiliger Sitz und ein Heckteil aus Fiberglas. Auch die Zweitakt-50-Scrambler kehrte kurz zurück.

OBEN RECHTS: 73er 750 GT-Motoren im Werk gegen Ende des Jahres 1972.Die meisten GTs dieses Jahres hatten einen elektronischen Drehzahlmesser statt eines mechanischen. Man beachte die Werksplombe unter dem Kurbelgehäuse. *(Allan Tannenbaum)*

RECHTS: Die 250 Scrambler von 1973. Sie hatte jetzt einen Motor, der von Mototrans in Spanien geliefert wurde.

UNTEN: Tartarini lieferte ein neues Styling für die Desmo-Single 1973. Beibehalten wurde die Trommelbremse vorne.

Die 450 Mark 3 wurde für 1973 ebenfalls überarbeitet, jetzt mit den Rädern, Bremsen und der Aufhängung der Desmo und in attraktivm Blau.

1974

Dieses Jahr war ein Wendepunkt für Ducati. Die Produktion der 750er mit runden Gehäusedeckeln wurde eingestellt, die ehrwürdige OHC-Einzylindermaschine folgte bald darauf und Ende 74 schlug Ducati eine völlig neue Richtung ein. Inmitten dieser Ungewissheit kam Ducatis wohl bedeutendstes Serienmodell heraus, die 750 Super Sport. Trotz des Auslaufens der 750er- und Einzylinder-Produktion wurden in diesem Jahr 7703 Motorräder hergestellt. Es war Ironie des Schicksals, dass die 750er und der Einzylinder gerade in dem Moment an Popularität gewannen, als die Geschäftsleitung keine Zukunft mehr in ihnen sah.

250, 350, 450 SCRAMBLER; MARK 3; DESMO; 50 SCRAMBLER

Unterschiede zu 1972

Farben	**Gelb (Desmo)** **Blau (Mark 3)**
Motornummern	**250, 350, 450M3, oder** **250, 350, 450D**
Rahmennummern (350 Desmo)	**Ab DM350D 400002**
Stückzahlen	**330 (450 Desmo)** **389 (350 Desmo)** **300 (250 Desmo)** **350 (450 Mark 3)** **476 (350 Mark 3)** **353 (250 Mark 3)** **1336 (450 Scrambler)** **1156 (350 Scrambler)** **200 (250 Scrambler)** **179 (50 Scrambler)**

750 Super Sport

Die Imola-Replik Desmodromic 750 Super Sport war 1974 endlich in begrenzter Stückzahl erhältlich. Damals war sie eines der exotischsten Serienmotorräder auf dem Markt, eine echte Rennreplika mit drei Bremsscheiben, einer Rennverkleidung und einem Motor, der von keinem Geringeren als Fabio Taglioni vorbereitet wurde.

Im Gegensatz zur 750 Sport wurde der Super Sport-Motor gegenüber der 750GT erheblich verbessert. Die gefrästen Pleuel trugen doppelte Verstärkungsrippen um das Pleuelauge. Die Gemischaufbereitung erfolgte über zwei 40 mm

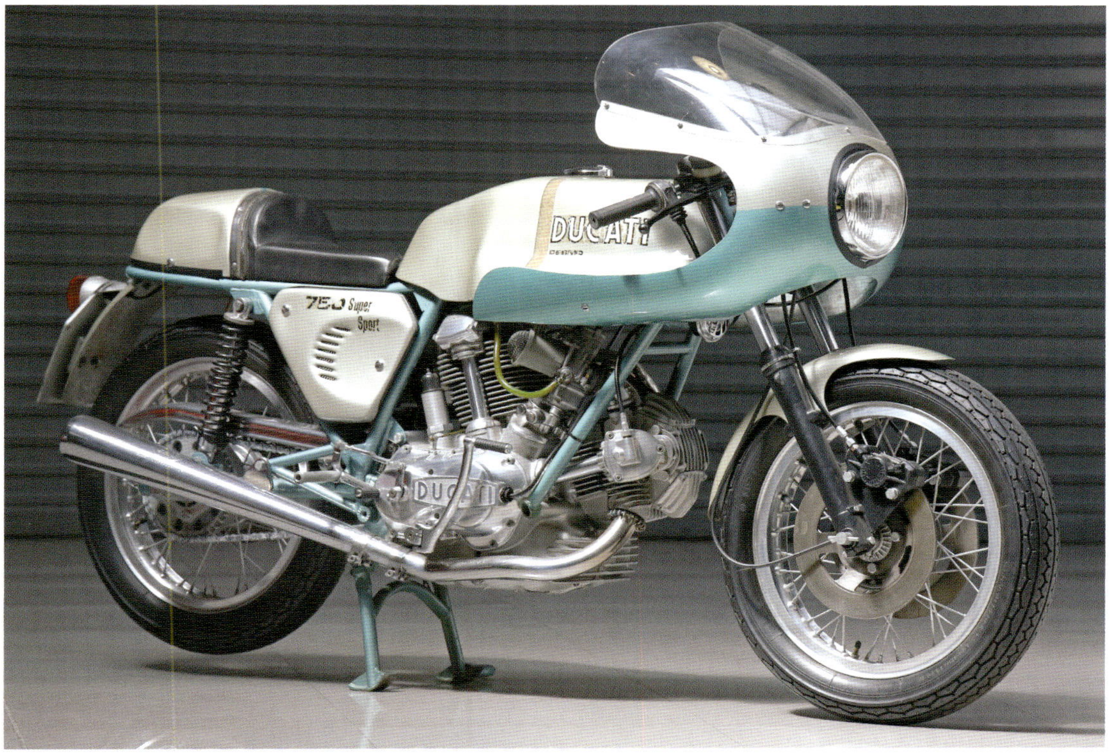

Dell'Orto-Vergaser und im Inneren der desmodromischen Zylinderköpfe befanden sich hochglanzpolierte Kipphebel. Während der Rahmen der 750 Sport ähnelte, waren die Marzocchi-Gabel und das 18-Zoll-Vorderrad neu. Gebremst wurde mit zwei Scarab-Scheibenbremsen vorne und einer einzelnen Lockheed-Scheibe hinten. Natürlich hatte der 20-Liter-Glasfasertank den durchsichtigem Tankanzeige-Streifen und den Solo-Rennsattel mit Reißverschlussfach.

Die 750 mit Zwangssteuerug und runden Gehäusedeckeln wurde nur 1974 gebaut. Sie waren zwar fehlerhaft und mit zweifelhaften Bremsen, aber sie waren selten, schön, und funktionell überlegen. Die 750 Super Sport mit runden Gehäusedeckeln ist zu Recht die begehrteste Serien-Ducati.

OBEN LINKS: Obwohl die 750 SS Imola-Replik zwei Jahre nach dem Imola-200-Sieg auf den Markt kam, war sie das Warten wert.

OBEN RECHTS: Im Inneren des Motors der 750 Super Sport befinden sich desmodromische Ventile, polierte Kipphebel und speziell gefräste Pleuelstangen.

UNTEN: Die in limitierter Stückzahl handgefertigte 750 Super Sport ist zu einer der begehrtesten Serien-Ducatis geworden.

750 SUPER SPORT 1974
Unterschiede zur 750 Sport

Verdichtung	**9,5:1**
Ventiltrieb	**Königswelle, Desmodromik, eine obenliegende Nockenwelle**
Vergaser	**Dell'Orto PHM40A**
Leistung	**70 PS bei 9000/min**
Bremse vorne (mm)	**Zwei Scheiben, 275**
Bremse hinten (mm)	**Scheibe, 230**
Räder	**Borrani WM3x18 Zoll, vo. und hi.**
Reifen	**3.50x18, 3.50x18 C7 Metzeler Racing**
Radstand (mm)	**1500**
Trockengewicht (kg)	**180**
Vmax (km/h)	**230**
Farbe	**Türkisfarbener Rahmen, Silber**
Motornummern	**DM750.1 075001–075411**
Rahmennummern	**DM750SS 075001–075411**
Stückzahl	**401**

750GT UND SPORT 1974

Unterschiede zu 1973

Federung vorne	**Ceriani- oder Marzocchi-Gabel**
Bremse vorne	**Brembo**
Motornummern	**Ab DM750 754000 (ungefähr)**
Rahmennummern	**Ab DM750S 754000 (ungefähr)**
Stückzahlen	**1675 (750GT)** **856 (750 Sport)**

RECHTS: Die 750 Sport erhielt 1974 einen Stahltank und polierte Gehäusehälften.

Für 1974 erhielt die 750 GT Dell'Orto-Vergaser. Die meisten hatten eine Brembo-Bremse wie diese. Neu in diesem Jahr waren die lackierten Kotflügel.

750 Sport und 750GT

In ihrem letzten Produktionsjahr wurden die 750 Sport und die 750GT zu etwas weniger puristischen, aber funktionelleren Versionen weiterentwickelt. Die 750 Sport erhielt einen Stahltank, polierte Motorgehäusehälften, häufig eine verbesserte Brembo-Bremse, die aber durch neue CEV-Schalter beeinträchtigt wurde. Ähnlich erging es der 750GT, die bis zum Ende ihrer Produktion mit hässlichen Lafranconi-Schalldämpfern und Radaelli-Stahlfelgen verunstaltet wurde. Die Produktion beider Modelle wurde im Laufe des Jahres 1974 eingestellt.

239, 250, 350, 450 SCRAMBLER, MARK 3, DESMO, R/T 1974

Unterschiede zu 1973

Bremse vorne (mm)	**Scheibe, 280 (Desmo)**
Stückzahlen	**454 (450 Desmo)** **595 (350 Desmo)** **427 (239/250 Desmo)** **263 (450 Mark 3)** **324 (350 Mark 3)** **333 (239/250 Mark 3)** **73 (450 Scrambler)** **331 (350 Scrambler)** **200 (250 Scrambler)** **100 (350, 450 R/T)**

239, 250, 350 und 450 Scrambler Desmo, Mark 3, R/T

Die Tage der Scrambler und der Mark 3 mit obenliegender Nockenwelle waren gezählt, während die Desmo mit einer Ceriani-Gabel und einer Brembo-Scheiben vorne ausgestattet wurde. In diesem Jahr wurde auch eine begrenzte Anzahl von 239 Mark 3 und Desmos für Frankreich produziert, da dort niedrigere Steuern für Motorräder unter 240 cm³ erhoben wurden.

Neu bei der 74er Desmo Single waren eine Ceriani-Gabel und eine Brembo-Scheibenbremse.

Die letzten Desmos waren ein Rätsel. Während sie noch sechs Volt hatten und der Kickstarter unbequemerweise immer noch auf der linken Seite war, versuchte Ducati in den 70er-Jahren, die Single mit elektronischer Zündung und einer vorderen Scheibenbremse zu bringen. Einerseits waren die letzten Desmos ein Relikt aus der Vergangenheit, andererseits waren sie auch modern. Da der Single mit Königswelle in der Herstellung fast so teuer war wie ein Zweizylinder, führte die wirtschaftliche Realität schließlich zum Aus der OHC-Einzylinder.

Die 74er 250 Desmo markierte das Ende der sportlichen Ducati-Single-Baureihe.

KAPITEL 5

RATIONALISIERUNGSMASSNAHMEN

DIE 860, 900, PARALLEL-TWIN UND PANTAH, 1975–1984

Cook Neilson bescherte Ducati den bisher bedeutendsten Sieg, als er 1977 das Daytona-Superbike-Rennen auf einer 750SS gewann.

Grau und Canellas bescherten Ducati 1975 einen weiteren Sieg beim 24-Stunden-Rennen von Barcelona.

Die 60er und 70er waren durch eine Reihe fragwürdiger Produktions- und Marketingentscheidungen gekennzeichnet und insbesondere 1975 war ein Tiefpunkt. Wie schon im Jahrzehnt davor sah das Ducati-Management seine Zukunft wieder in Amerika. Die neue 860GT ersetzte die teure 750er und eine Reihe von Parallel-Twins ersetzte die OHC-Singles. Überrraschend in Anbetracht der Tatsache, dass keiner der bisherigen Ducati-Parallel-Twins erfolgreich war. Die Wiedereinführung eines Zweitakt-Geländemotorrads (125 Regolarità) für Italien und Frankreich vervollständigte die fragwürdige neue Produktpalette. Als es schien, Ducati hätte seinen Weg verloren, gelang dem Unternehmen mit der Einführung der neuen 900 SS eine teilweise Rettung, die den Absatz für den Rest des Jahrzehnts stützen sollte.

1975

Obwohl man offiziell nicht mehr am Rennsport beteiligt war, triumphierte Ducati auch in diesem Jahr beim 24-Stunden-Rennen von Barcelona, wo Grau und Canellas ihren Sieg von '73 wiederholten und mit einer Durchschnittsgeschwindigkeit von 114,24 km/h auf dem engen Montjuïc-Kurs gewannen. In Erwartung eines starken Verkaufsjahres – Dank einer komplett neuen Modellpalette – ging die Produktion 1975 nur leicht auf 5977 Motorräder zurück.

860GT und 860GTE

Die Herstellung der 750er mit rundem Gehäusedeckeln wurde unerschwinglich und es gab noch weitere Faktoren, die ihren Untergang beschleunigten. Neue US-DOT-Vorschriften, die im September 1974 in Kraft traten, verlangten eine obligatorische Linksschaltung und der bellende Conti-Auspuff der 750er war in den meisten Ländern einfach nicht straßenzugelassen. Um die Leistung auch mit wirksamen Schalldämpfern zu gewährleisten, vergrößerte man den Hubraum. Das gelang dank der Konstruktion relativ einfach. Die Kolben der 450er wurden in der 750er verbaut um 860 cm³ zu erhalten. Obwohl eine 860er schon lange erwartet wurde, überraschte die endgültige Form viele. Satt des sportlichen Schwerpunkts der 750er, standen bei der 860er das Styling und die Überarbeitung von Motor und Fahrwerk an erster Stelle.

Um den 90°-Twin für den US-Markt attraktiver zu machen, wurde die 750GT neu konstruiert und umgestaltet. Der Motor wurde erheblich modifiziert. Zum einen, um die Produktion zu vereinfachen, zum anderen, um die Zuverlässigkeit zu verbessern und die Wartung zu minimieren. Taglioni wurde beauftragt, den 750er-Motor so umzugestalten, dass er wesentlich einfacher und billiger in der Herstellung war. Gleichzeitig wurde Giorgetto Giugiaro von Italdesign in Turin mit dem Styling beauftragt.

Die Neugestaltung des Motors umfasste weit mehr als nur die Form der äußeren Motordeckel. Mit Ausnahme des Getriebes waren die meisten Innenteile nicht mit dem 750er austauschbar. Der Antrieb der beiden Königswellen wurde deutlich vereinfacht und montagefreundlicher gestaltet. Weitere Verbesserungen waren ein Ölfilter zwischen den Zylindern und die Elettrotecnica-Zündung. Die Auspuffanlage bestand aus Lafranconi-Schalldämpfern, die mit dem Tank und der Sitzbank der 860 harmonierten, und die Schaltwippe wurde auf die linke Seite des Motors verlegt. Im Gegensatz zur 750GT war ein elektrischer Starter fester Bestandteil des 860er-Konzepts, obwohl frühe Exemplare nur mit Kickstarter ausgestattet waren.

Der größte Teil des 860GT/GTE-Fahrwerks war ebenfalls neu. Die Schwinge verfügte über exzentrische Kettenspanner und das Vorderrad hatte einen Durchmesser von 18 Zoll. Bei der 860 verbesserte man viele Komponenten, die bei der 750er in die Kritik geraten waren, beispielsweise die CEV-Schalter und das Bordnetz. Die Produktion der 860 begann im September '74 für das Modelljahr 1975. Das Styling fand nicht überall Anklang und es mangelte an Zuverlässigkeit, insbesondere der elektronischen Zündung. Heute gilt die 860GT als ihrer Zeit voraus, das kantige Styling ist eher typisch für die späten 70er und frühen 80er.

Ein E-Starter war fester Bestandteil 860er-Konstruktion.

Mit ihrem neuen, kantigen Design von Giugiaro stellt die 860 eine deutliche Abkehr von der 750 mit ihrem runden Gehäuse dar.

750 und 900 Super Sport

Als die 860GT Ende '73 entwickelt wurde, beabsichtigte man nicht eine Supersport-Version zu bauen. Eine limitierte Auflage von Renn-Repliken war unwirtschaftlich und schwer zu rechtfertigen. Doch der anfängliche Misserfolg des 860GT führte 1975 zu einer weiteren begrenzten Produktion von Super Sport. Sie waren wohl die besten aller Super Sport und widersetzten sich der Gesetzgebung, da sie die Schaltung rechts, Conti-Schalldämpfer und offene 40-mm-Vergaser hatten. Diese kleine Serie, die in den USA nicht legal verkauft werden durfte, war so erfolgreich, dass sie 1976 zur regulären Produktion der 750 und 900 Super Sport führte.

Die 75er 900 Super Sport war mit den fließenden Linien der Verkleidung und den kontrastierenden kantigen Motordeckeln eine der besten Leistungen von Ducati.

860GT, 860GTE, 1975

Unterschiede zur 750GT

Bohrung (mm)	**86**
Hubraum (cm³)	**863,9**
Verdichtung	**9:1**
Vergaser	**Dell'Orto PHF32A**
Leistung	**57 PS bei 7700/min**
Federung vorne	**38 mm Ceriani-Gabel**
Federung hinten	**Schwinge mit zwei 320 mm Marzocchi-Stoßdämpfern**
Bremse vorne (mm)	**Einzel- oder Doppelscheibe, 280**
Räder	**Radaelli WM3x18 Zoll, vo. und hi.**
Reifen	**3.50x18, 3.50x18 (120/90x18)**
Radstand (mm)	**1550**
Trockengewicht (kg)	**185**
Vmax (km/h)	**195**
Farben	**Schwarzer Rahmen, Orange, Rot, Blau, Schwarz, Gelb, Grün**
Motornummern	**Ab DM860 850001**
Rahmennummern	**Ab DM860S 850001**
Stückzahlen (860GT & 860GTE)	**1671 (1974) 1316 (1975)**

750 UND 900 SUPER SPORT 1975

Unterschiede zur 1974er 750SS

Bohrung (mm)	**86 (900)**
Hubraum (cm³)	**863,9 (900)**
Verdichtung	**9,65:1 (750), 9,5:1 (900)**
Federung hinten	**Schwinge mit zwei 310 mm Marzocchi-Stoßdämpfern**
Bremse vore (mm)	**Doppelscheibe, 280**
Bremse hinten (mm)	**Scheibe, 229**
Farben	**Silberarbener Rahmen, Silber & Blau**
Motornummern	**Ab DM750.1 075412 (750SS) DM860.1 086001 (900SS)**
Rahmennummern	**Ab DM750SS 075412**
Stückzahlen	**249 (750SS) 246 (900SS)**

Roh und konsequent setzte die 1975er Super Sport den Stil der berühmten 1974er »Green-Frame« 750 Super Sport fort.

UNTEN RECHTS: Die 500GTL, die der 860GT nachempfunden war, ersetzte dien charismatischen OHC-Single und war kein Erfolg.

Der Motor mit eckigem Kubelgehäuse wurde von der 860GT abgeleitet und in 750- und 900-cm³-Versionen hergestellt. Das Fahrgestell entsprach im Wesentlichen dem der früheren 750SS, das Ergebnis war eine berauschende Mischung aus dem neuen drehmomentstarken Motor und dem hervorragenden 750er-Fahrgestell. Wie bei der 750SS mit rundem Gehäuse handelte es sich auch bei den 75er Exemplaren um eine handgefertigte, limitierte Auflage. Obwohl sie mit dem fragwürdigen Ducati Elettrotecnica-Zündsystem und einem schwachen Kurbelgehäuse behaftet waren, handelte es sich um großartige Maschinen und um die letzten Motorräder mit Straßenzulassung.

350 UND 500GTL 1975

Motor	**Luftgekühlter Reihenzweizylinder-Viertakter**
Bohrung (mm)	**78 (71,8)**
Hub (mm)	**52 (43,2)**
Huraum (cm³)	**496,9 (349,6)**
Verdichtung	**9,6:1**
Ventiltrieb	**Kennengesteuerte obenliegende Nockenwelle**
Vergaser	**Dell'Orto PHF30BS/BD (500) Dell'Orto VHB26FS/FD (350)**
Leistung	**35 PS bei 6500/min (500)**
Schaltung	**Fünfgang**
Federung vorne	**35 mm Marzocchi-Gabel**
Federung hinten	**Schwinge mit zwei 320 mm Marzocchi-Stoßdämpfern**
Bremse vorne (mm)	**Doppelscheibe, 260 (Einzelsch., 350)**
Bremse hinten (mm)	**Trommel, 160**
Reifen	**3.25x18, 3.50x18**
Radstand (mm)	**1400**
Trockengewicht (kg)	**170 (163)**
Vmax (km/h)	**170 (147, 350)**
Farben	**Schwarzer rahmen, Blau, Grün, Rot**
Motornummern	**Ab DM500.1 500001 (500) Ab DM350.1 035001 (350)**
Rahmennummern	**Ab DM500B and DM350B**
Stückzahl	**530 (350GTL) 447 (500GTL)**

350 und 500GTL

Der Parallel-Twin war der erste komplett neue Serienmotor von Ducati seit mehr als fünfzehn Jahren. Er war inspiriert von Taglionis Prototyp eines Parallel-Twin aus dem Jahr 1965. Als Fabio Taglioni sich weigerte, an der Konstruktion des neuen Parallel-Twin mitzuwirken, wurde Bruno Tumidei

Die 125 Regolarità war ein konfuser Versuch, ein konkurrenzfähiges Geländemotorrad zu bauen.

mit dem Projekt betraut und musste praktisch bei Null anfangen. Da die Senkung der Herstellungskosten im Vordergrund stand, war der Parallel-Twin zunächst ein Kompromiss.

Während einige traditionelle Ducati-Merkmale wie das vertikal geteilte Alu-Kurbelgehäuse mit den um 10° nach vorne geneigten Zylindern beibehalten wurden, war die geschmiedete einteilige 180°-Kurbelwelle neu. Sowohl das Haupt- als auch die Pleuellager waren Gleitlager, die Kurbelwelle hatte kein Mittellager. Um die Motorbreite zu minimieren, wurde der Kettenantrieb der Nockenwelle von der Rückseite der Kupplungsnabe auf eine Vorgelegewelle hinter die Zylinder verlegt. Der Kopf wies einen moderneren Ventilwinkel von 60° auf und im Gegensatz zur 860GT erfolgte die Zündung über Batterie, Spule und Verteiler.

Der Einrohrrahmen folgte der üblichen Ducati-Praxis den Motor als tragendes Element zu verwenden und das Styling ahmte Giugiaros 860er nach. Die GTL ließ sich zwar gut handhaben und bremste gut genug, aber dem Motor fehlte es an Charakter, die Fahrleistungen waren glanzlos und die Zuverlässigkeit fragwürdig. Wenig geliebt, gilt sie heute als eines der am wenigsten zufriedenstellenden Modelle von Ducati in den 1970er Jahren.

125 Regolarità

Das dritte neue Modell für 1975 war die 125 Regolarità, ein ehrgeiziges Unterfangen für eine Firma mit wenig Erfahrung im Offroad-Bereich. Sie wurde von einem völlig neuen Zweitaktmotor angetrieben, der eine verchromte Laufbahn und die übliche, mit Nadel- und Kugellagern versehene Kurbelwelle aufwies. Der Doppelrohrrahmen verfügte über ein groß dimensioniertes oberes Rahmenrohr. Obwohl es eine Schutzplatte für das Auspuffrohr gab, schränkte der niedrige Abgasanlage die Geländetauglichkeit ein. Die 125 Regolarità wurde hauptsächlich für Italien und Frankreich produziert und war ein weiteres Beispiel für eine schlecht durchdachte und nicht konkurrenzfähige Maschine, die diese Ära kennzeichnete, gehört heute aber aufgrund ihrer Seltenheit zu den gesuchten Ducati-Motorrädern.

1976

Da die 860er und die Parallel-Twins in den Ausstellungsräumen vor sich hin dümpelten, löste Franco Zaiubouri im September 1975 De Eccher ab. Zaiubouri belebte sofort das Verhältnis zu Taglioni und machte sich daran, die Geschicke von Ducati wieder in Gang zu bringen, indem er der 860GT ein Facelift verpasste und eine 900 Super Sport in Serie brachte. Insgesamt wurden nur 4053 Motorräder gebaut, die niedrigste Jahresproduktion aller Zeiten.

125 REGOLARITÀ SIX DAYS 1975

Motor	**Luftgekühlter Einzylinder-Zweitakter**
Bohrung (mm)	**54**
Hub (mm)	**54**
Hubraum (cm³)	**123,7**
Verdichtung	**10,5:1**
Vergaser	**Dell'Orto PHB30**
Schaltung	**Sechsgang**
Federung vorne	**Teleskopgabel**
Federung hinten	**Schwinge, zwei Stoßdämpfer**
Bremsen (mm)	**Trommeln, 125 (vorne), 140 (hinten)**
Reifen	**3.00x21, 3.75x18 Metzeler 6-Days**
Radtsand (mm)	**1420**
Trockengewicht (kg)	**108**
Vmax (km/h)	**120**
Motornummern	**Ab DM125.1 130001**
Rahmennummern	**Ab DM125C 130001**
Stückzahl	**1609 (125 Regolarità)**
Andere Stückzahlen 1975	**250 (239/250M3) 400 (450SCR) 248 (350SCR) 112 (250SCR)**

860GTS 1976 Unterschiede zur 860GT und GTE	
Motornummern	**Ab DM860 853000 (ungefähr)**
Rahmennummern	**Ab DM860S 853000 (ungefähr)**
Stückzahlen	**570 (1975)** **510 (1976)**

Die negative Resonanz auf die 860GT führte 1976 zu der neu gestalteten 860GTS.

860GTS

Als Reaktion auf die schlechten Verkaufszahlen ersetzte die 860GTS im Laufe des Jahres 1975 in aller Eile die 860GT. Der Motor wurde kaum verändert, aber alle 860GTS bekamen E-Starter. Neben einem runderen 18-Liter-Tank und einem neuen Sitz gehörten Doppelscheibenbremsen vorne zur Standardausstattung und der Lenker war niedriger. 1976 wurden viele unverkaufte 860GTs mit GTS-Ausstattungsmerkmalen umgerüstet, vor allem Tank und Sitzbank.

750 und 900 Super Sport

Die 900 Super Sport wurde 1976 für den US-Markt angepasst und erhielt nun einen Stahltank, eine Linksschaltung und Blinker. Conti-Schalldämpfer und 40 mm Vergaser blieben eine Option.

Die kompromisslose Ausstattung und die begrenzte Verfügbarkeit machen deutlich, dass die Super Sport 1975 nur als einmalige Serie gedacht war. Während die 860 in den Ausstellungsräumen vor sich hin dümpelte, führte die Nachfrage nach der sportlichsten Ducati dazu, dass die Super Sport im Laufe des Jahres 1976 in die reguläre Produktion aufgenommen wurde. Da Berliner das Modell in den USA haben wollte, waren eine Linksschaltung, ein Stahltank, Blinker und eine leisere Ansaug- und Auspuffanlage erforderlich. Während der desmodromische Motor unverändert blieb, erhielt die Super Sport die hässlichen Lafranconi-Schalldämpfer des 860 und kleinere Vergaser mit Luftfilter. Ein 750er Sport-Tank aus Stahl ersetzte den Imola-Kraftstoffbehälter aus Fiberglas.

Die Super Sport von 1976 war sehr erfolgreich und etablierte Ducati erneut als führenden Hersteller von Sportmotorrädern. Während einige Ducati-Enthusiasten den Untergang der unverfälschten Rennmaschinen-Replika

750 UND 900 SUPER SPORT 1976 Unterschiede zu 1975	
Vergaser	**Dell'Orto PHF32A**
Rahmennummern 900SS	**Ab DM860SS 086001**
Stückzahl	**220 (750SS)** **1020 (900SS)**

beklagten, blieb die Seele der Desmo SS trotz der Einführung der vorgeschriebenen Zulassungsfähigkeit intakt. Der blau-silberfarbene Speichenfelgen-Supersportler gilt heute als eines der besten Serienmodelle von Ducati.

Die 900SS war serienmäßig mit einer am Rahmen montierten Halbverkleidung ausgestattet.

500 Sport Desmo

Während die unpopulären 350 und 500GTL weitgehend unverändert blieben, entwickelte man im Laufe des Jahres die attraktive 500 Sport Desmo. Leopoldo Tartarini wurde mit dem Design beauftragt und Fabio Taglioni lieferte den desmodromischen Zylinderkopf. Vom Kopf abwärts war der Motor fast identisch mit dem der GTL, aber das Chassis und die Optik waren neu. Der Rahmen war mit einem doppelten Unterrohr ausgestattet und der 14-Liter-Glasfasertank war so geformt, dass er mit dem Rennsattel und dem Höcker harmonierte. Die Alu-Räder kamen von FPS, drei Scheibenbremsen ergänten sie. Die 500 Sport Desmo gehörte zu den feineren Stylingversuche von Ducati und war eine deutliche Verbesserung gegenüber der GTL.

1977

Angeführt vom Erfolg der 900SS und der neuen 900SD Darmah stieg die Produktion1977 auf 7167 Stück. Die Darmah, in der viele japanische Teile verbaut wurden, war eines der wichtigsten Ducati-Modelle, während die Palette der Parallel-Twins um die GTV erweitert wurde. Und

Die 500SD war eine von Ducatis feineren Designs Mitte der 70er.

500 SPORT DESMO 1976
Unterschiede zur 500GTL

Leistung	**50 PS bei 8500/min**
Federung vorne	**35 mm Paioli-Gabel**
Federung hinten	**Schwinge mit zwei 330 mm Marzocchi-Stoßdämpfern**
Bremse hinten (mm)	**Scheibe, 260**
Trockengewicht (kg)	**185**
Vmax (km/h)	**185**
Farben	**Schwarzer Rahmen, Rot oder Blau mit weißen Streifen**
Stückzahl	**441**
Andere Stückzahlen 1976	**1177 (125 Regolarità) 400 (350GTL) 285 (500GTL)**

Die von Phil Schilling (hier im Bild) vorbereitete Cycle-Magazine-750SS erhielt den Spitznamen »California Hot Rod«.

trotz des Misserfolgs der 125er Regolarità schien Ducati entschlossen zu sein, die Zweitakt-Enduro weiterzuführen. Die Regolaritȧ entwickelte sich zur ebenso wenig inspirierenden Six Days. Obwohl es keine offiziellen Einsätze mehr gab, setzte sich der Erfolg auf der Rennstrecke fort: Der Herausgeber des Cycle Magazins, Cook Neilson, gewann das 50-Meilen-Superbike-Rennen (Schnitt 100,982 mph) von Daytona auf der von Phil Schilling vorbereiteten 750SS. Das war der bisher bedeutendste Sieg von Ducati in Amerika.

900SD Darmah, 750/900SS, 860GTS

Nachdem die 860GT und GTS keine treuen Fans gefunden hatten, wandte sich Ducati erneut an Leopoldo Tartarini, um einen Nachfolger zu entwerfen. Die daraus resultierende 900SD Darmah war erfolgreicher als die Giugiaro 860, aber es war nicht nur der neue Stil, der sie auszeichnete. Der Motor wies eine Reihe von Verbesserungen auf, japanische und deutsche elektrische Komponenten trugen zur höheren Zuverlässigkeit bei.

Der Motor verfügte über eine verbesserte Kurbelwelle, eine elektronische Bosch-Zündung und die desmodromischen Zylinderköpfe der 900SS. Die Schaltung auf der linken Seite wurde überarbeitet und dwe E-Starter wurde vereinfacht und verbessert. Die Darmah war der erste Königswellen-Twin mit Alugussrädern, zunächst von Campagnol, und auch der erste mit japanischen Nippon-Denso-Instrumenten und Schaltern. Mit der neuen, schnittigen Optik von Tartarini war die Darmah eine äußerst erfolgreiche Kombination aus Stil und Funktion

Mit der 900SD Darmah wurde das Styling zu einem wesentlichen Bestandteil.

900SD DARMAH 1977
Unterschiede zur 860GT und GTS

Verdichtung	**9,3:1**
Ventiltrieb	**Königswelle, Desmodromik, eine obenliegende Nockenwelle**
Federung vorne	**38 mm Ceriani oder Marzocchi**
Federung hinten	**Schwinge, zwei Marzocchi-Dämpfer**
Bremse vorne (mm)	**Doppelscheibe, 280**
Bremse hinten (mm)	**Scheibe, 280**
Räder	**Guss, 2.15x18 Zoll, 2.50x18 Zoll**
Reifen	**3.50x18, 4.25/85x18**
Trockengewicht (kg)	**216**
Vmax (km/h)	**190**
Farben	**Schwarzer Rahmen, Rot und Weiß**
Motornummern	**Ab DM860 900001**
Rahmennummern	**Ab DM860SS 900001**
Stückzahl	**1610**

und sollte in den nächsten Jahren zu einem der erfolgreichsten Modelle von Ducati werden. Während die meisten Entwicklungsressourcen in diesem Jahr in die Darmah gesteckt wurden, blieben die bestehenden Modelle 750/900SS und 860GTS weitgehend unverändert.

OBEN LINKS: Die charakteristische Sitzbank war ein weiteres Produkt von Tartarini.

OBEN: Die 900SD brach mit der Tradition, indem sie mit Instrumenten von Nippon Denso und einem großen Bosch-Scheinwerfer ausgestattet wurde.

350/500SD, 350/500GTV

Neu war '77 die 350 Sport Desmo, die vor allem für den italienischen Markt produziert wurde, um jüngere Fahrer anzulocken, die auf 350 cm³ beschränkt waren. Als Reaktion auf die schlechte Resonanz auf das 860-ähnliche Styling der GTL ersetzten die 350 und 500GTV die 350 und 500GTL im Laufe des Jahres 1977. Die 350er und 500er Sport Desmos mit Ventilfedermotoren verfügten über den Sport-Doppelrohrrahmen, eine Paioli-Gabel, Gussräder und eine Scheibenbremse hinten. Obwohl die GTV eine Verbesserung gegenüber der GTL darstellte, wollte niemand wirklich einen Touring-Parallel-Twin. Die 500SD blieb unverändert, ebenso die 500GTL.

UNTEN LINKS: Vor allem für den italienischen Markt wurde 1977 die 350 Sport Desmo gebaut.

350SD, 350/500GTV 1977

Unterschiede zur 500SD und 350/500GTL

Trockengewicht (kg)	18 (500GTV) 181 (350)
Vmax (km/h)	175 (500GTV) 145 (350GTV)
Farben	Gelb mit schwarzen Streifen, Blau mit schwarzen Streifen (350SD) Blau (500GTV) Grün o. Schwarz und Gold (350GTV)
Rahmennummern	Ab DM500C 550001 (500GTV) Ab DM350C 035001 (350GTV)
Stückzahlen	456 (350SD) 1184 (500SD) 360 (350GTV) 453 (500GTV) 373 (500GTL)

Der 350GTV war der Darmah nachempfunden und sollte die 350GTL ersetzen.

125 Six Days und Regolarità

Obwohl verbessert, war die 77er 125 Six Days noch weniger erfolgreich als die Regolarità. Neu für die Six Days war ein 8-Liter-Aluminiumtank mit entlüftetem Tankdeckel und ein richtiger hoher Enduro-Auspuff, der auf der linken Seite austrat. Die zwei Marzocchi-Stoßdämpfer konnten in vier verschiedene Pos tionen am (verstärken) Rahmen und Schwinge montiert werden. Die Federung war allerdings immer noch veraltet und trotz mehr Leistung und weniger Gewicht war die 125 Six Days ein Misserfolg. Mit dem Aussterben der Six Days endete auch die Ära der Ducati-Zweitaktmotorräder.

1978

Obwohl die 900SS und die Darmah positive Zeichen für die Zukunft setzten und '78 zu den meistproduzierten Motorrädern gehörten, war Ducatis Mittelgewichtsprogramm weiterhin richtungslos und die Produktion sank auf nur 4436 Stück. Dies läutete einen langanhaltenden Einbruch der Verkäufe in den nächsten Jahren ein, da das Werk in Borgo Panigale versuchte, die Produktionssteigerung mit der kontinuierlichen Entwicklung in Einklang zu bringen. 1978 war klar, dass der Parallel-Twin nicht das von Ducati erhoffte Allheilmittel für das Mittelgewicht war und die Königswellen-Twins setzten bei den Superbikes keine Standards mehr.

Ducatis Rettung kam in Form von Mike Hailwoods spektakulärem Sieg bei der Isle of Man in der TT-F1-Klasse 1978. Hailwood, der im Alter von achtunddreißig Jahren aus dem

Die 125 Six Days war besser als die Regolarità, konnte aber nicht mit spezialisierten Geländemaschinen mithalten. Dies war die letzte Ducati Zweitaktmaschine.

125 SIX DAYS 1977
Unterschiede zur Regolarità

Verdichtung	**14,5:1**
Vergaser	**Bing 32**
Reifen hinten	**4.00x18 Cross-Enduro**
Radstand (mm)	**1430**
Trockengewicht (kg)	**97**
Vmax (km/h)	**110**
Stückzahl	**998 (Six Days)** **300 (Regolarità)**

Ruhestand kam, holte seinen märchenhaften Sieg auf einer werkseitig gelieferten 900NCR. Dieser Triumph war für die Öffentlichkeitsarbeit von Ducati von entscheidender Bedeutung. Wie schon sechs Jahre zuvor in Imola verschaffte Hailwoods Erfolg unermesslichen Ruhm und führte zur Einführung der Mike-Hailwood-Replik, die Ducati bis 1985 begleiten sollte.

OBEN LINKS: Mike Hailwood fuhr 1978 mit einer NCR900 bei der TT-F1 auf der Isle of Man. *(Roy Kidney)*

OBEN: Der 900NCR-Motor enthielt eine Vielzahl von Spezialteilen.

900NCR

Während alle Werks-Langstrecken-Rennmaschinen der 70er Einzelanfertigungen waren, bot Ducati mit der Einführung der TT1-Weltmeisterschaft die 900NCR Formel-1-Maschine an. Dabei handelte es sich um ein Modell, das von der Scuderia NCR (Nepoti Caracchi Racing) hergestellt wurde. Sie war weniger exotisch als die Langstreckenmaschinen, verfügte aber dennoch über ein spezielles, schmales Kurbelgehäuse mit integriertem Ölfilter. Zu den weiteren Spezialteilen gehörten größere Ventile, leichtere Kolben und Nockenwellen mit größerem Hub, eine leichtere Kurbelwelle, ein enger übersetztes Sechsgang-Getriebe und geradverzahnte Primärzahnräder. Der Daspa-Rahmen aus Chrom-Molybdän war leicht und die 900NCR zeichnete sich durch eine spektakuläre Liebe zum Detail aus.

Die von Steve Wynne und Pat Slinn von Sports Motorcycles in Manchester vorbereitete 900NCR von Hailwood war in den Castrol-Farben Rot, Weiß und Grün lackiert. Hailwood fuhr mit einer Durchschnittsgeschwindigkeit von 108,51 mph zum Sieg. Seine schnellste Runde war 110,62 mph. Es war ein verblüffender Triumph, der nicht nur Hailwoods außergewöhnliche Fähigkeiten

UNTEN LINKS: Mike Hailwood auf der Isle of Man im Juni 1978, auf dem Weg, Ducati die erste Weltmeisterschaft zu bescheren.

FORMULA 1 900NCR 1978
Unterschiede zur 900SS

Verdichtung	**10:1**
Leistung	**105 PS bei 8800/min**
Räder	**Campagnolo MT2.15x18, MT4.00x18**
Reifen	**Michelin 3.50x18 S41 PZ2, Michelin TV2 4.00/5.60x18**
Trockengewicht (kg)	**160**
Farben	**Rot und Silber**

bestätigte, sondern auch die brillante Balance zwischen Leistung und Handling der 900NCR. Genau wie Imola war auch dieser Sieg ein Meilenstein. Es war die erste Weltmeisterschaft für Ducati und Mike Hailwood war der erste Weltmeister des Unternehmens.

Von der 750 SS wurden 1978 nur wenige Exemplare gebaut. Sie hatten eine silberfarbene Verkleidung mit blauen Streifen und waren alle mit Borrani-Rädern ausgestattet. Die letzten Exemplare trugen außerdem Brembo-Bremssätteln der »Gold Series«.

750/900 Super Sport, 900SD, 900GTS

Während die 76er und 77er Supersportler eher übereilt entwickelt wurden und Zündung sowie Kurbelwelle des Vorgängermodells beibehielten und eine schlampige Schaltung aufwiesen, wurden die meisten Kritikpunkte 1978 behoben. Sie erhielten die Bosch-Zündung und Kurbelwelle der 900SD sowie eine effizientere Linksschaltung. Es wurden sowohl Einzel- als auch Doppelsitze angeboten und die meisten Maschinen waren mit Borrani-Speichenrädern ausgestattet. Für den britischen Markt wurde eine 900SS in Schwarz-Gold mit Speedline-Magnesium-Rädern gebaut, einige silberfarbene 900SS erhielten ebenfalls Speedline-Räder. Nur wenige 750SS wurden in diesem Jahr gebaut, die letzten einer illustren Serie, und alle mit Borrani-Rädern. Die beliebte 900SD Darmah wurde wie weitergebaut, war jetzt aber in

750/900SS, 900SD, 900GTS 1978
Unterschiede zu 1977

Bremsen hi. (mm)	**Scheibe, 280 (900SS)**
Räder	**Guss, WM3x18; WM4x18 (einige SS)**
Reifen hinten	**120/90x18 (900SD)**
Farben	**Rahmen silber, Silber u. Blau (900SS)** **Rahmen schw., Schw. u. Gold (900SS UK)** **Schwarz und Gold (900SD)**
Stückzahlen	**30 (750SS)** **1017 (900SS)** **1691 (900SD)** **250 (860GTS)** **23 (750 Sport)** **40 (750GT)** **38 (450D/SCR)**

Die meisten 78er 900 Super Sport waren ähnlich ausgestattet wie die 77er Modelle. Eine neue Kupplung und ein Gehäusedeckel mit zusätzlichen Inspektionsloch kennzeichnen die Bosch-Zündung.

Eine sehr kleine Anzahl von blauen und silberfarbenen 78er 900 Super Sport gab es mit Speedline-Magnesiumrädern.

LEFT: Eine spezielle schwarz-goldfarbene 900 Super Sport wurde 1978 für den britischen Markt produziert.

UNTEN: Die 900SD Darmah war 1978 in Schwarz und Gold erhältlich.

auffälligem Schwarz und Gold erhältlich, während die 860GTS zur 900GTS wurde. Für den australischen Händler Frasers wurde eine kleine Anzahl von 750GT und Sport produziert.

STÜCK-ZAHLEN

414 (350SD/GTV)
133 (500SD/GTV)
600 (Six Days/Regolarità)

350/500SD, 350/500GTV, 125 Six Days, Regolarità

Mit einer beträchtlichen Anzahl unverkaufter Lagerbestände und der Aussicht auf die neue Pantah für 1979 begann Ducati die Produktion der Parallel-Twins und Zweitakter zu beenden. Diese waren gegenüber 1978 im Wesentlichen unverändert geblieben.

1979

Da die Nachfrage nach den Parallel-Twins weiter zurückging, sank die Produktion auf ein Rekordtief von 3463 Maschinen und das beliebteste Modell war nun die neu gestaltete 900

LINKS: Ähnlich wie der NCR Langstrecken-Rennmaschine von '79 verfügte die NCR-Classic-Maschine über eine spezielle Motorabdeckung auf der rechten Seite.

Ducati stellte Hailwood diese 900NCR für die Classic TT 1979 zur Verfügung, aber er entschied sich gegen sie. Die Form der Verkleidung war neu und diente als Vorlage für die 900-Replik.

UNTEN: Die erste Produktionsserie der 900 Mike-Hailwood-Replik erschien überraschend schnell, kaum ein Jahr nach seinem Rennsieg.

UNTEN: Die Kupplung war ebenfalls trocken und die schmalen Kurbelgehäuse verfügten über einen Ölfilter, der auch bei der 900NCR TT1 von 1978 zum Einsatz kam.

Super Sport. Zur 900 Darmah gesellte sich eine auffällige 900 Super Sport Darmah, und eine erste Serie von Mike-Hailwood-Repliken wurde für den britischen Markt produziert. Ducati stellte Hailwood erneut NCR-Rennmaschinen für die Isle of Man TT 1979 zur Verfügung, aber er konnte seinen Sieg aus dem Vorjahr nicht wiederholen. Während die Königswellen-Twin-Baureihe einige Aufmerksamkeit erhielt, war das wichtigste neue Modell die 500SL Pantah mit einem Motor, der Ducatis Konstruktionen für die nächsten drei Jahrzehnte prägen sollte.

900 Mike-Hailwood-Replik

Gegen Ende 1979 erschien die erste Serie von Mike-Hailwood-Repliken. Sie waren in erster Linie für den britischen Markt bestimmt und wurden mit einem Zertifikat geliefert. Der Motor war identisch mit der 900SS und alle frühen Exemplare trugen 40-mm-Vergaser und Conti-Schalldämpfer. Der Rahmen wurde ebenfalls mit der 900SS geteilt, aber die Replik hatte eine auffällige rot-weiß-grüne Verkleidung, die der 900NCR von '78 und '79 nachempfunden war. Frühe Nachbauten hatten einen SS-Stahltank unter einer Kunststoffabdeckung, eine einteilige Verkleidung und die Nippon-Denso-Uhren der Darmah.

900 MIKE-HAILWOOD-REPLIK 1979

Unterschiede zur 900SS

Vergaser	**Dell'Orto PHM40B**
Leistung	**80 PS bei 7000/min**
Federung hinten	**Schwinge mit zwei 330 mm Marzocchi-Stoßdämpfern**
Bremse hinten (mm)	**Scheibe, 280**
Reifen	**100/90x18, 110/90x18**
Radtsand (mm)	**1510**
Trockengewicht (kg)	**205**
Vmax (km/h)	**220**
Farben	**Roter Rahmen, Rot, Weiß und Grün**
Motornummern	**Ab DM860 089390 (ungefähr)**
Getriebenummern	**Ab DM860SS 900001**
Rahmennummern	**DM900R1 905002–906500 (ungefähr)**
Stückzahl	**300**

900 Super Sport

Der Motor der 900SS blieb 1979 weitgehend unverändert, wobei Silentium-Schalldämpfer die Lafranconi-Modelle ersetzten. Die Mode diktierte einen Wechsel von Borrani-Speichen- zu Magnesium-Speedline-Rädern. dazu gab es eine größere hintere Bremsscheibe. Später im Jahr ersetzten FPS-Alus die Speedline-Räder. Die meisten dieser schwarz-goldenen 900SS wurden mit einem Doppelsitz geliefert, aber der Solosattel war immer optional. Obwohl die Gussräder funktionell nicht überlegen waren, war die schwarz-goldene Super Sport ein weiterer stilistischer Triumph.

Die 900 Super Sport wurde für 1979 in attraktivem Schwarz und Gold neu aufgelegt, aber mit anderen Aufklebern als bei den wenigen UK-Versionen von 1978.

900SSD Darmah, 900SD, 900GTS

1978 wurde aus der 900SD Darmah die 900 Super Sport Darmah, eine attraktive Anpassung des Super Sport Café Racers an den Darmah-Motor und das Darmah-Chassis. Der Motor wurde mit der 900SD geteilt, frühe Exemplare hatten Lafranconi-Dämpfer. Die 900SSD unterschied sich von der 900SD und der 900SS durch ihre charakteristische zweifarbige blaue Lackierung. Anfänglich waren die Speedline-Räder aus Magnesium, 1979 wurden sie durch Alus von FPS ersetzt. Sie war zweifellos eine der attraktivsten Ducatis jener Zeit, aber zu schwer, um eine echte Super Sport zu sein und die Gesamtleistung war geringer als die der 900SS. Die 900SD wurde mit Änderungen weitergebaut und die 900GTS erhielt den aktualisierten Darmah-Motor mit Bosch-Zündung, aber immer noch mit Ventilfeder-Zylinderköpfen.

900SS 1979
Unterschiede zu 1978 und zur 900MHR

Farben	**Schw. Rahmen, Schwarz und Gold**
Stückzahl	**934**

900SSD, 900SD DARMAH, 900GTS
Unterschiede zur 1978er 900SD

Vmax (km/h)	**205 (SSD)**
Farben	**Zweifarbig Blau (SSD)**
Rahmennummern	**Ab DM860SS 903000 (ungefähr) (900SSD) Ab DM900SD 950001 (900SD)**
Stückzahlen	**609 (900SSD 1978 und 1979) 827 (900SD) 150 (900GTS)**

UNTEN: Ein erfolgreicher Stylingversuch war die 900SSD. Sie kombinierte den Darmah-E-Starter mit der SS-Ergonomie.

UNTEN RECHTS: Die endgültige 900GTS von 1979 enthielt viele Darmah-Motorkomponenten.

500SL Pantah

Da sich der Parallel-Twin nicht durchsetzen konnte, begannen Fabio Taglioni und Gianluigi Mengoli 1976 mit der Entwicklung eines Ersatzmotors. Der daraus resultierende 90° V2-Pantah war eine Synthese aus dem früheren 500-cm³-Grand-Prix-Motor mit Königswelle und dem riemengetriebenen Armaroli-Vierventiler mit doppelter obenliegender Nockenwelle von 1973. Damals ungewöhnlich, war der Riemenantrieb für Taglioni die ideale Alternative zur Königswelle, weil geräuschreduzierend und wirtschaftlich herstellbar. Die daraus resultierende Pantah hatte identische Bohrungs-Hub-Verhältnisse wie die 500-cm³-Rennmaschine, verfügte jedoch über Zahnriemen zum Antrieb der obenliegenden Nockenwellen. Dieses Design war so fortschrittlich, dass es noch immer die Grundlage für einige aktuelle Ducatis bildet.

Trotz der gleichen Gene unterschied sich die Pantah in einer Reihe von Details von den Königswellen-Zwillingen. Die desmodromischen Zylinderköpfe wiesen einen moderneren Ventilwinkel von 60° auf und die geschmiedete, einteilige Kurbelwelle hatte Gleitlager für die Pleuel. Dieser Motor wurde von einem Gitterrohrrahmen getragen, unter dem der Motor hing. Die Instrumente und das Armaturenbrett von Nippon Denso ähnelten denen der Darmah SSD und die Halbverkleidung, der Stummellenker und die nach hinten versetzten Fußrasten unterstrichen das Café Racer-Image. Franco Bilancioni lieferte das Pantah-Design.

500SL 1979	
Motor	**Luftgekühlter 90° V2-Viertakter**
Bohrung (mm)	**74**
Hub (mm)	**58**
Hubraum (cm³)	**499**
Verdichtung	**9,5:1**
Ventiltrieb	**Riemengetrieben, Desmodromik, obenliegende Nockenwellet**
Vergaser	**Dell'Orto PHF36A**
Leistung	**45 PS bei 9050/min**
Schaltung	**Fünfgang**
Federung vorne	**35 mm Marzocchi-Gabel**
Federung hinten	**Schwinge mit zwei 310 mm Marzocchi-Stoßdämpfern**
Bremse vorne (mm)	**Doppelscheibe, 260**
Bremse hinten (mm)	**Scheibe, 260**
Räder	**2.15x18 Zoll, 2.50x18 Zoll**
Reifen	**3.25x18 und 3.50x18**
Radstand (mm)	**1450**
Trockengewicht (kg)	**180**
Vmax (km/h)	**196**
Farben	**Schwarzer Rahmen, Rot und Silber**
Motornummern	**Ab DM500L.l 600001**
Motornummern	**Ab DM500SL 660001**
Stückzahlen 1979	**163 (500SL) 100 (125 Regolarità) 150 (125 Six Days) 300 (350GTV/SD) 130 (500SD)**

Die erste Auflage der 500SL wurde nur in begrenzter Stückzahl gebaut, aber sie begründete eine neue Familie.

Die modifizierte 900SS von Mallol und Tejedo, die 1980 das 24-Stunden-Rennen von Barcelona gewann.

1980

Eine Reihe von 1980er Werksrenn-Pantahs. Sie waren sehr erfolgreich in der italienischen Juniorenmeisterschaft TT2.

Da 1979 zwei wichtige Modelle in begrenzten Stückzahl eingeführt wurden (die 900MHR und die 500SL), stieg die Produktion 1980 leicht an auf 4452 Stück. Da die Rentabilität 1980 immer noch fraglich war, wechselte Ducati von EFIM zu Finmeccanica in die VM-Gruppe. VM war mehr an der Herstellung von Dieselmotoren interessiert und betrachtete die Motorradproduktion als zweitrangig, so dass die nächsten Jahre noch problematischer werden sollten. Doch trotz des reduzierten Einsatzes im Werksrennsport konnte Ducati einige beeindruckende Ergebnisse erzielen: Jose Mallol und Alejandro Tejedo gewannen auf einer modifizierten 900SS das 24-Stunden-Rennen von Barcelona in Montjuïc. Sie legten 757 Runden mit 118,592 km/h zurück und bescherten Ducati damit den ersten Sieg bei diesem Rennen seit 1975. Für die italienische TT2-Juniorenmeisterschaft 1980 bereiteten Franco Farnè und die Rennabteilung vier Pantahs vor. Mit einer Verkleidung nach dem Vorbild der 900NCR waren diese Maschinen unglaublich erfolgreich und in den Händen von Vanes Francini, Pietro Menchini und Guido Del Piano gewannen sie zwölf Junior TT2-Rennen und Del Piano die Meisterschaft. Dieser Erfolg veranlasste Taglioni dazu, 1981 die TT2 herauszubringen.

900 MHR, 900SS, 900SSD, 900SD

Neu für die 900MHR war ein 24-Liter-Metalltank und ein leichter umbaubarer Doppelsitz, ansonsten blieb sie unverändert. Die 900SS, 900SD und 900SSD Darmah wurden ebenfalls kaum verändert, hatten aber jetzt FPS-Räder und die 900SD keinen Kickstarter mehr.

500SL Pantah

1980 erhielt die Pantah neue Farben und eine Reihe von Motor- und Getriebe-Updates, blieb aber ansonsten unverändert. Obwohl sie sofort einen neuen Standard in der 500er-Klasse setzte, begrenzten restriktive Luftfilter und extrem leise Conti-Schalldämpfer ihre Leistung. Für diejenigen, die an das Drehmoment der größeren Twins gewöhnt waren, fühlte

Die 900SSD von 1980 bekam neue FPS-Räder und Fußrasten.

Die 900MHR erhielt für 1980 einen neuen Tank und einen neuen Sitz, aber das Design blieb unverändert.

900MHR, SS, SSD, SD 1980
Unterschiede zu 1979

Rahmennummern	**Ab DM900SS 901000 (900MHR)** **Ab DM900SD 950200 (900SSD)**
Stückzahl	**447 (900MHR)** **753 (900SS)** **705 (900SSD)** **470 (900SD)**

Die 1980er 900SS war der Version von 1979 sehr ähnlich. Die meisten hatten wie hier einen Doppelsitz.

Mit dem überarbeiteten Sitz ähnelte die 900SD von 1980 dem Modell von 1979.

500SL 1980 **Unterschiede zu 1979**	
Farben	**Schwarzer Rahmen, Blau und Silber**
Stückzahlen 1979	**1459 (500SL)** **424 (350GTV/SD)** **193 (500GTV/SD)**

OBEN LINKS: In neuen Farben ging die Ducati 500SL ins Produktionsjahr 1980.

sich die Pantah blutarm an. Angesichts ihrer Unbeliebtheit überraschte es ein wenig, dass die 350, die 500SD und GTV in diesem Jahr weiter produziert wurden.

1981

Obwohl ein Teil des Werks in Borgo Panigale von der Motorradproduktion auf die Herstellung von Dieselmotoren umgestellt wurde, stieg die Zweiradproduktion 1981 auf 6838 Stück. Die beliebtesten Modelle waren die 900MHR und die neue 600SL Pantah und in diesem Jahr wurde auch die großartige 600TT2 eingeführt, auf der Massimo Broccoli die italienische Junior TT-F2-Meisterschaft gewann. Auch Sports Motorcycles entschied sich, für die TT 1981 von der 900 auf eine modifizierte Pantah umzusteigen. Tony Rutter gewann die F2 TT mit einem Mittel von 101,91 mph. Dann schickte Ducati Franco Farnè und zwei TT2-Werksmaschinen für Rutter nach Ulster. Rutter wurde bei nassen Bedingungen Zweiter und sicherte sich die TT-F2-Weltmeisterschaft 1981.

Massimo Broccoli gewann 1981 die italienische Juniorenmeisterschaft TT F2 auf der neuen 600TT2.

900 MHR, 900SS, 900SSD, 900SD

Die meisten Neuerungen 1981 an der 900 Replika waren praktischer oder kosmetischer Natur, beispielsweise eine zweiteilige Verkleidung mit abnehmbarem Unterteil, ein neuer Sitz und seitliche Abdeckungen, um die Batterie und den hinteren Vergaser zu verbergen. Während die 900SD weitgehend unverändert blieb, wurde der Rahmen nun mit der SSD geteilt. Nach acht Jahren wurde die 900SS 1981 geringfügig überarbeitet, wobei die wichtigste Änderung ein neues Getriebe war. Weitere Änderungen betrafen den Tank, die Verkleidung, den Sitz und die Farben.

Die 900 Mike-Hailwood-Replik erhielt 1981 eine neue Verkleidung und Seitendeckel.

900MHR, SS, SSD, SD 1981 **Unterschiede zu 1980**	
Leistung	**63 PS bei 7400/min (900MHR)**
Rahmennummern	**Ab DM900R 901500 (900MHR)**
Farben	**Silber (900SS)**
Stückzahlen	**1500 (900MHR)** **1165 (900SS)** **126 (900SSD)** **683 (900SD)**

Ebenfalls 1981 neu war eine überarbeitete 900 Super Sport.

600SL, 500SL Pantah

1981 wurde die 500SL durch die 600SL ergänzt. Sie war auf den ersten Blick identisch mit der 500er, verfügte aber über eine hydraulische Kupplung und größere Bremssättel und beide Modelle erhielten in diesem Jahr eine neue Verkleidung. Der größere Motor lieferte etwas mehr Drehmoment und trug dazu bei, die Beschwerden über die Leistung im mittleren Drehzahlbereich der 500er zu beseitigen. Neben den Pantahs wurde auch die begrenzte Produktion von Reihen-Zweizylindern fortgesetzt.

600SL 1981 **Unterschiede zur 500SL**	
Borhung (mm)	**80**
Hubraum (cm³)	**583**
Verdichtung	**10,4:1**
Leistung	**61 PS bei 9100/min**
Reifen hinten	**4.00x18**
Trockengewicht (kg)	**187**
Vmax (km/h)	**201**
Farben	**Schwarzer Rahmen, Silber (600SL)** **Weiß (500SL)**
Motornummer	**Ab DM600L 700001**
Rahmennummern	**Ab DM600SL 700001**
Stückzahlen	**1095 (600SL)** **1804 (500SL)** **172 (500SD)** **294 (350/500GTV)**

Abgesehen von der neuen Verkleidung und den Farben ähnelte die 600SL Pantah der 500SL.

1982

Zu den neuen Modellen in diesem Jahr gehörten die 900S2 und eine umstrittene Touring-Pantah, die 600TL. Die Produktion ging leicht zurück, auf 5665 Stück. Es war ein sehr erfolgreiches Jahr für die TT2. Walter Cussigh gewann die italienischen Formel-2-Juniorenmeisterschaft und Tony Rutter dominierte die TT-Formel-2-Weltmeisterschaft. Rutter gewann das TT-F2-Rennen auf der Isle of Man mit einem Schnitt von 108,50 mph, gefolgt von Siegen in Vila Real in Portugal und in Dunrod in Ulster. Eine offizielle Werks-750 erschien auch beim 24-Stunden-Langstreckenrennen Bol d'Or d'Italia in Imola im Mai, einem Vorläufer der TT1 für 1983.

Tony Rutter gewann '82 seine zweite Weltmeisterschaft auf der TT2.

600TT2

Der TT2 wurde 1982 und 1983 als Renner für Kunden angeboten, die 83er Version hier mit einem 16-Zoll-Vorderrad. *(Roy Kidney)*

Die 600TT2 wurde '82 und '83 in begrenzter Stückzahl hergestellt und setzte damit die Tradition der Produktion von hochspezialisierten Kundenrennmaschinen fort. Diese spektakulären Maschinen ähnelten Tony Rutters viermaligem TT2-Weltmeisterschaftssieger, wobei die Serienversion auch einen Motor mit polierter Kurbelwelle und polierten Pleuel besaß. Der kompakte Verlicchi-Rahmen mit freitragender Hinterradaufhängung wurde ebenfalls von den Werksmaschinen übernommen. Die zierliche TT2 verkörpert Taglionis Philosophie der maximalen Fahrleistungen durch geringes Gewicht und ist eine der schönsten Ducatis aus dem Portfolio. An der TT2 gab es nichts Überflüssiges, die Funktion bestimmte die Form jeder Komponente.

600TT2 1982–1983

Bohrung (mm)	**81**
Hub (mm)	**58**
Hubraum (cm³)	**597**
Verdichtung	**10,2:1**
Vergaser	**Dell'Orto PHF36A (1982)** **Dell'Orto-Malossi 41 mm (1983)**
Leistung	**76 PS bei 10500/min (1982)** **78 PS bei 10500/min (1983)**
Schaltung	**Fünfgang**
Fderung vorne	**35 mm Marzocchi-Magnesium-Gabel**
Federung hinten	**Marzocchi PVS 1 Cantilever**
Räder	**2.15x18 Zoll , 2.50x18 Zoll (1982)** **3.50x16 Zoll, 3.50x18 Zoll (1983)**
Bremse vorne (mm)	**Doppelscheibe, 280**
Bremse hinten (mm)	**Scheibe, 260**
Trückengewicht (kg)	**130**
Farben	**Roter rahmen, Rot und Gelb**
Stückzahl	**20 (1982)** **30 (1983)**

900S2, SD 1982

Unterschiede zur 900SS

Radstand (mm)	**1500 (900S2)**
Trockengewicht (kg)	**190 (900S2)**
Vmax (km/h)	**205 (900S2)**
Farben	**Schwarzer Rahmen, Brone (900S2) Blau, Burgundrot, Grau (900SD)**
Motornummern (900S2 Kickstarter)	**Ab DM860 095000 (ungefähr).**
Motornummern (900S2 E-Starter)	**Ab DM860 907000 (ungefähr).**
Rahmennummern 900S2	**Ab DM860SS 092001 (ungefähr).**
Stückzahl	**649 (900S2) 317 (900SD) 1549 (900MHR) 335 (900SS)**

OBEN RECHTS: Die 900S2 war ein Versuch, die besten Eigenschaften der SS und der Darmah zu kombinieren.

RECHTS: Die 82er Darmah zeichnete sich durch neue Farben aus, aber sie war den vorherigen Versionen immer noch sehr ähnlich.

UNTEN RECHTS: Die 600TL litt unter unglücklichem Design und verkaufte sich nicht gut.

900S2, 900MHR, 900SS, 900SD

Die 900SS wurde noch ein weiteres Jahr gebaut, aber im Laufe des Jahres 1982 wurde sie nach und nach durch die 900S2 ersetzt. Die S2 war in erster Linie eine Design-Variante, aber auch ein Versuch, die Attraktivität durch die Einführung eines E-Starters zu erhöhen. Der Rahmen der S2 war eine Mischung aus der SS und der Darmah, die Verkleidung stammte von der 600SL Pantah, während die Elektrik, die Schalter und die Instrumente von der 900MHR kamen. Die 900SD Darmah erhielt neue Farben und Grafiken.

600TL 1982

Unterschiede zur 600SL

Leistung	**58 PS bei 8700/min**
Trockengewicht (kg)	**177**
Vmax (km/h)	**183**
Farben	**Schwarzer Rahmen, Weiß**
Motornummern	**Ab DM 600L 650001**
Rahmennummern	**Ab DM600TL 060001**
Stückzahl	**288 (600TL) 1350 (600SL) 408 (500SL)**

600TL, 600SL, 500SL Pantah

Gelegentlich bringt Ducati ein Modell auf den Markt, bei der die Funktion der Form folgt, und eines davon war die 600TL. Das Styling war extrem, aber darunter steckte ein zuverlässiges und potentes Motorrad. Der Grundmotor und das Fahrwerk wurden mit der sportlichen 600SL geteilt. Zu den charakteristischen Merkmalen gehörten ein rechteckiger Carello-Scheinwerfer, eine kleine Lenkerverkleidung und kleinere Bremssättel vorne. Im Laufe des Jahres erhielt die 600SL eine neue Seilzugkupplung und MHR-Farben.

350XL

Die 350 XL, die speziell für den italienischen Markt und die dortige Steuergrenze von 350 cm³ gefertigt wurde, entstand aus Lager-Teilen. Sie war nicht mehr als eine verkleinerte 500SL mit 600TL-Verkleidung und einem höheren Lenker.

1983

Die Lage in Borgo Panigale war 1983 düster. Obwohl in diesem Jahr 3909 Motorräder hergestellt wurden, wollte die VM-Gruppe die Produktion einstellen und nahm Verhandlungen mit Cagiva in Varese auf, um Motoren für Cagiva-Motorräder zu liefern. Da dies ein langsamer und langwieriger Prozess war, wurde die bestehende Produktpalette im Wesentlichen beibehalten, wobei später im Jahr eine neue 900MHR mit E-Starter eingeführt wurde. Tony Rutter gewann erneut die TT2-Weltmeisterschaft, wobei die erfolgreiche TT2 in diesem Jahr auch zu einer 750-cm³-TT1 wurde. Rutter wurde Dritter beim Battle of the Twins in Daytona auf einer 750er. Im Juli gewann Benjamin Grau, Enrique de Juan und Luis Reyesmit einer Werks-TT1 im Montjuïc-Park das 24-Stunden-Rennen, das nicht zur Weltmeisterschaft zählte.

900MHR, 900S2

In diesem Jahr gesellte sich zu der bestehenden Kickstarter-Version eine 900MHR mit E-Starter, die mit neuen äußeren Motorabdeckungen und einer Trockenkupplung ausgestattet war. Der Rahmen stammte von der 900S2, begleitet von neuen Seitendeckeln, einer höheren Verkleidung und Oscam-Rädern. Die 900S2 wurde in diesem Jahr mit einem optisch fragwürdigen Bugspoiler angeboten.

Die 600SL war 1982 in den MHR-Farben erhältlich.

Die 350XL, ein hauptsächlich für den italienischen Markt entwickeltes Modell, war attraktiver als die TL.

350XL
Unterschiede zur 500SL

Bohrung (mm)	**66**
Hub (mm)	**51**
Hubraum (cm³)	**349**
Verdichtung	**10,3:1**
Vergaser	**Dell'Orto PHF30 A**
Leistung	**40 PS bei 9600/min**
Trockengewicht (kg)	**177**
Vmax (km/h)	**170**
Farben	**Schwarzer Rahmen, Rot und Schwarz**
Motornummern	**Ab DM350L 030001**
Rahmennummern	**Ab DM350XL 300001**
Stückzahlen	**749**

OBEN: Tony Rutter gewann 1983 seine dritte TT2-Weltmeisterschaft.

RECHTS: Die elektrisch gestartete 900MHR erhielt neue Motordeckel.

UNTEN RECHTS: Die 900S2 wurde mit dem älteren Motor weiter gebaut.

650SL, 600SL, 500SL, 600TL Pantah

Die letzte sportliche Pantah vor der Einführung der 750F1 war wohl die beste und sicherlich eine der seltensten. Die 650SL wurde entwickelt, um einen längeren Hub für die Rennmaschine 750TT1 zu homologieren und erhielt auch eine moderate Vergrößerung der Bohrung. Das Fahrwerk und die Karosserie waren fast identisch mit der 600SL von 1983, jetzt mit Oscam-Rädern und großen rechteckigen CEV-Blinkern und -Rückleuchte. Spezifisch für die 650 waren neue Instrumente. Obwohl es die 650SL nicht lange gab, war er die beste Pantah. Der 650er Motor lebte auch in der Alazzurra weiter. Wie die 600SL erhielt auch der 600TL in diesem Jahr Oscam-Räder, während die 500SL in ihrem letzten Jahr unverändert blieb.

350SL, 350TL, 350XL

Neben der 350XL wurden '83 auch die 350TL und die 350SL eingeführt. Die 350TL war vordergründig eine kleinere 600TL, während die 350SL, abgesehen von silberfarbenen FPS-Rädern und kleineren Bremssätteln, der roten 600SL ähnelte.

900MHR, S2 1983
Unterschiede zu 1982

Verdichtung	**9,3:1**
Leistung	**72 PS bei 7000/min**
Radstand (mm)	**1500 (MHR)**
Trockengewicht (kg)	**212,5 (MHR)**
Vmax (km/h)	**222 (MHR)**
Farben	**Roter Rahmen, Schwarz (900S2)**
Motornummern (900MHR E-Starter)	**Ab DM860 907800**
Rahmennummern (900MHR E-Starter)	**Ab DM900R1 905002**
Stückzahlen	**1467 (900MHR) 382 (900S2)**

Die schönste und auffälligste Pantah war die kurzlebige 650SL.

650SL 1983
Unterschiede zur 600SL

Borhung (mm)	**82**
Hub (mm)	**61,5**
Hubraum (cm³)	**649**
Verdichtung	**10:1**
Leistung	**63 PS bei 8500/min**
Trockengewicht (kg)	**180**
Farben	**Roter Rahmen, Rot und Gelb**
Motornummern	**Ab DM650L 610001**
Rahmennummern	**Ab DM650SL 065001**
Stückzahlen	**288 (650SL) 551 (600SL) 513 (600TL)**

Ein weiteres Modell, das hauptsächlich für den italienischen Markt produziert wurde, war die 350SL.

350SL, XL, TL 1983
Unterschiede zu 1982

Trockengewicht (kg)	**176 (SL)**
Vmax (km/h)	**180 (SL)**
Farben	**Rot (TL), roter Rahmen, Rot (SL)**
Stückzahl	**677 (XL,TL, SL)**

1984

Gemäß der Vereinbarung mit Cagiva sollte die Produktion von Ducati-Motorrädern Ende 1984 eingestellt werden, aber da die Verhandlungen nur langsam vorankamen, gewährte VM Ducati einen Aufschub für ein weiteres Jahr. Die meisten Pantah-Motoren waren für Cagiva in Varese bestimmt und die Produktion ging auf nur 1765 Stück zurück. Trotz der Schwierigkeiten gelang es Ducati, die nächste Generation des Königswellenmotors, die Mille, einzuführen und die TT1 750 zu entwickeln. Tony Rutter gewann seine vierte TT2-Weltmeisterschaft in Folge.

Diese Kunden-TT1 gewann 1984 beim 24-Stunden-Rennen von Barcelona.

750 TT1 1984 **Unterschiede zur TT2**	
Bohrung (mm)	**88**
Hub (mm)	**61,5**
Hubraum (cm³)	**748**
Leistung	**80 PS**
Farben	**Roter Rahmen, Rot und Blau**

RECHTS: 1984 war nur eine kleine Anzahl von TT1 verfügbar.

UNTEN: Die 84er Werksmaschinen hatten eine steigende Hinterradaufhängung. Das ist Walter Villa bei der Bol d'Or '84 in Paul Ricard.

750 TT1

Für 1984 war ein Kit erhältlich, mit dem die TT2 in eine 750er verwandelt werden konnte, bevor eine begrenzte Anzahl von TT1-Repliken auf den Markt kam. Als die TT1 schließlich produziert wurde, handelte es sich vordergründig um die frühere TT2 mit einem 748-cm³-Motor. Der Verlicchi-Rahmen basierte auf der 84er TT1 von Tony Rutter, war aber mit einer breiteren Aluminium-Auslegerschwinge ausgestattet, um breitere Räder und eine Schnellwechselrad- und -bremseinheit im Endurance-Stil unterzubringen. Obwohl nicht so exotisch wie die Werksrenner, fuhren Grau, Garriga und Reyes mit der Nummer 24 (von fünfundzwanzig) zum Sieg beim 24-Stunden-Rennen von Barcelona 1984.

Die Mille S2 hatte den gleichen Mille MHR-Motor. Die äußeren Abdeckungen waren ähnlich wie bei der späteren 900MHR.

Mille Mike-Hailwood-Replik, Mille S2, 900MHR, 900S2

Der letzte Königswellen-Zweizylinder, die Mille, kam 1984 auf den Markt. Mit der letzten 900MHR hatte sie die Trockenkupplung und die äußeren Motorabdeckungen gemeinsam, aber die Mille wies viele Neuerungen auf, darunter eine größere Bohrung und einen längeren Hub, größere Einlassventile und eine geschmiedete, einteilige Kurbelwelle. Das Fahrwerk und die Karosserie der Mille MHR und S2 waren fast identisch mit der 900MHR und 900S2 von '83 und '84. Die relativ seltene Mille war die finale Weiterentwicklung der klassischen Königswellen-Twin. Neben der Mille MHR und S2 wurden auch die 900MHR und S2 in unveränderter Konfiguration weitergebaut. 1984 wurden nur wenige 600er Pantahs hergestellt und der Parallel-Twin wurde eingestellt.

MILLE MHR, MILLE S2
Unterschiede zur 900MHR und S2

Bohrung (mm)	**88**
Hub (mm)	**78**
Hubraum (cm³)	**973**
Leistung	**76 PS bei 6700/min**
Trockengewicht (kg)	**198**
Vmax (km/h)	**222**
Farben	**Roter rahmen, Rot, Weiß und Grün (MHR) Roter Rahmen, Schwarz (S2)**
Motornummern	**Ab ZDM1000 100001 Ab ZDM1000 100700 (S2) (ungefähr)**
Rahmennummern	**Ab ZDM1000R 100001 Ab ZDM1000S2 100001 (einige frühr S2s hatten 1000R Rahmen)**
Stückzahlen	**662 (Mille MHR) 71 (Mille S2) 795 (900MHR) 205 (900S2) 32 (600SL)**

Die Mille MHR sah der 1983/1984 gebauten 900er mit E-Starter sehr ähnlich, aber der Motor war komplett unterschiedlich.

KAPITEL 6

DIE ÄRA CAGIVA

DIE PASO, 851 UND 888, 1986–1993

Marco Lucchinelli mit Taglioni und Mechaniker Pedretti nach dem Sieg beim »Battle of the Twins«-Rennen in Daytona '86.

Virginio Ferrari gewann 1985 die italienische F1-Meisterschaft auf der Werks-750er.

Für Ducati begann mit der Geschäftsübergabe von der EFIM-Gruppe zu Cagiva in Varese eine neue Ära. Cagiva, im Besitz der Gebrüder Castiglioni, leitete sofort einen Richtungswechsel ein und legte den Schwerpunkt darauf, Ducatis Attraktivität zu erhöhen. Cagiva bemühte sich auch, die Produktion rentabler zu machen und initiierte ein Programm zur Entwicklung neuer Modelle, das in den frühen 1980er Jahren weitgehend gefehlt hatte.

1985

Während der Übergangszeit entwickelte Cagiva die neue Generation der Paso und Ducati setzte die Produktion der Mille-Königswellen-Twins fort, wenn auch in geringerem Umfang. In diesem Jahr wurde auch die lang erwartete Rennversion der 750F1 vorgestellt. Während die Motorradproduktion in Borgo Panigale mit nur 1924 hergestellten Motorrädern (einschließlich 999 in Varese gebauter Cagiva Alazzurras) sehr niedrig blieb, unterstützte Cagiva den Rennsport stärker. Dazu gehörten Werkseinsätze in der Langstrecken-Weltmeisterschaft und in der italienischen F1-Serie. Virginio Ferrari gewann die F1-Meisterschaft vor Marco Lucchinelli und TT1-Maschinen belegten die ersten sieben Plätze. Neben den wenigen hundert F1 in diesem Jahr blieben die Mille MHR und S2 unverändert.

750F1

Da die Werks-TT2 weiterhin Weltmeisterschaften gewann, war es unausweichlich, dass sie schließlich als Straßenmodell in Serie gehen würde. Leider verzögerte sich die Fertigung aufgrund ernsthafter wirtschaftlicher Probleme in den frühen 80er-Jahren, weshalb sie erst 1985 als 750F1 auf den Markt kam. Fast zu spät, da sie zeitgleich mit dem Verkauf von Ducati an Cagiva erschien. Eine der ersten Maßnahmen von Cagiva bestand darin, die Produktion der traditionellen Ducatis (wie der F1) zu reduzieren und sich auf zweifelhaftere Modelle (wie die Paso) zu konzentrieren. Die F1 stellt somit das Ende der Vor-Cagiva-Ära dar.

Das schwarze F1-Aggregat ähnelte dem Pantah-Motor, versehen mit einer hydraulischen Kupplung und einem unter dem Scheinwerfer montierten Ölkühler. Die Vergaseranlage war die gleiche wie bei der 650SL, aber der F1-Rahmen bot keinen Platz für einen Luftfilter und der Auspuff war ein schwarz-verchromter Conti-Doppelendtopf. Der Rahmen ähnelte der TT2, wurde aber modifiziert für die Zahnriemenabdeckungen, den Hauptständer und eine Aufnahme der Batterie. Der Aluminiumtank entsprach dem der TT2, die Instrumente und die elektrische Anlage stammten von der Mille MHR. Obwohl sie keine außergewöhnliche Motorleistung bot, war die 750F1 ein lobenswert leichtes und kompaktes Motorrad.

RECHTS: Die 750F1 ging schließlich 1985 in Produktion, noch mit der früheren Giugiaro-Grafik.

UNTEN RECHTS: Der Rahmen der 750F1 basierte auf der Renn-TT2.

750F1 1985
Unterschiede zur 650SL

Bohrung (mm)	**88**
Hubraum (cm³)	**748**
Verdichtung	**9,3:1**
Federung vorne	**38 mm Marzocchi-Gabel**
Federung hinten	**Cantilever-Schwinge mit Marzocchi PVS4-Federbein**
Bremse vorne (mm)	**Doppelscheibe, 280**
Räder	**MT2.50x16 Zoll und MT 3.00x18 Zoll**
Reifen	**120/80V16, 130/80V18**
Radtsnad (mm)	**1400**
Trockengewicht (kg)	**175**
Vmax (km/h)	**200**
Farben	**Roter Rahmen, Rot, Weiß und Grün**
Motornummern	**7500001–7500594**
Rahmennummern	**ZDM750R 7500001–7500594**
Stückzahlen	**625 (750F1) 299 (Mille MHR and S2)**

1986

Cagiva machte gleich klar, dass man die Attraktivität von Ducati erhöhen wollte. Zunächst 1985 mit der 650 Alazzurra, gefolgt von der Indiana Cruiser und der radikalen Paso im Jahr 1986. Die Paso war das erste völlig neue Modell von Cagiva und bedeutete für Ducati eine bedeutende Veränderung. Sie sollte benutzerfreundlicher, einfach zu warten und ein ausgewogenes Motorrad sein. Das Konzept war zwar gut, aber die Ausführung ließ zu wünschen übrig. Und als erste Ducati mit vollständig abgedecktem Motor war sie fast zu radikal. Auch wenn sie von den traditionellen Ducati-Liebhabern kritisiert wurde, war die Paso ein wichtiger Schritt nach vorn. Sie leitete auch eine Steigerung der Produktion ein, die im Laufe des Jahres 1986 auf 5979 Stück anstieg.

Die Castiglioni-Brüder setzten sich auch für die Ausweitung des Rennprogramms ein und so stellte Ducati ein Team von fünf Werksmaschinen in Daytona. Lucchinelli fuhr auf einer experimentellen 851-cm³-TT1 zum Sieg im »Battle of the Twins«-Rennen. Es folgten ein Sieg beim TT-Formel-1-Weltmeisterschaftslauf in Misano und ein Triumph beim BOTT-Rennen in Laguna Seca. Doch obwohl dieser Erfolg mit der in die Jahre gekommenen Pantah

Die erste Desmoquattro war die 748 IE, hier beim Bol d'Or 1986 in Paul Ricard.

ermutigend war, sah Cagiva die Zukunft im Superbike-Rennsport. Deshalb genehmigte man die Entwicklung eines hochmodernen Triebwerks. Massimo Bordi wurde mit der Konstruktion eines Vierventil-Desmo-Motors mit doppelter obenliegender Nockenwelle und elektronischer Weber-Marelli-Kraftstoffeinspritzung betraut. Mit modifizierten Pantah-Kurbelgehäusen wurde der 748-cm³-Prototyp im September '86 beim 24-Stunden-Rennen Bol d'Or eingesetzt. Die 94 PS starke 748er, die von Marco Lucchinelli, Juan Garriga und Virginio Ferrari gefahren wurde, lag nach dreizehn Stunden auf dem siebten Platz, bevor sie mit gebrochener Pleuelschraube ausschied.

750 Paso

Entworfen von Massimo Tamburini, einem der größten Motorraddesigner, wurde der Name Paso von dem italienischen Rennfahrer Renzo Pasolini abgeleitet, der 1973 in Monza ums Leben kam. Pasolini war lange mit Aermacchi verbunden, einer Firma, die 1978 von Cagiva übernommen wurde. Auf der Basis des 86er 750F1-Motors wurde die 750 Paso mit einer Reihe bedeutender Neuerungen ausgestattet, insbesondere mit einem gedrehten hinteren Zylinderkopf, der den Einbau eines Weber-Doppelvergasers aus dem Automobilbau ermöglichte. Aufgrund der erhöhten Wärmeentwicklung durch das hintere Auslassventil umfasste das Ölkühlsystem der Paso zwei Ölkühler.

Auch in Bezug auf Fahrwerk und Chassis unterschied sich die Paso von früheren Ducatis. Der Stahlrahmen mit Kastenprofil war in traditioneller Doppelrohrrahmenbauweise

750 PASO 1986
Unterschiede zur 750F1

Vergaser	**Weber 44 DCNF**
Leistung	**72,5 PS bei 7900/min**
Federung vorne	**42 mm Marzocchi M1R-Gabel**
Federung hinten	**Progessive Schwinge, Federbein**
Bremse hinten (mm)	**Scheibe, 270**
Räder	**3.75x16 Zoll, 5.00x16 Zoll**
Reifen	**130/60x16, 160/60x16**
Radstand (mm)	**1450**
Trockengewicht (kg)	**195**
Vmax (km/h)	**210**
Farben	**Rot, Weiß, Blau**
Motornummern	**Ab ZDM750 LP 750001**
Rahmennummern	**Ab ZDM750 P 750001**
Stückzahl	**1025**

OBEN: Mit ihrer vollverkleideten Karosserie war die 750 Paso völlig anders als jede andere Ducati und die Fans mussten sich erst an die Optik gewöhnen.

UNTEN: Die 750F1 wurde '86 leicht überarbeitet und verbessert.

ausgeführt und wies einen viel steileren Lenkkopfwinkel auf, als für eine Ducati üblich (25°). Das zentrale Federbein wurde über drei Umlenkhebel betätigt. Dieses Soft-Damp-System war wesentlich ausgeklügelter und effektiver als das F1-Monoshock. Zum Design des Paso gehörten die 16-Zoll-Oscam-Räder mit Radialreifen und eine geschlossene Kunststoffverkleidung mit einer undurchsichtigen Front und integrierten Spiegeln.

750F1

1986 wurde eine aktualisierte 750F1 produziert, die einige der Mängel des Vorjahres beseitigte. Die Motoren erhielten stärkere Kurbelgehäuse, Kurbelwellen und Getriebe, sowie größere Ventile und Nockenwellen mit größerem Hub. Zu den aktualisierten Instrumenten gehörten weiße Veglias und das Heck wurde neu gestaltet, während vorne eine verbesserte Forcella-Italia-Gabel (früher Ceriani) zum Einsatz kam. Ende 1986 wurde die letzte Charge der 750F1 gebaut. Die Karosserie wurde unter anderem mit einem zweiteiligen Montjuïc-Kotflügel, einem Doppelsitz mit Haltegriffen und einer austauschbaren Solositzverkleidung aktualisiert.

750F1 Montjuïc

Obwohl Cagiva die bestehende Modellpalette ersetzen wollte, brachte das Unternehmen 1986 die 750F1 Montjuïc in limitierter Auflage heraus. Dieses beeindruckende Motorrad war der Nachbau einer Rennmaschine mit Slicks, ohne Blinker und mit einem lauten Verlicchi-Auspuff. Benannt nach einem der Lieblingsrennstrecken von Ducati, dem Montjuïc Park in Barcelona, war die Montjuïc eine Weiterentwicklung der

750F1 1986 **Unterschiede zu 1985**	
Verdichtung	**10:1**
Leistung	**75 PS bei 9000/min**
Federung vorne	**40 mm Forcella Italia-Gabel**
Motornummern	**Ab 7500595**
Rahmennummern	**Ab ZDM750R 7500595**
Stückzahlen	**1177**

Die zweite Serie (1986) der 750F1 hatte einen Doppelsitz.

750F1. Der Motor verfügte über ein neues Kurbelgehäuse, eine entlüftete Trockenkupplung, größere Einlasskanäle, deutlich »schärfere« Nockenwellen und größere Vergaser.

Bis auf die Aluminiumschwinge war der Rahmen derselbe wie bei der F1. Die Marvic/Akront-Räder bestanden aus polierten Aluminiumfelgen und drei Magnesiumspeichen, die viel leichter als die Oscams der F1 waren. Die vorderen Bremsen wurden erheblich verbessert und mit Vierkolben-Rennbremssätteln der Brembo -Gold-Serie ausgestattet.

Jede Montjuïc war eine laute, kompromisslose Maschine mit einer nummerierten Plakette am Tank. Obwohl sie effektiver hätten sein können, wenn sie enger mit den Werks-TT1-Rennern von '84 und '85 verwandt gewesen wären (mit progessiver Hinterradaufhängung), sind sie trotzdem wunderschön und äußerst begehrenswert. In jeder Hinsicht war die Montjuïc ein wesentlich schnelleres und effektiveres Sportmotorrad als eine serienmäßige 750F1.

Eine der spektakulärsten Serien-Ducatis der 1980er Jahre: die 750F1 Montjuïc.

750F1 MONTJUÏC 1986
Unterschiede zur 750F1

Vergaser	**Dell'Orto PHM40N**
Leistung	**95 PS bei 10000/min**
Federung vorne	**40 mm Forcella Italia-Gabel**
Räder	**3.50x16 Zoll, 4.25x16 Zoll**
Reifen	**12/60-16, 18/67-16**
Trockengewicht (kg)	**155**
Farben	**Roter Rahmen, Rot und Silber**
Motornummern	**Ab 7500595**
Rahmennummern	**ZDM750M 001–200**
Stückzahl	**200**

350/400F3 1986 **Unterschiede zur 750F1**	
Bohrung (mm)	**66 (70,5)**
Hub (mm)	**51**
Hubraum (cm³)	**349 (398)**
Verdichtung	**10,3:1 (10,4:1)**
Vergaser	**Dell'Orto PHF30M**
Leistung	**42 PS bei 9700/min**
Federung vorne	**35 mm Marzocchi-Gabel**
Bremse vorne (mm)	**Doppelscheibe, 260**
Reifen	**100/90x18, 120/80x18**
Trockengewicht (kg)	**180**
Vmax (km/h)	**175**
Farben	**Roter Rahmen, Rot und Weiß**
Motor- und Rahmennummern	**Ab DM350L 034001 Ab DM350R 350001**
Stückzahl	**976**

Die 350F3 war eine verkleinerte 750F1 und hauptsächlich für den italienischen Markt bestimmt.

350/400F3

1986 entstanden auch eine 350 und eine 400F3, hauptsächlich für den italienischen und japanischen Markt. Der Motor entsprach der 350SL, während der Rahmen mit dem der 750F1 geteilt wurde. Der größte Unterschied zwischen der 750er und ihren kleineren Schwestern bestand in den Bremsen und der Aufhängung. Die 350/400er hatten eine nicht justierbare Marzocchi-Gabel und kleinere Bremsen vorne.

350, 650, 750 Indiana

Cagiva trug viel dazu bei, das Erbe und die Zukunft von Ducati zu bewahren, war aber auch für einige zweifelhafte Modelle verantwortlich, insbesondere die Indiana Cruiser. Wie die Americano war auch die Indiana ein Versuch, den US-Markt zu erobern. In Konzeption und Anwendung völlig fehlgele tet, wurde sie durch die extrem schlechte Verarbeitungsqualität verteufelt. Drei Motorgrößen waren erhältlich, die meisten trugen den 650-cm³-Basismotor der Alazzurra, aber ausgestattet mit Fünfganggetriebe und Bing-Vergasern. Die 350er wurde für den italienischen Markt gebaut und die 750er teilte sich den Grundmotor mit der Paso. Die Motordeckel der Indiana, einschließlich des Kupplungsdeckels und der Zahnriemenabdeckungen, waren verchromt und sehr korrosionsanfällig.

Trotz der üblichen Ducati-Stoßdämpferanordnung hinten war der Stahlrahmen aus Vierkantrohr ähnlich wie bei der Paso, die Aluminium-Gussschwinge war als Kastenprofil ausgeführt. Wie der Paso hatte auch der Indiana-Motor einen gedrehten hinteren Zylinderkopf. Die Indiana war nur kurz im Portfolio und gehörte nicht zu den denkwürdigen Modellen von Ducati. Cagiva war für einige der besten Ducatis aller Zeiten verantwortlich, aber auch für einige der schrecklichsten, wobei die Indiana eindeutig in die letztere Kategorie fällt.

1987

Eine Priorität für 1986 war die Einführung der 750 Paso und der Indiana, die 1987 nur geringfügigen Änderungen erhielten. Leider war keine von beiden so erfolgreich wie erwartet, und die Produktion ging auf 4317 Stück zurück. Während die 750F1 nun fertiggestellt war, wurde eine neue Limited-Edition Laguna-Seca-Serie angeboten. Viel passierte 1987 nicht, denn es war ein Entwicklungsjahr, in dem mehrere neue Modelle für 1988 geplant wurden.

OBEN: Marco Lucchinelli fuhr mit dem 851-Prototyp zu einem leichten Sieg beim Daytona BOTT Rennen 1987.

UNTEN: Die erste 851 war ein Alptraum für Mechaniker: kompliziert, aber effektiv.

Nach seiner kurzen Vorstellung im September '86 wuchs der neue Renn-Vierventiler für 1987 auf 851 cm³ an. Ein neues Kurbelgehäuse ermöglichte den Einbau eines Sechsganggetriebes und die weitere Entwicklung führte zu einer Leistungssteigerung auf 120 PS bei 11.500/min. Im März '87 nahm die 851er am Daytona »Battle of the Twins« teil. Lucchinelli gewann mit einem Schnitt von 165,44 mph.

350, 650, 750 INDIANA 1986

Unterschiede zur Pantah

Bohrung (mm)	**66 (350) 82 (650) 88 (750)**
Hub (mm)	**51 (350) 61,5 (650 und 750)**
Hubraum (cm³)	**649, 349, 748**
Verdichtung	**10:1**
Vergaser	**Dell'Orto PHF30DD (350) Bing 64-32 (650, 750)**
Leistung	**38 PS bei 9250/min (350) 53 PS bei 7000/min (650) 53,6 PS bei 7000/min (750)**
Federung vorne	**40 mm Marzocchi-Gabel**
Bremse vorne (mm)	**Scheibe, 260**
Bremse hinten (mm)	**Scheibe, 280**
Räder	**2.50x18 Zoll, 3.50x15 Zoll**
Reifen	**110/90x18, 140/90x15**
Radstand (mm)	**1530**
Trockengewicht (kg)	**180**
Farben	**Schwarz, Rot, Violett (350) Schwarz, Blau (650) Scharz, Silber (750)**
Rahmennummern	**Ab ZDM350C 350001 (350) Ab ZDM650C 650001 (650) Ab ZDM750C 750001 (750)**
Sückzahlen 1986	**1814 (Indiana) 250 (Mille MHR)**

750F1 LAGUNA SECA 1987

Unterschiede zur Montjuïc

Bremse hinten (mm)	**270 (Laguna Seca)**
Räder	**3.75x16 Zoll, 5.00x16 Zoll**
Reifen	**130/60x16, 160/60x16**
Rahmennummern	**Ab ZDM750LS 750001**
Stückzahl	**296 (Laguna Seca)**
Andere Stückzahlen 1987	**94 (400F3)** **438 (Indiana)** **3278 (750 Paso)**

OBEN: Die zweite Serie der Limited-Edition 750F1 war die Laguna Seca.

750F1 Laguna Seca

Marco Lucchinellis Erfolg beim »Battle of the Twins« in Laguna Seca 1986 veranlasste Ducati, die nächste Serie der limitierten 750F1 »Laguna Seca« zu nennen. Jede Laguna Seca wurde mit dem Autogramm von Marco Lucchinelli auf dem Benzintank versehen. Vodergründig war der Motor identisch mit dem der Montjuïc, aber um die Geräuschentwicklung zu reduzieren, enthielt der Auspuff einen größeren Dämpfer und eine vernietete Aluminiumabdeckung. Die US-Versionen bekamen einen Conti-Schalldämpfer, ähnlich dem der 750F1 von 1986.

Der Rahmen ähnelte dem der Montjuïc, die Oscam-Räder und Bremsscheiben wurden mit der 750 Paso geteilt. Bei den vorderen Bremssätteln handelte es sich um die der Vier-Kolben-Brembo-Rennbremse der Montjuïc, aber die Paso-Räder und -Scheiben gingen zu Lasten von Fahrleistung und Handling. Während die meisten Laguna Secas mit einem Solositz ausgestattet waren, wurden einige auch mit einem Doppelsitzbank produziert.

OBEN: Obwohl unzuverlässig, war Lucchinellis 88er Werks-888 schnell und hätte die Superbike-Weltmeisterschaft gewinnen können, wäre Ducati bei allen Rennen angetreten.

UNTEN: Marco Lucchinelli '88 auf der 888 in Sugo, Japan. Er konnte nur den zwölften Platz erreichen.

1988

Mit dem Erscheinen der serienmäßigen 851 Desmoquattro begann für Ducati die moderne Zeitrechnung. Die Desmoquattro war nicht mehr durch veraltete Konstruktionsparameter belastet, sondern stand an der Spitze der aktuellen Technologie, was zu einer Ära der Dominanz auf den Rennstrecken führte. Vor der 851er Ducati waren bedeutende Rennsiege nur sporadisch zu verzeichnen, doch als die Macken der Desmoquattro beseitigt waren, wurde sie zum erfolgreichsten Ducati-Rennmotorrad überhaupt. Neben der neuen 851 gab es eine größere, wassergekühlte Paso und eine neue 750 Sport, während die wenigen unverkauften US 750F1 eine neue, straßentaugliche Auspuffanlage erhielten. Der Importeur (Cagiva/North America, Glendale, CA) nannte sie 750F1S. Es entstand auch eine Serie von Sechsgang-400F3 für den japanischen Markt, aber die Motorradproduktion ging auf 3950 Stück zurück.

Mit der Einführung der Superbike-Weltmeisterschaft bot sich Ducati die perfekte Plattform für die neue 851 und Lucchinelli gewann gleich das erste Superbike-WM-Rennen in Donington. Leider führten Probleme mit der Elektrik und der Kurbelwelle zu einer Reihe von Ausfällen, aber am Ende der Saison leistete die 162 Kilogramm schwere 851 (nun mit 888 cm³ Hubraum) 122 PS bei 11.000/min.

Der erste Serien-Desmoquattro war 1988 die 851 Strada. Die Spiegel waren wie bei der Paso in die Verkleidung integriert und sie trug 16 Zoll-Räder.

Die 851 Superbike Kit wurde gebaut, um die 851 für Superbike-Rennen zu homologieren. Zur Standardausrüstung gehörten Rennreifen und -bremsen sowie Scheinwerfer und Rücklicht.

851 Strada und Superbike-Kit 1988

1988 wurde nur eine kleine Anzahl von 851ern produziert, und zwar die 851 Strada und die 851 Superbike Kit. Die Superbike Kit war ein Homologationsmodell für die World-Superbike-Rennen. Der Motor war bei beiden recht ähnlich und verfügte über das gleiche Weber-Einspritzsystem mit zwei Einspritzdüsen pro Zylinder. Die 851er waren deutlich stärker als die luftgekühlten 750er und 900er, aber die Leistung dieser frühen Modelle war noch recht konservativ.

Der Stahlrohrrahmen wurde von der F1 abgeleitet, jedoch mit einer Aluschwinge und einer progressiven Hinterradaufhängung, ähnlich wie bei der Paso. Die Räder der Strada waren die 16-Zoll-Composite von Marvic/Akront, die man von der Montjuïc kannte, während die 17-Zoll-Marvic-Räder der Superbike Kit aus Magnesium bestanden. Darauf spannten sich Michelin-Slickst, die Superbike Kit verfügte weiterhin über einen E-Starter und Licht.

Da es sich um eine Kleinserie handelte, wurden bei der ersten Serie viele Komponenten von Hand gefertigt, unter anderem der 20-Liter-Aluminiumtank. Auch das Design fogte dem üblichen evolutionären Ducati-Stil und war das Ergebnis der Zusammenarbeit zwischen Franco Bilancioni und Franco Farnè. Leider war die 88er 851 Strada trotz der hohen Qualität ein fehlerhaftes Motorrad, da die 16-Zoll-Räder für eigenwilliges Lenkverhalten und Handling sorgten. Die Superbike Kit war außerdem zu schwer und zu langsam, um ein konkurrenzfähiger Superbike-Renner zu sein.

851 STRADA, SUPERBIKE KIT 1988

Motor	**Wassergekühlter V2-Viertakter**
Bohrung (mm)	**92**
Hub (mm)	**64**
Hubraum (cm³)	**851**
Verdichtung	**10,2:1 (10,6:1, Kit)**
Ventilsteuerung	**Riemen, Desmodromik, doppelte obenliegende Nockenwellen, Vierventiler**
Einspritzung	**Weber I.A.W. CPU P7**
Leistung	**102 PS bei 9000/min 120 PS bei 10,000/min (Kit)**
Schaltung	**Sechsgang**
Federung vorne	**42 mm Marzocchi M1R-Gabel**
Federung hinten	**Progessive Schwinge, Federbein**
Bremse vorne (mm)	**Doppelscheibe, 280**
Bremse hinten (mm)	**Scheibe, 260**
Reifen	**130/60x16, 160/60x16 12/60x17, 18/67x17 (Kit)**
Radstand (mm)	**1460**
Trockengewicht (kg)	**185 (165, Kit)**
Farben	**Rahmen Silber; Rot, Weiß, Grün**
Stückzahl	**518**

Alle Santamonicas waren zweisitzig, Räder und Bremsen steuerte die Montjuïc bei und nicht die Laguna Seca.

750 SANTAMONICA 1988
Unterschiede zur Montjuïc und zur Laguna Seca

Farben	**Roter Rahmen, Rot und Weiß**
Rahmennummern	**Ab ZDM750LS 750303**
Stückzahlen	**204 (Santamonica 1987) 300 (400F3)**

750F1 Santamonica

Die letzte Serie der limitierten 750F1, die gegen Ende 1987 gebaut und als 1988er Modelljahr verkauft wurde, war die Santamonica. Benannt nach dem Autodromo Santamonica in Misano, wo Lucchinelli 1986 den ersten Lauf der TT-Formel-1-Weltmeisterschaft gewann. Die Santamonica wurde in erster Linie für Japan gebaut, der damals wichtigste Markt für Ducati. Der Motor war identisch mit dem der Laguna Seca, aber die die Marvic/Akront-Räder kannte man von der Montjuïc und 851 Strada. Alle Santamonicas waren doppelsitzig und alle drei 750F1-Limited-Edition-Serien gehörten zu den besten Ducatis der 80er-Jahre.

906 PASO 1988
Unterschiede zur 750 Paso

Motor	**Wassergekühlter V2-Viertakter**
Bohrung (mm)	**92**
Hub (mm)	**68**
Hubraum (cm³)	**904**
Verdichtung	**9,2:1**
Leistung	**88 PS bei 8000/min**
Schaltung	**Sechsgang**
Trockengewicht (kg)	**205**
Vmax (km/h)	**225**
Farben	**Rot, Blau, Schwarz**
Motornummern	**Ab ZDM904SC 000001**
Rahmennummern	**Ab ZDM906 PC 000001**
Stückzahlen	**1302 (906) 560 (750 Paso)**

Die Evolution des 750 Paso wurde mit dem wassergekühlten 906 Paso fortgesetzt. Das Fahrgestell war ähnlich wie zuvor.

906 Paso

Die Evolution der 750 Paso wurde mit der 906 fortgesetzt. Der wassergekühlte 906 basierte auf dem neuen 851-Motor mit großem Kurbelgehäuse, aber mit zwei Ventilen pro Zylinder. Die »6« in 906 deutet außerdem auf ein Sechsganggetriebe hin. Weitere Neuerungen gegenüber der 750er waren größere Ventile, eine verstärkte Kurbelwelle, neue Zahnriemenabdeckungen und die digitale Digiplex-Magneti-Marelli-Zündung. Der Rahmen und die 16-Zoll-Räder wurden mit der 750 Paso geteilt, aber die Gabel war länger. Wie die 750 Paso hätte auch die 906 ein Erfolg werden sollen, doch die Verkaufszahlen enttäuschten. Nicht nur das Design war radikal, auch die Niederquerschnittsreifen und die 16-Zoll-Räder sorgten für ungewöhnliches Handling und der Weber-Vergaser war problematisch. Die Pasos waren empfindliche Motorräder, die sich nicht bewährten, aber Tamburini machte es mit seinem nächsten Versuch, der 916, wieder gut.

750 Sport

Als die 750F1 auslief und die 750 Paso das Sporttouring-Modell in Cagivas neuer Ducati-Reihe wurde, führte man die 750 Sport als Ergänzung zur teuren 851 ein. Der Name sollte eine Assoziation zur legendären 750 Sport mit rundem Gehäuse und Königswelle herstellen. Leider litt die neue unter unzureichender Entwicklung und wurde während ihrer gesamten Produktionszeit von Problemen geplagt.

Die 750 Sport war eine weitere Verschmelzung bestehender Modelle mit dem 750 Paso-Motor, Weber-Vergaser und 16-Zoll-Rädern in einem modifizierten 750F1-Gitterrahmen mit einer Verlicchi-Aluminiumschwinge und einer günstigen Federung. Obwohl die 750 Sport mehr Akzeptanz fand als die 750 Paso, wurde sie als schlechter Ersatz für die 750F1 angesehen. Mit ihren Mängeln und ihrer fehlenden Schönheit gehörte sie zu den schlechteren Ducati-Modellen.

UNTEN LINKS: Die neue 750 Sport war ein schlechter Ersatz für die 750F1.

1989

Die 851 Strada ging im Laufe 1989 in die reguläre Produktion und war das einzige neue Modell in diesem Jahr. Die bestehenden Modelle 906 Paso und 750 Sport wurden weitgehend unverändert fortgeführt, und obwohl 1989 5060 Mo-

750 SPORT 1988
Unterschiede zur 750 Paso

Leistung	**72 PS bei 8500/min**
Federung vorne	**40 mm Marzocchi-Gabel**
Federung hinten	**Marzocchi Cantilever-Schwinge**
Radstand (mm)	**1450**
Trockengewicht (kg)	**195**
Vmax (km/h)	**210**
Farben	**Roter Rahmen, Rot und Blau, Rot und Silber, Schwarz und Siber (1989)**
Motornummern	**Ab ZDM750LS 750001**
Rahmennummern	**Ab ZDM750S 750001**
Stückzahlen 1988	**1242 (750 Sport) 36 (650 Indiana)**

In neuen Farben und mit 17-Zoll-Rädern ging die 851 Strada im Laufe des Jahres 1989 in die Serienproduktion.

torräder gebaut wurden, entstand ein großer Teil davon nach September für das Modelljahr '90. Ducati kämpfte weiterhin um die Superbike-Weltmeisterschaft und verpflichtete Raymond Roche als Nummer-1-Fahrer. Die Leistung der 888 stieg auf 128 PS, das Gewicht sank auf 158 Kilogramm. Leider führten mechanische und elektrische Probleme dazu, dass mehrere Rennen nicht beendet werden konnten und Roche wurde nur Dritter in den Meisterschaft. 1989 lieferte das Werk auch eine begrenzte Anzahl von 851 Racing und Lucchinelli-Repliken.

851 Strada

Der 851 Strada war kein Kleinserienmodell mehr, zeigte aber Anzeichen von Kosteneinsparungen und wurde 1989 erheblich verbessert. Der Motor erhielt eine Einspritzdüse pro Zylinder, die 17-Zoll-Räder von Brembo ersetzten die früheren 16-Zöller und sie bekam größere vordere Bremsscheiben.

851 STRADA 1989

Unterschiede zur 1988er 851 Strada

Verdichtung	**11:1**
Leistung	**105 PS bei 9000/min**
Bremse vorne (mm)	**Doppelscheibe, 320**
Bremse hinten (mm)	**Scheibe 245**
Räder	**3.50x17 Zoll, 5.50x17 Zoll**
Reifen	**120/70x17, 180/55x17**
Radstand (mm)	**1430**
Trockengewicht (kg)	**190**
Vmax (km/h)	**240**
Farben	**Weißer Rahmen, Rot**
Stückzahlen 1989	**751 (851) 18 (Indiana) 500 (906 Paso) 1365 (750 Sport)**

1990

Die Beharrlichkeit von Ducati bei der Weiterentwicklung der 888 zahlte sich 1990 aus: Raymond Roche gewann die erste Superbike-Weltmeisterschaft für Ducati. Die Leistung der 851 wurde auf 130 PS bei 11.000 /min erhöht, aber trotz Problemen mit reißenden Kurbelgehäusen konnte Roche mit dem 147 Kilogramm schweren Werks-Superbike acht Siege einfahren. Ducati stellte 1990 auch zwanzig Roche-851-Repliken als Kundenrennmaschinen zur Verfügung.

Bis 1990 zeigte sich, dass einige der neuen Modelle von Cagiva nicht erfolgreich waren. Und mit der Umstrukturierung der Produktpalette sank die Jahresproduktion auf 4603 Stück. Während die 851 Strada bis auf eine Doppelsitzbank weitgehend unverändert blieb, war eine leistungsstärkere

Raymond Roche bescherte Ducati die erste Superbike-Weltmeisterschaft.

UNTEN LINKS: Die 888-cm³-SP2 war eines der beeindruckendsten Motorräder, die '90 erhältlich waren.

UNTEN: Die 851 Strada erhielt 1990 einen Doppelsitz, blieb aber ansonsten unverändert.

Sport-Production-Version erhältlich und die 900 SS ersetzte die 750 Sport. Die 750er und die 906er Paso wurden eingestellt, um einen Ersatz für die Sport Touring für '91 vorzubereiten.

851 SP2, 851 Strada

Die erste 851 Sport Production, die '89 für die italienische Sport-Production-Serie gefertigt wurde, bei der 750-cm³-Vierzylinder gegen Twins mit bis zu 1000 cm³ antraten, war kaum von der Strada zu unterscheiden. 1990 erschien ein echtes Homologationsmodell, die 851 SP2.

Obwohl die Bezeichnung 851 anderes erwarten ließ, hatte die 851 SP2 888 cm³ Hubraum. Abgesehen vom Hubraumplus, größeren Ventilen und einem 45 mm Termignoni-Auspuff waren die technischen Daten des Motors ähnlich wie bei der 851 Superbike Kit. Das Fahrwerk wurde mit einer Upside-Down-Gabel von Öhlins, einem Öhlins-Stoßdämpfer und voll schwimmend gelagerten Brembo-Scheibenbremsen vorne ausgestattet. Das teures Kleinserienmodell bot unvergleichliches Handling und Leistung. Die 851 Strada erhielt '89 eine Doppelsitzbank und einen stärkeren hinteren Hilfsrahmen.

851 SP2 1990 Unterschiede zur 851	
Bohrung (mm)	94
Hubraum (cm³)	888
Verdichtung	10,7:1 (SP2)
Leistung	109 PS bei 10.500/min (am Rad))
Federung vorne	42 mm Öhlins-Gabel
Federung hinten	Progessive Öhins-Schwinge
Trockengewicht (kg)	188 192 (851 Strada)
Vmax (km/h)	250
Farben	Weißer Rahmen, Rot
Stückzahlen	380 (SP2) 1366 (851 Strada)

900 SUPERSPORT 1990 **Unterschiede zur 750 Sport**	
Leistung	**83 PS bei 8400/min**
Schaltung	**Sechsgang**
Bremse vorne (mm)	**Doppelscheibe, 300**
Räder	**3.50x17 Zoll, 5.50x17 Zoll**
Reifen	**120/70x17 oder 130/60x17, 180/55x17 oder 170/60x17**
Trockengewicht (kg)	**185**
Vmax (km/h)	**220**
Farben	**Roter Rahmen, Rot und Weiß**
Motornummern	**Ab ZDM904A2C 000001**
Rahmennummern	**Ab ZDM900SC 000001**
Stückzahlen	**2001 (900SS) 641 (400 SS Junior Japan) 12 (650 Indiana)**

Mit ihren 17-Zöllern war die 900 SS gegenüber der 750 Sport verbessert, hatte aber immer noch den lästigen Weber-Vergaser.

900 Supersport

1989 wurde der 906er Motor mit großem Kurbelgehäuse und sechs Gängen für die 900 Supersport adaptiert. Sie wurde absichtlich als 900 Supersport betitelt, um eine Verbindung zur klassischen Super Sport mit Königswellen herzustellen. Das Konzept bestand immer noch aus einem großvolumigen V2-Motor kombiniert mit geringem Gewicht, doch die Ausführung war mangelhaft. Während die 17 Zoll Brembo-Räder der 851 und die größeren Bremsen einige der Probleme der 750 Sport behoben, blieb die Achillesferse der Weber-Vergaser. Die Auspuffanlage bestand aus den Aluminium-Schalldämpfern der 89er 851 Strada.

Dieses kurzlebige Modell war besser als die 750 Sport, aber immer noch mangelhaft. Der eigentliche Nachfolger der Königswellen-Super-Sport sollte erst ein Jahr später kommen. Neben der 900 Supersport gab es eine spezielle 400 Supersport Junior für Japan, die sich von der 900 durch 16 Zoll Marvic-Verbundräder und Mikuni CV-Vergaser unterschied.

Doug Polen dominierte die Superbike-Weltmeisterschaft 1991 auf der Ferracci 888.

1991

1991 war Cagivas Überarbeitung der Ducati-Produktpalette mit einer verbesserten Supersport und der 907 I.E. endlich abgeschlossen, die Produktion stieg auf 8061 Stück. In der Superbike-Weltmeisterschaft wurde die 888 Corsa weiterentwickelt und noch dominanter. Die 143 Kilogramm schwere 888 leistete nun 133 PS bei 11.500/min. Doug Polen und Stéphane Mertens erhielten ebenfalls 888er Werksmaschinen, aber niemand war auf Polens Dominanz vorbereitet. Polen gewann siebzehn Rennen, Roche vier und Mertens zwei, und holten sich damit mühelos die Meisterschaft. Für 1991 wurden auch fünfzig Exemplare der Kundenmaschine 851 Racing produziert, mit der Davide Tardozzi die Superbike-Europameisterschaft gewann.

851 SP3, 851 Strada

Die 851 SP3 ähnelte der SP2 und zeichnete sich durch lautere und höhergelegte Termignoni-Auspuffrohre aus, während Kolben mit höherer Verdichtung zu einer leichten Leistungssteigerung beitrugen. Die Brembo-Räder waren schwarz lackiert und wie bei der SP2 erhielt jede SP3 eine nummerierte Plakette. Eine kleine Anzahl von leistungsstärkeren 851 SPS-Modellen wurde ebenfalls produziert, die im Wesentlichen mit einem speziellen 851 Racing-Motor ausgestattet waren. Neu für die 851 Strada war eine Showa Upside-Down-Vorderradgabel und ein Öhlins-Dämpfer hinten.

LINKS: Die SP3 ähnelte der SP2, zeichnete sich aber durch höher positionierte Schalldämpfer und schwarze Räder aus.

UNTEN LINKS: Die 851 Strada erhielt 1991 eine Showa Upside-Down-Gabel.

851 SP3, 851 STRADA 1991
Unterschiede zu 1990

Verdichtung	**11:1 (SP3) 10,5:1 (851S)**
Leistung	**111 PS bei 10.500/min (SP3) 91 PS bei 9000/min (851S)**
Federung vorne	**41 mm Showa Upside-Dpown (851S)**
Federung hinten	**Öhlins-Federbein (851S)**
Trockengewicht (kg)	**199 (851S)**
Stückzahlen	**534 (SP3) 16 (851 SPS) 1200 (851S)**

900, 750, 400 SUPERSPORT 1991
Unterschiede zur 1990er 900SS, 750 Sport und 400SS

Vergaser	**Mikuni BDST 38**
Verdichtung	**9:1 (750)**
Leistung	**73 PS bei 7000/min (am Rad, 900) 60 PS bei 8500/min (750) 42 PS bei 10.000/min (400)**
Federung vorne	**41 mm Showa Upside-Down-Gabel**
Federung hinten	**Showa Cantilever-Schwinge**
Bremse vorne (mm)	**Doppelscheibe, 320 (900) Scheibe, 320 (750, 400)**
Bremse hinten (mm)	**Scheibe, 245**
Reifen	**120/70x17, 170/60x17 (900) 160/60x17 rear (750, 400)**
Radstand (mm)	**1410**
Trockengewicht (kg)	**183 (900) 173 (750, 400)**
Vmax (km/h)	**220 (900) 210 (750) 180 (400)**
Farben	**Weißer Rahmen, Rot**
Motornummer	**Weiterführung der Serie ZDM904A2C 000001 (900) Ab ZDM750A2C 000001 (750)**
Rahmennummern	**Ab ZDM900SC2 000001 (900) Ab ZDM750SC 000001 (750)**
Stückzahlen	**4308 (900) 1872 (750) 541 (400)**

900, 750, 400 Supersport
Während nach der Übernahme von Ducati viele der ersten Versuche von Cagiva enttäuschten, machte das Unternehmen mit der Vergasermotor-Supersport 1991 wieder alles gut. Sie war brillant und wurde zu Recht zu einem modernen Ducati-Klassiker. Obwohl von der 90er Version abgeleitet, sah die 91er Supersport frisch aus und überstrahlte ihre Vorgängerin in fast jeder Hinsicht. Sie war auch ein Verkaufserfolg und brachte eine komplett neue Familie hervor.

Der 904-cm³-Motor ähnelte der Version von 1990, aber die Mikuni-Doppelvergaser ersetzten die lästigen Weber-Vergaser. Und obwohl sie nicht perfekt waren, stellten sie eine Verbesserung dar. Der Rahmen mit einer kürzeren Aluminiumschwinge war neu, ebenso wie die Upside-Down-Showa-Vorderradgabel und das Showa-Fderbein hinten. Die neue Karosserie war nicht nur attraktiver, sondern auch wartungsfreundlicher, da der 17,5-Liter-Tank schwenkbar war, um den Zugang zur Batterie und zur Luftfilterkasten zu gewährleisten. Es gab zwei Versionen, eine mit Vollverkleidung und eine mit Halbverkleidung. Die Brembo-Räder wurden von der Vorgängerin übernommen, die größeren Vorderradbremsen waren nun Standard bei der 851. Die Sitzposition wurde komplett überarbeitet. Der höhere Stummellenker und die niedrigeren Fußrasten sorgten für eine einzigartige Sport-Touring-Fahrposition und machten die neue Supersport zu einem äußerst kompetenten Allround-Straßenmotorrad.

Kurze Zeit später wurde die 900 durch eine 750 Super Sport ergänzt. Dabei handelte es sich im Wesentlichen um den früheren Fünfgangmotor der 750 Sport mit Mikuni-Vergasern, der in ein ähnliches Chassis wie die 900 eingebaut wurde. Als günstigere Version erhielt die 750SS eine nicht einstellbare Vorderradgabel, eine Einscheibenbremse vorne und ein schmaleres Hinterrad. Dieses Basisfahrwerk hatte auch die 400 Supersport Junior für den japanischen Markt.

907 I.E.
1991 löste die 907 I.E. die 906 Paso ab. Die 907 I.E. enthielt einige Fahrwerkskomponenten der 851 und war ein homogenes Sporttouring-Motorrad, das mit allem konkurrieren konnte, was aus Deutschland oder Japan angeboten wurde. Abgesehen von stärkeren Kurbelgehäusen war der wassergekühlte Motor

GEGENÜBER: Die 900 Supersport wurde für 1991 erheblich verbessert. Es gab Voll- und Halbverkleidungen, hier das Modell mit halber Verkleidung.

OBEN: Ein weiteres verbessertes Modell für 1991 war der 907 I.E.

907 I.E. 1991 Unterschiede zur 906 Paso	
Einspritzung	**Weber I.A.W P7**
Leistung	**90 PS bei 8500/min**
Bremse vorne (mm)	**Doppelscheibe, 300**
Bremse hinten (mm)	**Scheibe, 245**
Reifen	**120/70x17, 170/60x17**
Radstand (mm)	**1490**
Trockengewicht (kg)	**215**
Vmax (km/h)	**230**
Farbe	**Rot**
MMotornummern	**Ab ZDM904W2 000001**
Rahmennummern	**Ab ZDM906PI2 000001**
Stückzahl	**1303**

derselbe wie bei der 906, jetzt mit der elektronischen Weber-Einspritzanlage der 851. Auch der Doppelschleifenrahmen aus aus Vierkantrohr wurde mit dem der 906 geteilt, allerdings mit der längeren Aluminiumschwinge der 851. Und während sie der 906 ähnelte, verfügte die 907 I.E. über 17 Zoll Brembo-Räder und einen NACA-Lufteinlass in der Verkleidung.

1992

Der Erfolg in der Superbike-Weltmeisterschaft und eine stark verbesserte Produktionspalette führten zu einem drastischen Anstieg der Produktion: 1992 wurden in Borgo Panigale 12.049 Maschinen gebaut. Die 851 erhielt ein dezentes Redesign und die Rennerfolge setzten sich in diesem Jahr fort. Doug Polen nahm sowohl an der Superbike-Weltmeisterschaft als auch an der AMA-Meisterschaft teil. Die 140 Kilogramm schwere Werks-888 leistete nun 135 PS bei 11.200/min. Polen gewann neun Rennen und holte sich seinen zweiten Superbike-

UNTEN LINKS: Doug Polen gewann 1992 erneut die Superbike-Weltmeisterschaft.

UNTEN: Die Werksmaschine von 1992 repräsentierte die Quintessenz der 888er-Serie, indem sie die Vorteile des Reglements voll ausschöpfte.

Die 888 SP4 trug eine größere Nr. 1 auf der Verkleidung.

888 SPS, SP4, 851 STRADA 1992
Unterschiede zu 1991

Verdichtung	**11,2:1 (SP4)** **11,7:1 (SPS)**
Leistung	**120 PS bei 10.500/min (SPS)** **95 PS bei 9000/min (851S)**
Federung hinten	**Showa-Federbein (851S)**
Trockengewicht (kg)	**185 (SPS)** **202 (851S)**
Vmax (km/h)	**255 (SP4)** **260 (SPS)**
Stückzahl	**500 (SP4)** **101 (SPS)** **1896 (851S)**

Die 851 Strada wurde '92 von Pierre Terblanche neu gestaltet.

Weltmeistertitel. Weitere Siege auf der Werks-888 gingen an Raymond Roche und Giancarlo Falappa. Für 1992 war wieder eine käufliche 888 Racing erhältlich. Nur 35 Exemplare wurden gebaut. Mit einer fuhr Carl Fogarty in Donington zum Sieg in der Superbike-Weltmeisterschaft.

888 SPS, SP4, 851 Strada

Für 1992 waren zwei 888 Sport-Production-Modelle erhältlich, die SP4 und die SPS (Sport Production Special). Die SP4 teilte sich die von Pierre Terblanche gestylte Karosserie mit der 851 Strada von 1992, während die SPS praktisch eine Corsa mit Scheinwerfer war. Die 851 Strada bekam Sport-Production-Zylinderköpfe und einen neuen Rahmen.

900 Superlight, 900, 750, 400, 350 Supersport, 900 I.E.

Der Erfolg der 91er 900 Supersport wurde durch eine limitierte Auflage der 900 Superlight für 1992 gefestigt. Während der Motor und das Fahrwerk mit der 900 Supersport identisch waren,

Eine der begehrtesten Ducatis der 90er-Jahre war die 900 Superlight von 1992 mit Marvic/Akront-Rädern.

900 SUPERLIGHT, 900, 750, 400SS, 350, 907 I.E. 1992 Unterschiede zu 1991

Bremse vorne (mm)	**Doppelscheibe, 320 (907)**
Trockengewicht (kg)	**176 (SL)**
Farben	**Weißer Rahmen, Rot oder Gelb (SL) Weißer Rahmen, Rot o. Schwarz (SS) Schwarz (907)**
Stückzahlen	**952 (900SL) 3302 (900SS) 2973 (750SS) 1051 (350/400SS) 500 (907)**

unterschieden sich die Superlight durch einen belüfteten Kupplungsdeckel, schwimmend gelagerte Bremsscheiben vorne und 888 SP4-Schalldämpfer. Jede Superlight bekam einen Kohlefaser-Kotflügel vorne, einen Solositz, eine nummerierte Plakette an der oberen Gabelbrücke und leichte 17 Zoll Marvic/Akront-Compositeräder. Alle US-Exemplare waren gelb.

Die 900SS und 750SS blieben weitgehend unverändert, wurden aber nun auch in Schwarz und Rot (mit schwarzen Rädern) angeboten. Zur 400SS gesellte sich eine 350 Sport für den italienischen Markt, während die 907 I.E. mit kleinen Änderungen weitergebaut wurde. Sie war jetzt auch in Schwarz erhältlich und trug vorne größere Bremsscheiben. Obwohl die 907 I.E. mehr Leistung und Zuverlässigkeit sowie eine ausgefeiltere Hinterradaufhängung als die Supersport bot, war sie nicht so beliebt wie erwartet und wurde 1992 eingestellt. Erst 1997 wurde eine neue Ducati als Sporttourer auf den Markt gebracht.

1993

1993 wuchs die 851 Strada auf 888 cm³ an, war aber am Ende ihrer Entwicklungszeit angelangt. Die 888 war nun auch in der Superbike-Weltmeisterschaft unterlegen und Ducati suchte nach einem Ersatz für 1994. In der Zwischenzeit stieg die Produktion auf 14.494 Stück, und '93 wurde die spektakuläre Supermono vorgestellt. Nach einer ersten Markteinführung Ende 1992 sollte die neue 900er Monster bereits 1993 auf den Markt kommen, doch Produktionsverzögerungen führten dazu, dass die ersten Monster erst im Mai 1993 als 94er-Modelle vom Band liefen.

Carl Fogartys Leistungen 1992 brachten ihm einen Werkseinsatz an der Seite von Falappa in der Superbike-Weltmeisterschaft ein. Der Motor wuchs auf 926 cm³ und leistete rund 144 PS bei 11.500/min. In diesem Jahr war die 926 mit dem

Die 93er 888 Corsa war eine wesentlich höher entwickelte Maschine als die Vorgängerversionen und ähnelte den 888 Superbike-Werksrennern des Vorjahre.

Eine der schönsten Ducatis von allen war die Supermono. Jedes Teil war erstklassig verarbeitet.

UNTEN RECHTS: Der Motor der Supermono bestand im Grunde aus dem liegenden Zylinder der 888 Corsa, deshalb lag der Schwerpunkt extrem niedrig.

neuen Karosseriedesign ausgestattet und obwohl Fogarty elf Rennen gewann, verlor er den Titel. Doug Polen entschied sich, an der AMA Superbike National Championship teilzunehmen, gewann sechs der zehn Rennen auf der »Fast by Ferracci« 888 und bescherte Ducati die erste AMA Superbike Meisterschaft. Sechsundvierzig 888 Racing-Maschinen wurden für '93 gebaut.

SUPERMONO 1993

Motor	**Wassergekühlter Einzylinder-Viertakter**
Bohrung (mm)	**100**
Hub (mm)	**70**
Hubraum (cm³)	**550**
Verdichtung	**11,8:1**
Ventiltrieb	**Riemengetrieben, Desmodromik, doppelte obenliegende Nockenwelle, Vierventiler**
Einspritzung	**Weber I.A.W. CPU P8**
Leistung	**78 PS bei 10.500/min**
Schaltung	**Sechsgang**
Federung vorne	**42 mm Öhlins-Gabel**
Federung hinten	**Cantilever-Schwinge, Öhlins**
Bremse vorne (mm)	**Doppelscheibe, 280**
Bremse hinten (mm)	**Scheibe, 190**
Räder	**3.50x17 Zoll und 5.00x17 Zoll**
Reifen	**310/480R17440, 155/60R17622**
Radstand (mm)	**1360**
Länge (mm)	**1960**
Trockengewicht (kg)	**122**
Farben	**Bronzefarbener Rahmen, Rot**
Stückzahl	**32**

Supermono

Eine der interessantesten je gebauten Ducati war die Supermono-Rennmaschine (1993-1995). Sie hatte den liegenden Zylinder einer 888 Corsa, der stehende Zylinder wurde durch ein von dem zweiten Pleuel angelenktem Hebel mit Gegengewicht ersetzt. Die doppia bielletta (doppelte Pleuelstange) sorgte für den perfekten Massenausgleich eines 90°-V2. Zu den konstruktiven Unterschieden zur 888 gehörten Gleitlager und die von der Auslassnockenwelle angetriebene Wasserpumpe.

Dieser bemerkenswerte Motor wurde in einem Stahlrohrrahmen mit Aluminiumschwinge untergebracht. Die Ausstattung bestand aus Marchesini-Magnesiumrädern im Dreispeichen-Design, schwimmend gelagerten Brembo-Bremsscheiben vorne mit Rennsätteln. Alle Karosserieteile waren aus Kohlefaser gefertigt, wobei der Kohlefasersitz auch als hinterer Hilfsrahmen diente. Das spektakuläre Styling stammt von Pierre Terblanche.

888 SP5, SPO, Strada

Da die offiziellen Werksrennmaschinen und die Sport-Production-Serie bereits 888 cm³ Hubraum hatten, war es logisch, dass die Serien-Superbikes diesem Beispiel folgen würden. Das passierte 1993 und die Serie wurde ebenfalls zu einer generischen 888 anstatt einer 851. Die 888 erhielt außerdem das von Pierre Terblanche 1992 entworfene 851-Styling-Facelift.

Die letzte 888 Sport Production war die 888 SP5. Mit dem leistungsstärkeren SPS-Motor setzte sie weiterhin den Leistungsstandard für Zweizylinder-Motorräder. Der Rahmen und die Räder wurden bronzefarben lackiert und eine Showa-Vorderradgabel ersetzte die teure Öhlins-Gabel. Obwohl es seit der 888 jährlich limitierte Serien mit höherer Leistung gab,

Während die 93er SP5 die Öhlins-Gabel verlor, bekam sie den Motor der 888 SPS.

Die 888 von 1993 ähnelte der 851 von 1992, trug aber ein neues Design von Pierre Terblanche.

888 SP5, STRADA, SPO 1993
Unterschiede zu 1992

Bohrung (mm)	**94**
Hub (mm)	**64**
Hubraum (cm^3)	**888**
Verdichtung	**11:1**
Einspritzung	**Weber I.A.W. CPU P8**
Leistung	**100 PS bei 9000/min (888) 118 PS bei 10.500/min (SP5)**
Federung vorne	**41 mm Showa-Gabel**
Federung hinten	**Showa-Federbein Öhlins-Federbein (SP5, SPO)**
Trockengewicht (kg)	**202 (188, SPO)**
Vmax (km/h)	**250 (260, SPO)**
Farben	**Bronzefarbener Rahmen, Rot**
Stückzahl	**500 (SP5) 1280 (888) 290 (SPO)**

waren die 888 SPs anders. Diese Maschinen waren laute, kernige Rennnachbauten, die deutlich mehr Leistung boten als eine 851 oder 888 Strada. Sie wurden auch in geringerer Stückzahl gebaut als spätere SPs, aber sie bekamen nun endlich die Anerkennung, die sie verdienen.

Die Euro-Spezifikation der 888 Strada ähnelte der der 851 Strada von '92. Mit Ausnahme des 888-cm^3-Motors waren die meisten Spezifikationen identisch. Für den US-Markt wurde die 888 als 888 SPO (Sport Production Omologato) verkauft, eine Mischung aus der limitierten SP5 und der europäischen 888 Strada. Da die SP5 die US-DOT-Anforderungen für die Zulassung nicht erfüllen konnte, wurde die SPO entwickelt, um die 888 für den AMA-Superbike-Wettbewerb zu homologieren. Obwohl sie als Sport Production betitelt wurde, war sie enger mit der 888 Strada verwandt als mit der SP5. Der SPO-Motor war mit dem der 888 Strada identisch, aber einige Komponenten wurden mit der SP5 geteilt, darunter

Die US 888 war die SPO mit Solositz, hochgezogenen Schalldämpfern und einem 888 Strada-Motor.

der Solositz, hochgezogene Auspuffrohre und der Öhlins-Stoßdämpfer mit exzentrischer Fahrhöhenverstellung.

900 Superlight, 900, 750, 400, 350 Supersport

Da sich die Supersport weiterhin gut verkaufte, überwogen 1993 die kosmetischen Änderungen. Neben einer neuen Grafik mit silbernen Aufklebern wurde der Rahmen bronzefarben. Die Spezifikation der 900 Superlight wurde 1993 herabgestuft, die Räder sind nun reguläre Brembos.

900 SUPERLIGHT, 900, 750, 400SS, 350SS 1993

Unterschiede zu 1992

Trockengewicht (kg)	**182 (900SL)**
Farben	**Bronzefarb. Rahmen, Rot oder Gelb**
Stückzahlen	**755 (900SL)** **3853 (900SS)** **2352 (750SS)** **950 (350/400SS)**

Abgesehen von der neuen Grafik blieb die 93er 900 Supersport weitgehend unverändert.

KAPITEL 7

WEGWEISENDE NEUE MODELLE

DIE 916 UND MONSTER, 1994–2002

Troy Corser gewann 1994 die AMA-Superbike-Meisterschaft auf einer früheren 888er-Maschine.

Nach dem Imola-Sieg 1972 markierte die Einführung der 916 und der Monster den nächsten Wendepunkt für Ducati. Der Imola-Sieg machte Ducati zum ernstzunehmenden Mainstream-Hersteller, aber die 916 und die Monster waren für sich genommen ebenso bedeutend. Als wegweisendes Modell beeinflusste die 916 das Motorraddesign für das nächste Jahrzehnt und darüber hinaus, während die Monster eine neue Nische begründete. Einzig negativer Aspekt in dieser Zeit waren die finanziellen Schwierigkeiten, mit denen Cagiva zu damals konfrontiert war und die 1996 zum Verkauf an die Texas Pacific Group führten.

1994

Obwohl Ducati viele großartige Motorräder gebaut hat, war die 916 eines der größten. Sie setzte Maßstäbe in Sachen Leistung und Ästhetik und war das Ergebnis von sechs Jahren intensiver Arbeit von Massimo Tamburini und seinem Team. Die 916 brach auch mit der evolutionären Tradition von Ducati und war, abgesehen vom Motor, komplett neu konstruiert. Das andere brillante Design, das für das Modelljahr 1994 eingeführt wurde, war die Monster von Miguel Galluzzi. Ein nacktes und minimalistisches Bike, das sich von allen anderen auf dem Markt befindlichen Motorrädern unterschied. Die Supersport-Baureihe wurde um eine 600er erweitert und die Produktion stieg in diesem Jahr auf 18.170 Stück.

Ducati bereitete die neue 916 für die Superbike-Weltmeisterschaft vor und behielt Carl Fogarty und Giancarlo Falappa als Fahrer. Der 145 Kilogramm schwere Werksrenner wurde während der Saison kontinuierlich weiterentwickelt, hatte einen Hubraum von 955 cm^3 und leistete 150 PS bei 11.000/min. Mit zehn Siegen gewann Fogarty knapp die Meisterschaft. Von der 94er Kundenmaschine 888 Racing wurden ebenfalls 32 Exemplare gebaut. Troy Corser gewann die AMA Superbike-Meisterschaft auf dem 955-cm^3-Ferracci-Modell. In diesem Jahr wurden auch zehn Supermono-Rennmaschinen gebaut.

916 SP, Strada

Abgesehen von einem längeren Hub ähnelte der 916-Motor der 888, aber um den Desmoquattro-Motor herum schuf Tamburini eine Struktur, die einen stärkeren Rahmen mit einem zusätzlichen unteren Motorträger, eine abgedichtete Airbox und eine Einarmschwinge aus Aluminiumguss umfasste. Der spezielle Scheinwerferträger enthielt Doppel-Polyellipsoid-Scheinwerfer, am Heck gab es speziell gestaltete Doppel-Rückleuchten. Die Auspuffanlage

GEGENÜBER: Carl Fogarty fuhr mit der neuen 916 zum Sieg in der Superbike-Weltmeisterschaft 1994.

RECHTS: Der Stil der 916 war so unverwechselbar, dass sie zu einer Ikone des Motorradsports wurde. Alle 916er von 1994 waren Monoposto.

UNTEN RECHTS: Obwohl die 916 voll bestückt ist, wurde bei ihre Konstruktion auf einfache Wartung geachtet.

mündete unter dem Sitz und diente mehr der Aerodynamik als der Leistungsentfaltung. Die Optik war extrem kompakt und wurde sofort zu einem Maßstab für Design und Funktion im Motorradbau.

Aufgrund eines Brandes in der Fabrik in Bologna kam die Produktion zunächst nur langsam in Gang und die meisten 94er 916er wurden in Varese montiert. Nach dem Erfolg früherer Sport-Production-Serien wurde die 916 1994 auch als SP und S angeboten. Der SP-Motor hatte größere Ventile, geänderte Steuerzeiten und eine größere Auspuffanlage. Die 888 Strada und SPO erhielten '94 bronzefarbene Räder.

916 STRADA, SP 1994
Unterschiede zur 888

Hub (mm)	**66**
Hubraum (cm³)	**916**
Verdichtung	**11:1**
Leistung	**114 PS bei 9000/min** **131 PS bei 10.500/min (SP)**
Federung vorne	**43 mm Showa-Gabel**
Federung hinten	**Progessive Showa-Einarm-Schwinge** **Öhlins-Federbein (SP)**
Bremse vorne (mm)	**Doppelscheibe, 320**
Bremse hinten (mm)	**Scheibe, 220**
Reifen	**120/70x17, 180/55x17 oder 190/50x17**
Radstand (mm)	**1410**
Trockengewicht (kg)	**198** **192 (SP)**
Vmax (km/h)	**260** **270 (SP)**
Stückzahlen	**2866 (916 Strada)** **310 (916SP)** **1300 (888)**

Der 916SP ähnelte der 916 Strada, bot aber erheblich mehr Leistung.

900, 600 Monster

Wie einige frühere Ducatis war auch die 900 Monster eine Synthese aus Komponenten verschiedener vorhandener Modelle, die diesmal jedoch zu einem wesentlich effektiveren Paket zusammengefügt wurden. Während der Motor im Grunde der 900 Supersport entsprach, stammte das ausgefeiltere Fahrwerk mit der progressiven Hinterradaufhängung von der 851/888. Die Instrumentierung (zunächst ohne Drehzahlmesser) und die Karosserie waren neu.

1994 wurde auch eine leichtgewichtige 600er Monster angeboten, die den Fünfgangmotor der neu eingeführten 600er Supersport mit einem der 900er Monster ähnlichen Chassis teilte. Die 600 Monster war in Europa beliebt, da sie mit geringerer Leistung für bestimmte Versicherungskategorien ideal war, ebenso wie eine spezielle 400er-Version für Japan.

UNTEN LINKS: Mit der 900er Monster schuf Ducati erfolgreich eine neue Marktlücke. Sie war so erfolgreich, dass das grundsätzliche Design für mehr als ein Jahrzehnt fortgesetzt wurde.

UNTEN: Zur 900er Monster gesellte sich 1994 die 600er. Sie hatte eine eizelne Scheibenbremse vorne.

900 Superlight, SP, CR, 900, 750, 600, 400 Supersport

Zu den Neuerungen der Supersport-Reihe von 1994 gehörten bronzefarbene Räder, eine 900CR für die USA und eine kleinere 600er. Die 900 Supersport und die Superlight erhielten eine verbesserte Vorderradgabel und eine stärkere Schwinge. Nach dem Misserfolg der 750SS in den USA wurde ein neues Modell angeboten, das den 900er Supersport-Motor mit dem einfacheren 750er Supersport-Chassis kombinierte. Die 900CR und 750SS erhielten doppelte Scheibenbremsen vorne.

900, 600 MONSTER 1993–1994

Unterschiede zur 900SS und 600SS

Federung hinten	**Progessive Boge-Schwinge**
Reifen hinten	**170/60x17**
Radstand (mm)	**1430**
Trockengewicht (kg)	**184 (900)** **174 (600)**
Vmax (km/h)	**190 (900)** **175 (600)**
Stückzahlen (1993–1994)	**7262 (900)** **4195 (600/400)**

Die 600 Supersport war 1994 ebenfalls neu.

Nach 1992 gab es in den USA keine Superlight mehr, aber 1994 wurde die 900SS SP eingeführt. Die 900SS SP war eine Mischung aus der Supersport und der Superlight und im Wesentlichen eine vollverkleidete Superlight mit Doppelsitzbank und niedrigeren Auspuffrohren. Wie die Superlight trug sie nummerierte Plaketten an der oberen Gabelbrücke und verfügte über vordere und hintere Kotflügel aus Kohlefaser sowie schwimmend gelagerte Bremsscheiben.

Neu für 1994 war die 600 Supersport. Während das Kurbelgehäuse, das Fünfganggetriebe und die Zylinder der früheren 600SL Pantah ähnelten, verfügte die 600 Supersport über die kleinvolumigen 400er Zylinderköpfe. Es gab zwei Versionen (33 und 53 PS), beide mit einem Zwei-in-Eins-Auspuff, die sich das 400er-Chassis mit Einzelbremsscheibe vorne teilen.

900, 750, 600, 400 SUPERSPORT, 900SL, SP, CR 1994 Unterschiede zu 1993

Bohrung (mm)	**80 (600)**
Hub (mm)	**58 (600)**
Hubraum (cm³)	**583 (600)**
Verdichtung	**10,7:1 (600)**
Leistung	**53 PS bei 8250/min (600) 33 PS bei 7500/min (600)**
Bremsen vorne	**Doppelscheibe, 320 (900CR, 750SS)**
Trockengewicht (kg)	**186 (900) 176 (750) 172 (600)**
Vmax (km/h)	**220 (900) 200 (750) 190 (600)**
Stückzahlen	**2816 (900SS, CR) 1471 (900SL, SP) 1008 (750) 2500 (600/400)**

1995

Da Cagiva einen Käufer für Ducati suchte, war 1995 ein Jahr der finanziellen Instabilität. Infolgedessen beschränkte sich die Entwicklung auf die 748 Desmoquattro, die 916 Senna und die Biposto 916; die anderen Modelle blieben weitgehend unverändert. Trotz allem stieg die Produktion auf 20.989 Stück. Die 155 Kilogramm schwere 955 leistete nun 154 PS bei 12.000/min. Der Werksrenner war in diesem Jahr besonders effektiv und bot eine optimale Balance,

Fogarty dominierte die Superbike-Weltmeisterschaft 1995 auf der Werks-955er.

die es Fogarty ermöglichte, 13 Rennen zu gewinnen und die Meisterschaft zwei Läufe vor Schluss für sich zu entscheiden.

Die 95er Kundenmaschine 916 Racing war eng an Fogartys Werksmaschine von '94 angelehnt. Sechzig 916 Racing-Maschinen standen für Teams in der ganzen Welt zur Verfügung und waren sehr konkurrenzfähig: Steve Hislop gewann die Britische Superbike-Meisterschaft. In diesem Jahr wurde auch eine zweite Supermono-Serie produziert, die nun einen etwas größeren Motor und eine überarbeitete Aufhängung besaß.

SUPERMONO 1995
Unterschiede zu 1994

Bohrung (mm)	**102**
Hubraum (cm³)	**572**
Leistung	**81 PS bei 10.000/min**
Stückzahl	**25**

916 Senna, 916/748SP, Strada, Biposto

1995 wurde die 916 Strada auf allen Märkten außer den USA als Biposto (Zweisitzer) angeboten, und es wurde eine neue Weber-Einspritzanlage eingeführt. Die 916-Reihe wurde um die limitierte Senna-Variante erweitert, die in Erinnerung an den brasilianischen Formel-1-Piloten Ayrton Senna entwickelt wurde. Nur wenige Monate vor seinem Tod1994 stimmte Senna der Produktion einer limitierten Auflage der 916 Senna zu, deren Erlös an die Senna-Stiftung ging. Sie war prinzipiell eine graue Standard-Monoposto 916 mit roten Rädern.

Der Desmoquattro-Motor begann sein Leben mit 748 cm³. Entsprechend waren die Zylinderköpfe auf eine kleinere Bohrung ausgelegt, als bei der 916 tatsächlich verwendet, weshalb es nicht verwunderte, dass die 748 1995 in Serie ging. Zunächst gab es drei Versionen, die Strada, die Biposto und die Sport Production. Basierend auf dem größeren Sechsgangmotor, waren die Abmessungen identisch mit früheren 748. Die Kombination aus weniger rotierenden Massen, einer niedrigeren Front und einem schmaleren Hinterreifen sorgte nach Meinung vieler für eine bessere Lenkung und ein besseres Handling als bei der 916. In diesem Jahr war auch die gelbe 748SP erhältlich. Es handelte sich um eine Homologationsmaschine für die wachsende Supersport-Rennkategorie in Europa.

916, 748 STRADA, BIPOSTO, SP, 916 SENNA 1995 Unterschiede zu 1994	
Bohrung (mm)	**88 (748)**
Hub (mm)	**61,5 (748)**
Hubraum (cm³)	**748 (748)**
Verdichtung	**11,5:1 (748), 11,6:1 (748SP)**
Einspritzung	**Marelli 1.6M**
Leistung	**98 PS bei 11.000/min (748) 104 PS bei 11.000/min (748SP)**
Federung hinten	**Öhlins (Senna, 748SP)**
Reifen	**120/60x17, 180/55x17 (748)**
Trockengewicht (kg)	**200 (748 Strada) 202 (748 Biposto) 198 (748SP)**
Vmax (km/h)	**240 (748) 250 (748SP)**
Stückzahlen	**401 (916SP) 2543 (916S/Bip) 301 (Senna) 2562 (748)**

OBEN: Der 916SP wurde für 1995 kaum verändert.

UNTEN: Die markante 748SP war 1995 ebenfalls neu.

Die Senna I von 1995 war praktisch eine Standard 916 mit etwas SP-Ausstattung.

900, 600 Monster, 900 Superlight, SP, CR, 900, 750, 600, 400 Supersport

Nur kosmetische Änderungen unterschieden die 95er Monster und Supersport von den Vorgängermodellen. Der Rahmen ist nun goldfarben mit dazu passenden Rädern.

1996

Im Laufe des Jahres 1996 wurden die Schwierigkeiten in Borgo Panigale offensichtlich. Die Produktion ging zurück auf 12.509 Stück und in den Werkshallen standen halbfertige Motorräder, da die Lieferanten nicht bezahlt wurden. Nach vielen Gerüchten über eine Übernahme wurde schließlich ein neues Unternehmen, Ducati Motor, als Joint Venture zwischen der in den USA ansässigen Texas Pacific Group und Cagiva gegründet. Als unabhängiges Unternehmen musste Ducati auch eine eigene Handels-, Forschungs- und Entwicklungsabteilung einrichten und neue Modelle wurden nicht mehr im Cagiva-Forschungszentrum in San Marino entwickelt.

Abgesehen von den Produktionsschwierigkeiten wurde das World Superbike-Programm weiterhin unterstützt und erhielt hohe Priorität. Das Mindestgewicht wurde auf 162 Kilogramm erhöht, die Werksmotorräder hatten nun einen Hubraum von 996 cm³ und leisteten 157 PS bei 11.800/min. John Kocinski fuhr für die Ducati Corse von Virginio Ferrari und Troy Corser für Promotor. Corser gewann die Meisterschaft.

900, 600 MONSTER, 900, 750, 600, 400 SUPERSPORT, 900SL, SP, CR 1995

Unterschiede zu 1994

Federung vorne	**40 mm Marzocchi-Gabel (900CR, 750)**
Federung hinten	**Sachs-Boge (900CR)**
Stüczahl	**3657 (M900) 3670 (M600/400) 3569 (900SS, CR) 1330 (900SL, SP) 1550 (750) 737 (600/400)**

Troy Corser gewann 1996 die Superbike-Weltmeisterschaft auf der Promotor-996.

RECHTS: Das nackte Werks-Superbike von 1996.

916SPA, 916SP3, 916/748 STRADA, BIPOSTO, 748SP 1996 Unterschiede zu 1995

Bohrung (mm)	96 (SPA)
Hubrum (cm³)	955 (SPA)
Stückzahlen	54 (SPA) 497 (SP3) 1844 (916S/Bip) 1560 (748)

955SP, 916SP3, 916 Strada, Biposto, 748SP, Strada, Biposto

Die 916SP wurde in diesem Jahr zur SP3, augenscheinlich identisch mit der 916SP von '95, aber mit weniger Kohlefaserkomponenten. In diesem Jahr gab es keine Senna, aber um den 955-cm³-Motor für AMA-Rennen zu homologieren, war eine 955-cm³-916SPA in den USA erhältlich. 916, 748SP und Biposto waren praktisch unverändert.

900, 750 600 Monster, 900 Superlight, SP, CR, 900, 750, 600, 400 Supersport

Die 750er Monster war das einzige neue Modell für 1996. Es handelte sich dabei um das 600er Monster-Fahrwerk mit einem 750er Supersport-Motor und fünf Gängen. Neunhundert Motoren erhielten neue Kurbelgehäuse, aber alle anderen Zweiventilmodelle blieben unverändert.

OBEN LINKS: Die 916 Biposto blieb für 1996 weitgehend unverändert.

UNTEN LINKS: Das einzige neue Modell für '96 war die 750 Monster, eigentlich ein 750-cm³-Motor mit 600er Monster-Fahrwerk.

900, 750 600 MONSTER, 900, 750, 600, 400 SUPERSPORT, 900SL, SP, CR 1996
Unterschiede zu 1995 und zur 750SS

Federung vorne	40 mm Marzocchi-Gabel (M900)
Trockengewicht (kg)	178 (M750)
Vmax (km/h)	190 (M750)
Stückzahlen	2186 (M900) 1306 (M750) 1762 (M600/400) 1328 (900SS, CR) 981 (900SL, SP) 60 (750 SS) 663 (600/400SS)

1997

Im April übernahm Federico Minoli die Geschäftsführung von Ducati Motor. 1997 wurden die 996-cm³-916SPS und die erste Maschine der neuen Sport-Touring-Familie, die ST2, vorgestellt. Dank der finanziellen Sicherheit des neuen Eigentümers steigt die Produktion auf 27.051 Stück. Nach einer einjährigen Pause kehrte Carl Fogarty in das Superbike-Werksteam von Virginio Ferrari zurück. Obwohl die Leistung nun 168 PS bei 11.300/min betrug, die Zuverlässigkeit verbessert und sechs Rennen gewonnen wurden, verlor Fogarty den Titel.

916SPS, 916 Senna, Strada, Biposto, 748SP, Strada, Biposto

Das wichtigste neue Modell für 1997 war die 916SPS. Obwohl sie immer noch die Bezeichnung 916 trug, hatte sie 996 cm³ und ein neues Kurbelgehäuse für die World-Superbike-Homologation. Zu den weiteren Neuerungen gehörten größere Einlassventile und Einlasskanäle sowie 50-mm-Auspuffkrümmer. Die Senna II wurde ebenfalls 1997 gebaut, war praktisch identisch mit der früheren Version, trug jedoch helleres Grau. 916 und 748 wurden unverändert weiter gebaut.

1997 wuchs die 916SP auf 996 cm³ und wurde zur 916SPS. Optisch ähnelte sie der 916SP, bot aber erheblich mehr Leistung.

Abgesehen von den neuen Farben war die Senna II von 1997 praktisch identisch mit der Senna I von 1995.

ST2

Die ST2 knüpfte an die 906 und 907 I.E. an und war eine eher konventionelle Sport Touring. Der wassergekühlte 944-cm³-Zweiventil-Motor war eine Weiterentwicklung der 907, während der Rahmen auf der 900 Monster basierte und eine Hinterradaufhängung im Stil der 916 hatte. Das von Miguel Galluzzi entworfene Modell war besser ausgestattet als frühere ST-Ducatis und Seitenkoffer waren optional erhältlich.

916SPS, SENNA, 916/748 STRADA, BIPOSTO, 748SP 1997 Unterschiede zu 1996

Bohrung (mm)	98 (916SPS)
Hubraum (cm³)	996 (916SPS)
Verdichtung	11,5:1 (916SPS)
Leistung	134 PS bei 10.500/min (916SPS)
Trockengewicht (kg)	190 (916SPS)
Stückzahlen	404 (916SPS) 301 (Senna) 3814 (916S/Bip) 3243 (748)

Mit der ST2 wurde eine neue Familie von Sport-Touring-Ducatis begründet.

ST2 1997
Unterschiede zur 907I.E.

Bohrung (mm)	94
Hubraum (cm³)	944
Verdichtung	10,2:1
Einspritzung	Marelli 1.6M
Leistung	83 PS bei 8500/min
Federung vorne	43 mm Showa-Gabel
Federung hinten	Progressive Showa-Schwinge
Radstand (mm)	1430
Trockengewicht (kg)	209
Vmax (km/h)	215
Stückzahl	4324

1997 war das letzte Jahr der klassischen Supersportler. Hier eine 900er (mit neuer Grafik) im Vordergrund, dahinter eine 750er.

900, 750, 600, 400 MONSTER, 900SP/CR, 900, 750, 600, 400 SUPERSPORT 1997
Unterschiede zu 1996

Leistung	**66,6 PS bei 7000/min (M900)**
Stückzahlen	**3357 (M900)** **2352 (M750)** **4258 (M600/400)** **1411 (900SS, CR)** **300 (900SP)** **1146 (750 SS)** **1001 (600/400SS)**

900, 750, 600, 400 Monster, 900 SP/CR, 900, 750, 600, 400 Supersport

Um das Drehmoment bei niedrigen Drehzahlen zu verbessern, wurde der 900er Monster-Motor mit kleineren Ventilen und kürzeren Steuerzeiten umgestaltet. Ebenfalls neu war eine Standard-Lenkerverkleidung, die anderen Monster blieben unverändert. Während man auf eine neue Supersport wartete, wurde die bestehende 900 Supersport mit neuen Grafiken und kleineren Updates weitergeführt. Obwohl die Supersport immer noch ein kompetentes Motorrad war, wurde sie 1997 als antiquiert und veraltet angesehen und es wurde Zeit für eine Veränderung. Die US-900SS SP wurde weiter gebaut, ebenso die 900CR und die 750SS, aber alle mit neuen Grafiken.

1998

1998 kaufte TPG von Cagiva die restlichen 49 Prozent von Ducati. Die vollständige Übernahme machte sich sofort durch das neue Logo von Massimo Vignelli, eine Erhöhung der Belegschaft auf 714 Mitarbeiter und die Gründung der Tochtergesellschaft Ducati Performance bemerkbar. Zu den neuen Modellen gehörte die 900 Supersport, die Gesamtproduktion stieg leicht auf 27.970 Stück. In diesem Jahr wurde ein konzertierter Versuch unternommen, die Superbike-WM zu gewinnen, wobei Fogarty und Corser auf Werksmaschinen für verschiedene Teams fuhren. Die Werks-996 wurde mit neuem Rahmen und neuer Motorsteuerung überarbeitet und leistete 163 PS bei 12.000/min, genug für Fogarty, um seine dritte Superbike-WM zu gewinnen.

Carl Fogarty gewann 1998 seine dritte Superbike-Weltmeisterschaft auf der Werks-996.

OBEN: Die 916SPS Fogarty wurde im Laufe des Jahres in begrenzter Stückzahl produziert, um einen neuen Rennrahmen zu homologieren.

RECHTS: Die Modelle von 1998 hatten keine Tankaufkleber, hier eine US-916 Monoposto.

916SPS, 916 Senna, Strada, Biposto, 748SPS, Strada, Biposto

Abgesehen von der neuen Grafik wurden die 916 und 748 fast unverändert weiter gebaut. Um sie besser für World-Supersport-Rennen geeignet zu machen, ersetzte die 748SPS die 748SP und eine spezielle 916SPS Fogarty-Replik wurde gebaut, um den neuen World-Superbike-Rahmen zu homologieren. Die erste Serie der Fogarty-Nachbauten war hauptsächlich für den britischen Markt bestimmt. In diesem Jahr wurden auch die letzten 916 Senna gebaut.Eine begrenzte Anzahl von 748 Racing-Maschinen wurde ausgewählten Teams zur Verfügung gestellt.

916/748SPS, SENNA, 916/748 STRADA, BIPOSTO 1998 Unterschiede zu 1997

Trockengewicht (kg)	**194 (748SPS)**
Stückzahlen	**958 (916SPS)** **202 (916SPS Fogarty)** **300 (Senna)** **2827 (916S/Bip)** **3431 (748)**

Die letzte 916 Senna erschien 1998 – immer noch ähnlich der Vorgängerinnen, abgesehen von den Farben und Grafiken.

Die 900 Supersport FE setzte die Tradition der Superlight fort und war die letzte Supersport-Maschine mit Vergasermotor.

900 SUPERSPORT, 900SS FINAL EDITION 1998

Unterschiede zu 1997

Einspritzung	**Marelli 1.5M (900SS)**
Leistung	**80 PS bei 7500/min (900SS)**
Federung vorne	**43 mm Showa-Gabel (900SS)**
Federung hinten	**Showa Cantilever-Schwinge (900SS)**
Radstand (mm)	**1395 (900SS)**
Trockengewicht (kg)	**188 (900SS)**
Vmax (km/h)	**225 (900SS)**
Stückzahlen	**4406 (900SS) 900 (FE)**

900 Supersport, 900SS Final Edition

Die 900 Supersport wurde 1998 durch eine neue Version mit Einspritzanlage ersetzt. Sie wurde von Pierre Terblanche entworfen und galt als traditionelles Modell. Der Motor blieb luftgekühlt, der Rahmen und die Schwinge waren ähnlich wie bei der Vorgängerin, aber die Federung übernahmen Showa-Komponenten der neueren Generation. In diesem Jahr war auch eine 900SS Final Edition erhältlich, die der vorherigen Superlight ähnelte.

Die 1998 eingeführte 900 Supersport sah ganz anders aus als ihre Vorgängerin, aber sie setzte das klassische Thema fort.

900, 750, 600 MONSTER, ST2 1998	
Unterschiede zu 1997	
Federung vorne	**41 mm Showa-Gabel (M900)**
Bremsen vorne	**Doppelscheibe, 320 (M750)**
Stückzahlen	**3297 (M900)** **1804 (M750)** **5596 (M600)** **2494 (ST2)**

Die 98er M900S hatte bessere Bremsen als die 900 Supersport.

900, 750, 600 Monster, ST2

Der 1997 verzögerte Produktionsanlauf der ST2 führte dazu, dass sie '98 mit nur wenigen Änderungen (insbesondere der Aufkleber) weitergeführt wurde. Die Monster-Palette umfasste nun die 900S und die 900 Cromo (mit verchromtem Tank). Die einfache 900 Monster mit weniger Leistung wurde beibehalten (ohne kleine Verkleidung), während die 900S den früheren 73-PS-Motor und eine einstellbare Showa-Vorderradgabel erhielt. Die 750er Monster bekam Doppelscheibenbremsen vorne. Das vielleicht wichtigste neue Modell war die 600er Monster Dark. Sie wurde zum beliebtesten Modell in Italien.

1999

In diesem Jahr löste die 996 die 916 ab, die ST4 kam zur Sport-Touring-Reihe hinzu und eine 750 Supersport mit Einspritzung wurde eingeführt. Die Produktion stieg auf 34.657 Stück. 1999 gab es nur ein offiziell unterstütztes World-Superbike-Werksteam, Ducati Performance, mit den Fahrern Carl Fogarty und Troy Corser. Obwohl die 168 PS starke 996 Racer im Vergleich zum Vorjahr nur wenig verändert wurde, sorgte die evolutionäre Entwicklung für neue Dominanz. Fogarty gewann elf Rennen und Corser drei, während Troy Bayliss auf einer 996 Racing Special die Britische Superbike-Meisterschaft und Steve Martin die Australische Superbike-Meisterschaft gewannen.

Fogarty dominierte 1999 und gewann mit Leichtigkeit die Superbike-Weltmeisterschaft.

Die 1999er Werks-996 war extrem gut entwickelt.

Die 916 wurde 1999 durch die 996 ersetzt, die über einen größeren Motor und verbesserte Bremsen verfügte.

996/748SPS, BIPOSTO, 996S 1999

Unterschiede zu 1998

Bohrung (mm)	**98**
Hubraum (cm³)	**996**
Verdichtung	**11,5:1**
Trockengewicht (kg)	**198 (Biposto), 195 (Strada)**
Stückzahlen	**6929 (996) 2228 (748)**

996SPS, 996 Strada, Biposto, 748SPS, Biposto

Die 916 wurde in diesem Jahr durch die 996 ersetzt, nun mit Kurbelgehäuse und Kolben der SPS. Die SPS wurde ebenfalls zur 996, aber kaum verändert, ebenso wie die beiden 748er.

ST4, ST2

Als die 916 zur 996 weiterentwickelt wurde, fand der 916-cm³-Motor seinen Weg in die ST4. Die ST4 war eine Verschmelzung des Desmoquattro-Motors mit dem ST2-Chassis, wobei der vordere Zylinderkopf verkürzt wurde, um eine ausreichende Vorderradfreigängigkeit zu gewährleisten. Das Fahrgestell war praktisch identisch mit dem der ST2.

UNTEN LINKS: Die erste ST4 sah fast genauso aus wie die ST2, aber unter der Karosserie steckte ein 916 cm³ Desmoquattro-Motor.

ST4, ST2 1999 Unterschiede zu 1998

Bohrung (mm)	**94 (ST4)**
Hub (mm)	**66 (ST4)**
Hubraum (cm³)	**916 (ST4)**
Verdichtung	**11:1 (ST4)**
Ventilsteuerung	**Riemengetrieben, Desmodromik, doppelte obenliegende Nockenwellen, Vierventiler (ST4)**
Leitung	**107 PS bei 9000/min (ST4)**
Trockengewicht (kg)	**215 (ST4)**
Vmax (km/h)	**245 (ST4)**
Stückzahl	**3476 (ST4, ST2)**

SUPERSPORT UND MONSTER 1999
Unterschiede zu 1998

Bohrung (mm)	**88 (750SS)**
Hub (mm)	**61,5 (750SS)**
Hubraum (cm³)	**748 (750SS)**
Verdichtung	**9:1 (750SS)**
Einspritzung	**Marelli 1.5M (750SS)**
Leistung	**64 PS bei 8250/min (750SS)**
Radstand (mm)	**1405 (750SS)**
Vmax (km/h)	**205 (750SS)**
Stückzahlen	**2265 (900SS) 2760 (750SS) 6393 (M900) 3037 (M750) 7808 (M600/400)**

Zur 900 Supersport gesellte sich 1999 die kleinere 750er, die immer noch mit einem Fünfganggetriebe ausgestattet war. Es gab die Wahl zwischen einer Voll- oder Halbverkleidung (im Bild).

Supersport und Monster

1999 wurde die neue 900er um eine 750er Supersport ergänzt. Sie hatte den 750er Monster-Motor mit fünf Gängen, aber mit Weber-Marelli-Einspritzung. Das Modelljahr '99 zeichnete sich auch durch die Vermehrung der Monster aus, die nun fünfzehn Modelle umfasste. Die Monster 900, 900 Dark, 900S, 900 Cromo und 900 California erhielten den 74-PS-Motor, während die Monster 900 City und 900 City Dark mit der 71-PS-Maschine ausgestattet waren. Dazu gab es die Monster 750 Dark, 750 City, 750 City Dark, Monster 600 City und 600 City Dark.

2000

Ducati feierte das neue Jahrtausend mit der MH900e von Pierre Terblanche, die ausschließlich über das Internet verkauft wurde. Sie entsprach weitesgehend dem Konzeptmodell von 1998, wurde aber aufgrund von Produktionsverzögerungen erst ab 2001 gebaut. In ihrem letzten Jahr vor der Ablösung durch die Testastretta wurde die 996 Desmoquattro in einer weiteren limitierten Auflage angeboten, während die 748R als Homologationsmodell für den Supersport eingeführt wurde. Zum ersten Mal seit 1993 wurde die Monster überarbeitet und während die Produktion auf 39.549 Motorräder stieg, war das stärkste Wachstum nun bei Bekleidung und Zubehör.

In der Superbike-Weltmeisterschaft fuhr der ehemalige AMA-Champion Ben Bostrom zusammen mit Carl Fogarty im offiziellen Team Ducati Infostrada. Fogarty stürzte auf Phillip Island, die Verletzungen beendeten seine Karriere, und Troy Bayliss nahm schließlich seinen Platz ein. Obwohl die Werks-996 nun 173 PS bei 12.000/min leistete, war das Team schlecht auf Fogartys Rückzug vorbereitet und Bayliss gewann nur zwei Rennen. Weitere zehn 996 Racing Specials wurden für ausgewählte Teams in der Superbike-WM und den nationalen Meisterschaften produziert. Neil Hodgson gewann die Britische Superbike-Meisterschaft.

Die letzte von mehreren limitierten Serien der 996SPS war 2000 die Pista.

996SPS, S, BIPOSTO, 748R, S, ECONOMY 2000 Unterschiede zu 1999	
Leistung	97 PS bei 11.000/min (748S, Economy) 106 PS bei 11.000/min (748R)
Federung vorne	43 mm Öhlins-Gabel (996SPS)
Federung hinten	Öhlins (996SPS, 748R) Sachs-Boge (748 Economy)
Trockengewicht (kg)	187 (996SPS) 192 (748R) 196 (748 Economy)
Vmax (km/h)	255 (748R)
Stückzahlen	5000 (996) 7791 (748)

Die 2000er 748R verfügte über zahlreiche Merkmale, die zuvor den Rennmaschinen vorbehalten waren.

996SPS, 996S, 996 Biposto, 748R, 748S, 748 Economy

Die 996SPS erhielt eine Öhlins-Vorderradgabel und die letzte Fogarty-Replik erschien, die 996 Factory Replica 2 oder Pista (Rennstrecke). In den USA war in diesem Jahr eine 996S erhältlich, eine 996SPS mit einem normalen 996-Motor, während die 748R, die Ducati mit der bisher höchsten Spezifikation, die 748SPS ersetzte. Dazu gehörten die Rennsport-Einspritzanlage und eine größere Airbox. Die 748S und die 748 Economy vervollständigten die 748-Baureihe.

Monster, ST4, ST2, 900 und 750 Supersport

Die Monster machte '99 43 Prozent der Verkäufe aus, weshalb man die Modellpalette erweiterte und für das Jahr 2000 eine fast unüberschaubare Anzahl von Monster mit 900, 750 und 600 cm³ anbot. Zu den Varianten gehörten die Monster Dark, City, Metallic und Special und alle erhielten eine größere Showa-Upside-Down-Gabel. Rücklichter, Tank, Räder und Schutzbleche wurden neugestaltet, die Bremse vorne verbessert. Die Monster 900 hatte jetzt eine Einspritzanlage, während die 600er und 750er weiterhin mit Mikuni-Vergasern ausgestattet waren.

Abgesehen von kosmetischen Änderungen gab es bei den Sport Touring-Modellen für 2000 nur wenig Neues. Die ST4 erhielt einen größeren Reifen hinten und wurde mit dickeren Bremsscheiben aufgerüstet. Auch an der 900er und 750er Supersport wurden nur minimale Änderungen vorgenommen, vor allem ein höherer Lenker und eine Windschutzscheibe.

2001

In diesem Jahr kam die zweite Generation des Desmoquattro-Motors auf den Markt, der Testastretta. Er trieb zunächst die limitierte Auflage der 996R an, sollte aber schließlich den Desmoquattro ersetzen. In der Zwischenzeit schaffte es der 996 Desmoquattro in die ST4S, während das 916-Aggregat nun die Monster S4 und die Limited-Edition Fogarty S4 antrieb. Die MH900e ging ebenfalls in Produktion, und die Gesamtzahl der 2001 gebauten Motorräder stieg auf 40.602.

Ducati Corse unterstützte mit der neuen 998 Testastretta zwei Teams in der World Superbike. Ruben Xaus fuhr zusammen mit Bayliss im Team Ducati Infostrada, während Ben Bostrom in einem von L&M gesponserten Team fuhr. Der Testastretta-Motor zeichnete sich durch einen engeren Ventilwinkel von 25°, eine größere Bohrung und einen kürzeren Hub aus; die Werksrenner leisteten 176 PS bei 12.000/min.

Bayliss war mit der 998 sofort glücklicher und mit sechs Siegen gewann er die Superbike-WM. Auch Bostrom hatte eine hervorragende Saison und gewann fünf Rennen in Folge. Die Kundenmaschine 996RS ähnelte der 2000er Werksmaschine und behielt den früheren 996 cm³ Desmoquattro-Motor bei. In Großbritannien waren John Reynolds, Sean Emmett und Steve Hislop unschlagbar, wobei Reynolds schließlich die Meisterschaft gewann.

MONSTER, SPORT TOURING, SUPERSPORT
Unterschiede zu 1999

Einspritzung	**Marelli 1.5M (M900 I.E.)**
Leistung	**78 PS bei 8000/min (M900 I.E.)**
Federung vorne	**43 mm Showa-Gabel (Monster)**
Reifen hinten	**180/55x17 (ST4)**
Vmax (km/h)	**210 (M900 I.E.)**
Stückzahlen	**6393 (M900) 3910 (M750) 8179 (M600) 2738 (ST4, ST2) 2338 (900SS) 1687 (750SS)**

OBEN LINKS: Die 900 Monster wurde von Pierre Terblanche für 2000 leicht überarbeitet und erhielt eine Benzineinspritzung.

LINKS: Troy Bayliss gewann die Superbike-Weltmeisterschaft 2001 auf der neuen 998 Testastretta.

Die 996R war das Homologationsmodell für den Testastretta-Motor. Ebenfalls homologiert wurde die glatte Verkleidung ohne Lufteinlässe.

996R

Für die World Superbike wurde der Testastretta mit der 996R homologiert. Als Ersatz für die 996SPS wurde sie in einer limitierten Auflage von 500 Stück gebaut. Aufgrund von Schwierigkeiten bei der Straßenhomologation lieferte man alle US-Exemplare ohne Ständer und Licht aus, obwohl die Leitungen verlegt waren. Die 996S bekam den 123 PS starken 996SPS-Motor, um die Lücke zwischen der 996R und der 112 PS starken 996 zu schließen. In diesem Jahr war auch eine spezielle US-996S erhältlich, die mit einer Öhlins-Gabel, Ducati-Corse-Aufklebern und dem schwächeren Motor ausgestattet war. Abgesehen von der Öhlins-Gabel der 748R wurden die drei 748er kaum verändert.

Monster, Sport Touring, Supersport

Die Monster-Baureihe wurde um die lang erwartete Desmoquattro Monster S4 erweitert. Dabei handelte es sich nicht um Zweiventil-Variante, sondern um eine Adaption der ST4, die den 916-Motor und die Rahmenarchitektur mit dem Sport Tourer-Modell teilte. Zu Ehren des erfolgreichsten Rennfahrers des Unternehmens, Carl Fogarty, bot Ducati 2001 eine limitierte Auflage der Monster S4 Fogarty an. Vordergründig eine Standard Monster S4 mit Termignoni-Auspuffanlage, sorgte der Designer Aldo Drudi für eine neue, farblich abgestimmte Karosserie. Während die Zweiventil-Monster 2001 unverändert blieb, umfasste die Modellpalette vier 900er, drei 600er und 750er als Dark, Metallic, Cromo und die 900 Special. Die 400er, 600er und 750er Monster waren weiterhin mit Vergasern ausgestattet, alle Modelle verfügten jetzt über einen Drehzahlmesser. Für 2001 wurde die 996-cm³-ST4S neben der ST2 und ST4 in die Sport Touring-Reihe aufgenommen, die Supersport-Reihe wurde um die 750 Sport ergänzt.

996R, 996S, 996, 748R, 748S, 748 2001
Unterschiede zu 2000

Bohrung (mm)	**100 (996R)**
Hub (mm)	**63.,5 (996R)**
Huraum (cm³)	**998 (996R)**
Verdichtung	**11,4:1 (996R)**
Einspritzung	**Marelli 5.9M (996R)**
Leistung	**135 PS bei 10.200/min (996R)**
Federungg vorne	**43 mm Öhlins (996R, 748R)**
Federung hinten	**Öhlins (996R, 996S, 996)**
Trockengewicht (kg)	**185 (996R)**
Stückzahlen	**5762 (996) 4359 (748)**

Eine limitierte Auflage der Monster S4, die 2001 über das Internet zum Verkauf angeboten wurde, war die Foggy Monster S4.

Die limitierte ST4S wurde vom 996 cm³ Desmoquattro-Motor angetrieben und verfügte über hochwertige Fahrwerksteile.

MONSTER S4, FOGARTY S4 2001
Unterschiede zur 2000er Monster

Mtor	**Wassergekühlter 90° V2-Viertakter**
Bohrung (mm)	**94**
Hub (mm)	**66**
Hubraum (cm³)	**916**
Vedichtung	**11,0:1**
Ventiltrieb	**Riemengetrieben, Desmodromik, doppelte obenliegende Nockenwellen, Vierventiler**
Einspritzung	**Marelli 5.9M**
Leistung	**101 PS bei 8750/min 110 PS bei 9750/min (Foggy)**
Reifen	**120/70x17, 180/55x17**
Radstand (mm)	**1440**
Trockengewicht (kg)	**193 (189, Foggy)**
Vmax (km/h)	**225**
Stückzahlen	**8183 (S4 2000, 2001) 2782 (M900) 1978 (M750) 8823 (M600/400)**

ST4S 2001 Unterschiede zur 2000er ST4

Bohrung (mm)	**98**
Hub (mm)	**66**
Hubraum (cm³)	**996**
Verdichtung	**11,5:1**
Einspritzung	**Marelli 5.9M**
Leistung	**117 PS bei 8750/min**
Federung hinten	**Sachs Boge (ST4) Öhlins (ST4S)**
Trockengewicht (kg)	**212**
Vmax (km/h)	**255**
Stückzahl	**3734 (ST4S, ST4, ST2)**

750 SPORT 2001
Unterschiede zur 2000er 750SS

Bremse vorne (mm)	**Scheibe, 320**
Radstand (mm)	**1410**
Trockengewicht (kg)	**181**
Stückzahl	**1515 (900SS) 2974 (750SS, 750S)**

Mike Hailwood 900 Evoluzione

Inspiriert von den 900NCR-Rennmaschinen der späten 70er, begann die Produktion der limitierten MH900e von Terblanche im Jahr 2001. Sie wird vom 900-Supersport-Motor mit Einspritzung angetrieben. Der Stahl-Gitterrohrrahmen ist ebenso wie die Einarmschwinge MH900e-spezifisch. Wie beim Prototyp von 1998 war der Motor mit stilisierten Ölwannenabdeckungen ausgestattet und die Grafiken entsprachen dem früheren Giugiaro-Typen. Technisch mag sie nicht außergewöhnlich gewesen sein, dafür war das Terblanche Design der MH900e spektakulärer. Trotz der recht großen Stückzahl ist sie eine der sammelwürdigeren modernen Ducatis.

Ein weiteres Projekt von Terblanche war die unverwechselbare MH900e. Beim Motor handelte es sich um einen Standard-900-Supersport, die meisten anderen Komponenten waren aber MH900e-spezifisch.

2002

Ducati begann 2002 mit der Entwicklung eines MotoGP-Renners und stellte Ende Mai den Prototyp der Desmosedici vor. Zu den neuen Modellen gehörten die vorläufige 998 Testastretta und die verbesserte Monster-Produktpalette. 2002 wurden 39.607 Motorräder verkauft, davon 19.600 Monster. Die Gesamtproduktion betrug 39.534.

Ducati Corse aktualisierte das Werks-Superbike. Die 998F02 war ein Interimsmodell bis zur Einführung der neuen 999. Mit einem Testastretta-Motor der zweiten Generation, mit größerer Bohrung und kürzerem Hub, wurde die Leistung auf 188 PS bei 12.500/min gesteigert. In diesem Jahr scheiterte Bayliss knapp an einer weiteren Superbike-Weltmeisterschaft, doch Ducati hatte Erfolg in der Britischen Superbike-Meisterschaft: Steve Hislop gewann die Meisterschaft auf einer Kunden-998-Testastretta.

MH900E 2001 Unterschiede zur 900SS	
Reifen	**120/65x17, 170/60x17 (120/70x17 oder 180/55x17)**
Radstand (mm)	**1410 ± 10**
Trockengewicht (kg)	**186**
Vmax (km/h)	**215**
Stückzahl	**2010**

998R, 998S, 998, 748R, 748S, 748

2002 trieb der 998-cm³-Testastretta-Motor alle Superbikes mit großem Hubraum an, die nun die Bezeichnung 998 trugen. Die spektakuläre 998R mit 999 cm³ Hubraum, die mit der größeren Bohrung und dem kürzeren Hub des World- Superbike-Renners 998F02 ausgestattet war, stand an der Spitze der Baureihe. Sie verband den zeitlosen Stil der 916 mit dem Testastretta-Motor der neueren Generation und war als letztes Beispiel der von der 916 abgeleiteten Homologationsmodelle wohl das schönste. Die 748er-Reihe blieb bis auf Farben und Aufkleber unverändert.

Der Optik des MH900e-Tanks und der Verkleidung wurde absichtlich so gestaltet, um eine Assoziation zu den NCR-Racern der späten 70er-Jahre zu wecken.

Der 998F02 World-Superbike-Renner von Ben Bostrom war ein Interimsmodell mit dem 999-cm³-Kurzhubmotor.

Die 998S, in der Spezifikation etwas unterhalb des 998R angesiedelt, war prinzipiell ein 2001er 996R-Motor im 998-Chassis. Angetrieben wurde der Basis-998 von einem etwas schwächeren Testastretta. Da die leistungsstärkeren Versionen in Amerika nicht straßenzugelassen waren, erhielten die US-998S ebenfalls den Einstiegs-998, jedoch mit einer Öhlins-Vorderradgabel. Ebenfalls 2002 brachte Ducati zwei 998S-Modelle in limitierter Auflage heraus: die Bayliss 998S und die Bostrom 998S. Beide erhielten eine Öhlins-Vorderradgabel und eine den Rennmaschinen nachempfundene Farbgebung.

Monster, Sport Touring, Supersport

Die dreiteilige Sport Touring-Reihe blieb im Wesentlichen unverändert, ebenso wie die Supersport-Reihe, mit Ausnahme eines zusätzlichen Modells: der 900 Sport. Damit wurde die Palette auf vier Modelle erweitert. Um sich von der 900 Sport zu unterscheiden, erhielt die 900 Supersport ein Öhlins-Federbein und eine neue Aluminiumschwinge.

UNTEN RECHTS: Die 998R war die letzte limitierte Serie auf Basis der 916.

998, R, S, BOSTROM, BAYLISS,
Unterschiede zu 2001

Bohrung (mm)	**104 (998R)**
Hub (mm)	**58.8 (998R)**
Hubraum (cm³)	**999 (998R)**
Vrdichtung	**12,3:1 (998R)**
Leistung	**139 PS bei 10.200/min (998R) 136 PS bei 10.200/min (998S) 123 PS bei 9750/min (998, 998S US)**
Trockengewicht (kg)	**183 (998R) 185 (Bostrom US) 187 (998S, Bostrom, Bayliss) 198 (998)**
Vmax (km/h)	**280 (998R) 270 (998S)**

Die 998S Bostrom ist eine auffällige Nachbildung des Werks-Superbike-Renners von Ben Bostrom.

UNTEN: Die 2002er 620S I.E. hatte einen überarbeiteten Motor, Doppelscheibenbremsen vorne und eine kleine Windschutzscheibe.

OBEN: Eine weitere limitierte Auflage der 998S war die Bayliss, die ebenfalls in den Farben des Superbike-Vorbilds gehalten war.

Unten: Ebenfalls neu für 2002 war die einfachere 900 Sport.

Bis zum Jahr 2002 wurde die Monster zum wichtigsten Modell in der Ducati-Geschichte. Sie verkaufte sich über 100.000 Mal und symbolisiert Ducati noch mehr als die Klassiker 916 bis 998. Die Monster-Baureihe wurde um fünf verschiedene Hubraumversionen erweitert und bis auf die Basis-600-Dark wurde die gesamte Familie nach Vorbild der S4 neu gestaltet. Dazu gehörten die neue Einspritzung und der S4-Rahmen. 2002 waren die 620 I.E. und 620S I.E. Monster neu, die 620er mit fünf Gängen, die von der 600er abgeleitet war, sowie die 750 I.E. und 750S I.E. für die USA. Da das Modell kurz vor der Ablösung stand, waren die M900 I.E. und die M900 I.E. Dark die einzigen verblieben 900er Monster im Sortiment.

900 SPORT 2002

Unterschiede zur 2001er 900SS

Federung vorne	**43 mm Marzocchi-Gabel (900 Sport)**
Federung hinten	**Sachs (900 Sport) Öhlins (900SS)**
Radstand (mm)	**1405**

900, 750, 620 I.E. MONSTER 2002

Unterschiede zu 2001

Bohrung (mm)	**80 (620)**
Hub (mm)	**61,5 (620)**
Hubraum (cm³)	**618 (620)**
Verdichtung	**10,5:1 (620)**
Einspritzung	**Marelli 5.9M**
Leistung	**60 PS bei 9500/min (620) 64 PS bei 8750/min (750)**
Federung vorne	**43 mm Marzocchi-Gabel (620)**
Federung hinten	**Sachs-Boge (620)**
Bremsen vorne (mm)	**Doppelscheibe, 320 (620)**
Radstand (mm)	**1440**
Trockengewicht (kg)	**177 (620) 179 (750) 189 (900)**
Vmax (km/h)	**185 (620) 195 (750)**

KAPITEL 8

WIRRE KURSWECHSEL

DIE 999 UND SPORT CLASSIC, 2003–2006

Die erste Version der Desmosedici-MotoGP-Rennmaschine. Sie war von Anfang an erstaunlich konkurrenzfähig.

Neil Hodgson dominierte die Superbike-Weltmeisterschaft 2003 auf der neuen 999 komplett.

2003 schlug Ducati eine neue Richtung ein: Die umstrittene 999 löste die kultige 916/996/998 ab. Während die erste Stufe dieser evolutionären Ablösung mit der Einführung des Testastretta-Motors in der 996R und 998 erfolgte, war es unvermeidlich, dass ein neues Modell die alternde 916 ersetzen würde. Obwohl die 999 immer noch eher evolutionär als revolutionär ist, wurde sie im Vergleich zur 998 beträchtlich überarbeitet, vor allem durch das von Pierre Terblanche geprägte Design. Obwohl die 999 in der Superbike-Weltmeisterschaft immer noch erfolgreich war, scheiterte sie letztendlich auf dem Markt und führte dazu, dass Ducati nur drei Jahre nach ihrer Einführung einen Nachfolger vorstellte. Diese kurze, verworrene Zeit endete damit, dass die TPG ihre Anteile 2006 an das italienische Unternehmen Investindustrial verkaufte.

2003

In diesem Jahr kamen nicht nur die 999 und die Multistrada auf den Markt, sondern auch die 1000 und 800 Supersport sowie die Monster, die die bisherigen 900 und 750 ablösten. Leider führte der Widerstand gegen die 999 zu einem Rückgang der Motorradproduktion auf 38.417 Stück. Während die 999 auf wenig Gegenliebe stieß, überraschte Ducati mit der sofortigen Konkurrenzfähigkeit der Desmosedici in der MotoGP. Unter der Leitung von Filippo Preziosi kombinierte der 90°-Vierzylinder bewährte Technik (Desmodromik und Stahlrohrrahmen) mit modernster Aerodynamik und Federung. Der wassergekühlte 16-Ventil-Motor mit 86 mm Bohrung und 42,6 mm Hub leistete mehr als 220 PS bei 16.000/min und wurde 2003 von Loris Capirossi und Troy Bayliss gefahren. Als Capirossi in Catalunya gewann, bescherte er Ducati den ersten Grand-Prix-Sieg seit 1959. Capirossi wurde Vierter in der Meisterschaft, Bayliss Sechster, und Ducati wurde Zweiter in der Herstellerwertung – eine phänomenale Leistung für einen so kleinen Hersteller.

Loris Capirossi auf der 2003er D16. Er gewann einen Grand Prix und wurde Vierter in der Weltmeisterschaft.

Da alle anderen Hersteller beschlossen, sich auf die MotoGP zu konzentrieren, stellte Ducati das einzige werksunterstützte Team in der Superbike-WM. Mit dreizehn Siegen gewann Neil Hodgson mühelos die Meisterschaft auf der 999F03, die nun 189 PS bei 12.500/min leistete. Die

Die 999R Fila wurde zur Feier von 200 World-Superbike-Siegen herausgebracht. Im Hintergrund sind die 999F03 Rennmaschinen von Neil Hodgson und Ruben Xaus zu sehen.

UNTEN RECHTS: Angetrieben von dem 999-cm³-Testastretta, setzte die 999R die Tradition der limitierten, hochspezialisierten Serienhomologationsmodelle fort.

Ducati 998 dominierte weiterhin die Britische Superbike-Meisterschaft, aber in diesem Jahr war es Shane Byrne, der mit zwölf Siegen auf einer 998F02 die Serie gewann.

999 Fila, 999R, 999S, 999, 998, 749S, 749, 748

An der Spitze der 2003er-Produktionspalette stand die 999, zu der sich kurz darauf eine ähnliche 749 gesellte. Die 999 war zunächst in drei Versionen erhältlich: als 999R, 999S und 999, die 749 als 749S und 749, alle mit Testastretta-Motoren. Die bekannten 998 und 748 wurden noch ein Jahr lang weitergebaut, allerdings nur in der Standardausführung. Im Jahr 2003 wurde eine limitierte Auflage der 999R Fila zur Feier von 200 World-Superbike-Siegen aufgelegt.

999, S, R, FILA, 749, S, 748 2003

Unterschiede zur 998

Bohrung (mm)	90 (749)
Hub (mm)	58,8 (749)
Hubraum (cm³)	748,14 (749)
Verdichtung	11,7:1 (749)
Leistung	103 PS bei 10.000/min (749) 139 PS bei 10.500/min (999R) 136 PS bei 9750/min (999S) 124 PS bei 9500/min (999)
Federung vorne	43 mm Öhlins (999R, 999S, 749R) 43 mm Showa (999, 749S, 749)
Federung hinten	Showa (749S) Öhlins (999R, 999S, 749R) Boge (749)
Bremse hinten (mm)	Scheibe, 240
Reifen hinten	180/55x17 (749), 190/50x17 (999)
Radstand (mm)	1420
Trockengewicht (kg)	199 (999, 999S, 749, 749S) 193 (999R)
Vmax (km/h)	240 (749) 250 (749S) 265 (999) 270 (999R, 999S)

Die 999, ein weiteres Produkt von Pierre Terblanche, behielt viele der charakteristischen Merkmale von Ducati bei, war aber absichtlich lang, niedrig und schmal, um die Stirnfläche zu verringern. Die Schwinge war nun doppelseitig, das Fahrwerk so ausgelegt, dass mehr Gewicht auf dem Vorderrad lastete und die 999R verfügte vorne – zum ersten Mal bei einer Serien-Ducati – über radial verschraubte Brembo-Sättel. Die 999 wird von Motoren angetrieben, die denen der 998 von 2002 sehr ähnlich sind. Die 999R behielt den kürzerhubigen 999-cm³-Motor, während die 999S den 998S-Motor hatte und die Basis-999 bekam die leistungsschwächere 998-cm³-Version.

Neu in diesem Jahr war die nächste Evolutionsstufe der Testastretta, die 749. Das Chassis der 749, die die 748 ablöste, ähnelte dem der 999. Dass die 999 die 998 in den Schatten stellte, bewies ihr Erfolg in der Superbike-WM. Die sorgfältige Gewichtsverteilung, der niedrigere Schwerpunkt, die längere Schwinge und der längere Radstand trugen zur verbesserten Stabilität beim Bremsen und Beschleunigen bei – was die Käufer aber nicht honorierten.

Ähnlich wie die 999 ersetzte die 749 im Jahr 2003 die 748. Obwohl sie Verbesserungen gegenüber der früheren 998/748 darstellen, stießen sowohl die 999 als auch die 749 auf dem Markt auf Widerstand.

UNTEN LINKS: Die 2003er Multistrada war ein brillantes Allround-Motorrad, das sich in der Mitte zwischen Straßenmotorrad und Trailbike befand.

Multistrada, Supersport, Monster, Sport Touring

Ebenfalls neu für 2003 war die Multistrada von Pierre Terblanche, die für den Einsatz in den Bergen, in der Stadt und auf der Rennstrecke gleichermaßen geeignet ist. Angetrieben wird die Multistrada von einem weiterentwickelten Desmodue mit Doppelzündung, der in einem neuen Stahlrohrrahmen mit Einarmschwinge untergebracht ist. Die traditionelle Supersport-Baureihe wurde überarbeitet und auf dem Markt neu positioniert. Jetzt gab es drei Hubräume: 620, 800 und 1000 cm³, darunter die 620 und 800 Sport sowie die 800 und 1000 Supersport. In diesem Jahr ersetzten die 800er- und 1000er-Motoren die 750er- und 900er-Motoren in der gesamten Supersport- und Monster-Reihe, während der

MULTISTRADA, SPORT TOURING 2003

Unterschied zu 2002

Motor	**Luftgekühlter 90°-V2-Viertakter (Multistrada)**
Bohrung (mm)	**94 (Multistrada)**
Hub (mm)	**71,5 (Multistrada)**
Hubraum (cm³)	**992 (Multistrada)**
Verdichtung	**10,5:1 (Multistrada)**
Ventiltrieb	**Riemen, Desmodromik, je eine obenl. Nockenwelle (Multistrada)**
Einspritzung	**Marelli 5.9M**
Leistung	**84 PS bei 8000/min (Multistrada)**
Federung vorne	**43 mm Showa-Gabel (Multistrada)**
Federung hinten	**Showa (Multistrada)**
Bremse vorne (mm)	**Doppelscheibe, 320 (Multistrada)**
Bremse hinten (mm)	**Scheibe, 245 (Multistrada)**
Reifen	**120/70x17, 180/55x17 (Multistrada)**
Radstand (mm)	**1462 (Multistrada)**
Trockengewicht (kg)	**188 (Multistrada) 217 (ST4sABS)**
Vmax (km/h)	**208 (Multistrada)**

OBEN LINKS: Die 1000DS führte 2003 die Supersport-Reihe mit dem gleichen Motor wie die Multistrada und die 1000er Monster an.

OBEN: Nach zehn Jahren löste die Monster 1000 im Jahr 2003 die sehr erfolgreiche M900 ab. Der größere Motor verlieh nicht nur der hier abgebildeten Monster 1000 Dark neuen Schwung.

SUPERSPORT 1000, 800, 620 2003
Unterschiede zu 2002 und zur Multistrada

Bohrung (mm)	**88 (800)** **80 (620)**
Hub (mm)	**66 (800)** **61,5 (620)**
Hubraum (cm³)	**803 (800)** **618 (620)**
Leistung	**85,5 PS bei 7750/min (1000)** **74,5 PS bei 8250 /min (800)** **61 PS bei 8750/min (620)**
Federung vorne	**43 mm Showal** **43 mm Marzocchi (800, 620 Sport)**
Federung hinten	**Öhlins (1000)**
Reifen hinten	**180/55x17 (1000)**
Radstand (mm)	**1395 (1000)** **1405 (800, 620)**
Trockengewicht (kg)	**185,2 (1000)** **182,3 (800)** **182 (620)**
Vmax (km/h)	**230 (1000)** **210 (800)** **195 (620)**

M1000, S, M800, S, 620 2003
Unterschiede zu 2002 und zur Supersport

Verdichtung	**10:1 (1000)** **10,4:1 (800)**
Leistung	**73 PS bei 8250/min (800)**
Reifen hinten	**180/55x17 (1000)**
Trockengewicht (kg)	**179 (800)**
Vmax (km/h)	**220 (1000)** **210 (800)**

620er-Motor der gleiche war, der 2002 in der Monster 620 eingeführt wurde. Der Multistrada 1000DS-Motor trieb die 1000DS Supersport und die Monster 1000 und 1000S an, während der 800er-Motor eine Weiterentwicklung des vorherigen 750er-Motors war. Außerdem wurde die preiswerte Monster 620, die 800S und 800 Sport sowie die neue ST4sABS angeboten.

2004

Trotz der Einführung mehrerer neuer Modelle gingen die Verkäufe 2004 zurück. Die Supersport war mit einem Produktionsrückgang von 49,4 Prozent auf 1426 Stück besonders stark betroffen, aber die Sport Touring und die Multistrada hatten ebenfalls zu kämpfen. Die 916-cm³-ST4 und

James Toseland auf dem Weg zum Gewinn der Superbike-Weltmeisterschaft 2004.

S4 wurden eingestellt, und die Produktion ging auf 36.560 Stück zurück. Im Dezember 2004 entließ das Unternehmen kurzzeitig die Belegschaft.

Nachdem Ducati Corse 2003 mit der Desmosedici alle überrascht hatte, wurde für die MotoGP-Saison 2004 eine überarbeitete D16GP4 entwickelt. Obwohl die Leistung auf 230 PS bei 16.500/min erhöht wurde, erfüllte die D16GP4 die anfänglichen Erwartungen nicht. Für die Superbike-Weltmeisterschaft 2004 verpflichtete Ducati James Toseland und Régis Laconi, um die Fila 999F04 zu fahren. Als einziges offizielles Werksteam in der Serie gewannen die 999er zehn Rennen, wobei Toseland die Meisterschaft knapp vor Laconi holte. Die Leistung der 999F04 betrug 189 PS bei 12.500/min.

Der Fila 999F04 Werks-World-Superbike-Renner war eine evolutionäre Weiterentwicklung der erfolgreichen 2003er Version.

999R, 999S, 999, 998 FE, Matrix, 749R, 749S, 749

In diesem Jahr wurden zwei letzte Versionen der 998 veröffentlicht: die 998FE (Final Edition) und die 998 Matrix. Die 998FE ähnelte der früheren 998S, während es sich bei der 998 Matrix um eine

Eine der letzten 998er war die Matrix, die im Film »The Matrix Reloaded« zu sehen ist.

999, S, R, 749, S, R, DARK 2004
Unterschiede zu 2003

Bohrung (mm)	**94 (749R)**
Hub (mm)	**54 (749R)**
Hubraum (cm³)	**749,5 (749R)**
Verdichtung	**12,3:1 (749S); 12,7:1 (749R)**
Einspritzung	**Marelli 5AM (749R)**
Leistung	**110 PS bei 10.500/min (749S)** **118 PS bei 10.250/min (749R)**
Trockengewicht (kg)	**193 (749R)** **192 (999R)**

Neu für 2004 war die 749R, die die bisher beste Ausstattung für eine Serien-Ducati bot.

UNTEN: 2004 ersetzte die ST3 die ST2. Sie hatte eine neue Verkleidung und einen Dreiventil-Motor.

998 handelte, die wie im Film »Matrix« dunkelgrün lackiert war. In diesem Jahr gab es drei Versionen der 999 und der 749, darunter die Standard-, die S- und die R-Version. Die 999er wurden kaum verändert, anders als die 749er. Neben einer neuen 749 Dark war der Motor der 749S nun leistungsstärker und die 749R galt als das technisch fortschrittlichste Serienmotorrad, das Ducati je angeboten hatte. Die 749R wurde als Homologationsmodell für World-Supersport-Rennen entwickelt und war Im Grunde eine Rennmaschine mit Straßenausstattung. Angetrieben wurde sie von einem neuen kurzhubigen Testastretta-Motor mit Marelli-Rennsport-Einspritzanlage. Der Rahmen war identisch mit dem der 749S,die Aluminiumschwinge lieferte der 2004er 999R.

ST3, ST4, ST4S 2004

Unterschiede zu 2003

Bohrung (mm)	**94 (ST3)**
Hub (mm)	**71.5 (ST3)**
Hubraum (cm³)	**992 (ST3)**
Verdichtung	**11,3:1 (ST3)**
Ventilsteuerung	**Riemengetrieben, Desmodromik, je eine obenliegende Nockenwelle, Dreiventiler ST3**
Leistung	**102 PS bei 8750/min (ST3)**
Trockengewicht (kg)	**214 (ST3)**
Vmax (km/h)	**235 (ST3)**

Sport Touring

Die ST2 wurde im Jahr 2004 durch die ST3 ersetzt, angetrieben von einem neuen desmodromischen Dreiventil-Motor (Desmotre). Kurbelgehäuse, Kurbelwelle, Getriebe und Kupplung glichen dem 1000DS, aber der Zylinderkopf mit einer obenliegenden Nockenwelle war neu. Wie der 1000DS verfügte er über Doppelzündung. Dieses Aggregat vereinte die besten Eigenschaften der ST2 und der ST4 und eignete sich perfekt für die Sport Touring. Das Fahrwerk entsprach im Wesentlichen dem der ST2 und die neue Verkleidung und das Armaturenbrett wurden mit der ST4 geteilt.

Monster, Supersport und Multistrada

Obwohl die Supersport-Familie im Vorjahr erheblich überarbeitet wurde, blieben die Verkäufe hinter den Erwartungen zurück. 2004 wurden nur die 800 und 1000 angeboten, beide unverändert und mit Vollverkleidung. Unverändert blieb auch die Multistrada. Nach zehn Jahren und mit 130.000 gebauten Exemplaren war die Monster wesentlich erfolgreicher als die Supersport und umfasste nun sieben Versionen und vier verschiedene Motoren. Neu in diesem Jahr waren die S4R und die 620. Als Ersatz für die S4 war die Monster 996-cm³-S4R die bisher leistungsstärkste Monster, versehen mit einem überarbeiteten Fahrwerk und einer Alu-Einarmschwinge. Die 620 verfügte über eine APTC-Kupplung. Bis auf die 620 Dark verfügten die anderen 620er, einschließlich der 620S Capirossi (zu Ehren des MotoGP-Werksfahrers), nun über ein Sechsgang-Getriebe.

Die 2004er Monster S4R hatte einen 996-cm³-Desmoquattro-Motor.

Eine weitere Variante der 620 Monster für 2004 war die Capirossi, komplett mit der Startnummer 65 des Fahrers.

MONSTER S4R, 1000, 800, 620 2004

Unterschiede zur S4 und 2003

Bohrung (mm)	**98 (S4R)**
Hubraum (cm^3)	**996 (S4R)**
Verdichtung	**11,6:1 (S4R)**
Leistung	**113 PS bei 8750/min (S4R)**
Schaltung	**Sechsgang (620 I.E, S)**
Vmax (km/h)	**240 (S4R)**

2005

Ein weiteres schwieriges Jahr lag vor Ducati. Während es in der MotoGP einige Erfolge gab, waren die Ergebnisse in der World Superbike äußerst enttäuschend und die Verkäufe gingen weiter zurück und beliefen sich 2005 auf 34.536 Stück. Der Vorstandsvorsitzende Federico Minoli kündigte eine Umstrukturierung und einen Richtungswechsel an, weg von der Serienproduktion hin zu kleineren Stückzahlen von teureren, gewinnbringenden Modellen. In der MotoGP trat Carlos Checa neben Capirossi auf der D16GP5 dem Ducati Marlboro Team bei. Nach der Enttäuschung über zu viele Änderungen am Design der D16GP4 kehrte Ducati zu seiner traditionellen Philosophie »Evolution statt Revolution« zurück und gegen Ende der Saison gewann Capirossi zwei MotoGP-Rennen in Folge. Die Leistung betrug mehr als 230 PS bei 16.500/min, und obwohl er zwischenzeitlich um den zweiten Platz in der Meisterschaft kämpfte, beendete ein Sturz auf Phillip Island Capirossis Hoffnungen.

Toseland und Lacconi fuhren die 999F05 weiterhin in der Superbike-WM, wobei elektronische Updates die Leistung auf 194 PS bei 12.500/min erhöhten. Die Ergebnisse waren jedoch enttäuschend: Toseland wurde Vierter und Laconi Sechster. In der Britischen Superbike-Meisterschaft gewann Gregorio Lavilla die Meisterschaft mit sieben Rennsiegen.

IM UHRZEIGERSINN VON OBEN RECHTS:

Loris Capirossi auf seinem Weg zum Sieg beim Großen Preis von Malaysia 2005.

Toseland trug die Startnummer 1 in der Superbike-WM 2005, doch die Ergebnisse waren enttäuschend.

Die D16GP5 wurde im Vergleich zu 2004 deutlich verbessert.

999, S, R, 749, S, R, DARK 2005

Unterschiede zu 2004

Verdichtung	**12,45:1 (999R)**
Leistung	**140 PS bei 9750/min (999)** **143 PS bei 9750/min (999S)** **150 PS bei 9750/min (999R)** **108 PS bei10.000/min (749)** **116 PS bei 10.500/min (749S)** **121 PS bei 10.500/min (749R)**
Trockengewicht (kg)	**188 (749)** **189 (749 Dark)** **186 (749S, 999, 999S)** **183.5 (749R)** **181 (999R)**

999R, 999S, 999, 749R, 749S, 749

Die 999 und die 749 wurden 2005 überarbeitet. Alle waren leistungsstärker, die Verkleidung wurde neu gestaltet und die Kastenschwinge war leichter. Die höher spezifizierte 999R wurde entwickelt, um die AMA-Vorschrifte zu erfüllen, dass Rennaggregate nahezu identisch mit den entsprechenden Serienmotoren sein müssen. Wie zuvor war die 999S zwischen der Basis-999 und der 999R angesiedelt. Die Öhlins-Gabel der 999S bekam radial verschraubte Bremssättel.

Monster, Supersport, Sport Touring und Multistrada

Die Probleme der Supersportler setzten sich 2005 fort, nur noch die 1000DS wurde angeboten. Die Sport-Touring-Verkäufe waren ebenfalls deutlich rückläufig und das Programm wurde nur geringfügig aktualisiert. Wieder war es die Monster-Familie, die Ducati am Leben hielt. Obwohl sie schon mehr als ein Jahrzehnt alt war, sorgten kontinuierliche

2005 wurde die 999 neu gestaltet, jetzt ohne obere Lüftungsschlitze.

Updates und die Erweiterung der Produktpalette für ihre die Beliebtheit. Die Monster-Baureihe verdoppelte 2005: Zur S4R gesellte sich die S2R, drei 1000er und drei 620er. Die S2R wird von einem 803-cm³-Zweiventil-Motor angetrieben, jetzt mit einer ATPC-Kupplung. Das Design der S2R entsprach dem der S4R. Die Multistrada-Palette wurde in diesem Jahr ebenfalls erweitert, einschließlich einer sportlicheren, mit Öhlins ausgestatteten Multistrada 1000S und zwei preisgünstigen 620ern, der 620 und 620 Dark.

MONSTER S2R, S4R, 1000, 620 2005

Unterschiede zu 2004

Bohrung (mm)	**88 (S2R)**
Hub (mm)	**66 (S2R)**
Hubraum (cm³)	**803 (S2R)**
Verdichtung	**10,5:1 (S2R)**
Leistung	**63 PS bei 9500/min (620)** **77 PS bei 8250/min (S2R)** **94 PS bei 8000/min (1000)** **117 PS bei 8750/min (S4R)** Bremse vorne (mm) **Doppelscheibe, 300 (S2R)**
Trockengewicht (kg)	**168 (620)** **173 (S2R)** **180 (1000)** **181 (S4R)**

MULTISTRADA 1000, 620 2005

Unterschiede zu 2004

Bohrung (mm)	**80 (620)**
Hub (mm)	**61,5 (620)**
Hubraum (cm³)	**618 (620)**
Verdichtung	**10,5:1 (620)** **10:1 (1000)**
Leistung	**63 PS bei 9500/min (620)** **92 PS bei 8000/min (1000)**
Federung vorne	**43 mm Marzocchi-Gabel (620)** **43 mm Öhlins-Gabel (1000SDS)**
Federung hinten	**Sachs (620)** **Öhlins (1000SDS)**
Bremse vorne (mm)	**Doppelscheibe, 300 (620)**
Reifen hinten	**160/60x17 (620)**
Radstand (mm)	**1459 (620)**
Trockengewicht (kg)	**183 (620)** **196 (1000)**

Angetrieben vom 800 cm³ Desmodue-Motor, war die S2R eine der beliebtesten Monster des Jahres 2005.

SPORT TOURING UND SUPERSPORT
Unterschiede zu 2004

Leistung	**107 PS bei 8750/min (ST3)** **121 PS bei 8750/min (ST4S)** **95 PS bei 7750/min (1000SS)**
Trockengewicht (kg)	**201 (ST3)** **205 (ST4s)** **210 (ST4sABS)** **179.4 (1000SS)**

2006

Die Gründung Ducatis jährte sich 2006 zum achtzigsten Mal, der Beginn der Motorradproduktion zum sechzigsten Mal und Taglionis desmodromische Ventilsteuerung feierte fünfzigstes Jubiläum. Anfang 2006 verkaufte TPG seinen 30-prozentigen Anteil an Ducati Motor an Investindustrial Holdings, doch die Verkaufszahlen gingen weiter auf 31.854 Stück zurück. Im September beantragte Ducati zehn Wochen lang befristete, von der Regierung unterstützte Entlassungen. Angesichts der bevorstehenden Ablösung der 999 waren die wichtigsten Neuheten in diesem Jahr die SportClassic-Reihe sowie die Monster S4RS, S2R1000 und 695.

Sete Gibernau stieg zusammen mit Loris Capirossi in die D16GP6 ein, und da es das letzte Jahr für die 990er war, stellte die GP6 nur eine Weiterentwicklung der GP5 dar. Das Gewicht lag bei 148 Kilogramm und die Leistung bei über 235 PS bei 16.500/min. Die Saison begann für Capirossi fulminant mit einem Sieg beim Auftaktrennen in Jerez. In Mugello wurden die Motorräder in einer speziellen Lackierung gefahren, um die drei Jubiläen von Ducati zu feiern. Zur Saisonmitte führte Capirossi die Meisterschaft an, doch ein Sturz in Catalunya beendete seine Titelhoffnungen. Superbike-Weltmeister Troy Bayliss fuhr die 990er D16GP6 in ihrem letzten Rennen in Valencia und führte vom Start bis ins Ziel. Er wurde der zehnte Fahrer, der sowohl in der Superbike- als auch in der ersten GP-Klasse Rennen gewinnen konnte.

UNTEN: Die D16GP6 war eine Weiterentwicklung der GP5.

UNTEN RECHTS: Loris Capirossi gewann 2006 drei Grands Prix und wurde Dritter in der Meisterschaft.

Troy Bayliss kehrte 2006 in die World Superbike zurück und gewann die Meisterschaft.

Bayliss kehrte auch in der Superbike-WM mit der Werksmaschine 999F06 zurück, mit Lorenzo Lanzi als Partner. Bayliss drückte der Meisterschaft bald seinen Stempel auf, gewann in der ersten Saisonhälfte acht Rennen in Folge und beendete sie mit zwölf Siegen. Die Meisterschaft gewann er mit Leichtigkeit. Die 999F06, ein Triumph der Evolution über die Revolution, leistete 194 PS bei 12.500/min und verfügte über die hochentwickelte Öhlins-Federung und die elektronische Traktionskontrolle der MotoGP D16GP6.

999 and 749

Die 999 und 749 blieben 2006 fast unverändert, da die Nachfolger schon in Sicht waren. Die 999R Xerox in den Farben des World-Superbike-Teams und dem Öhlins-Rennsport-Federbein an der Hinterachse führte die Palette an.

Die limitierte 999R Xerox wurde wie Toselands 999F05 lackiert.

Supersport, Sport Touring und Multistrada

Die 1000DS Supersport wurde weitergebaut, obwohl sie praktisch nicht verkauft wurde. Die Multistrada blieb in diesem Jahr ebenfalls unverändert, während die Sport-Touring-Baureihe rationalisiert wurde und nun die ST3 und ST3sABS umfasste, die die ST4sABS ersetzten. Die ST3sABS verfügte über ABS sowie über ein höherwertiges Fahrwerk.

Monster

Mit nunmehr 170.000 verkauften Exemplaren bleibt die Monster das Rückgrat der Ducati Produktpalette und das Programm konzentriert sich auf die Erweiterung der SR-Baureihe mit zwei S2R (800 und 1000 cm³) und einem neuen Modell, der S4RS Testastretta. Die S4RS war die bisher leistungsstärkste Monster und verfügte über den 998-cm³-Testastretta-Motor, einen versteiften Rahmen und eine Öhlins-Vorderradgabel mit radial verschraubten Bremssätteln vorne. Die Monster S2R1000 ersetzte die Monster 1000.

ST3, ST3SABS 2006 Unterschiede zu 2005	
Federung hinten	**Öhlins (ST3sABS)**
Trockengewicht (kg)	**204 (ST3sABS)**

Die ST3sABS ersetzte 2006 die ST4sABS. Sie hatte Fünfspeichen-Räder und Titannitrid-beschichtete Gabel-Standrohre.

Mit ihrem Öhlins-Fahrwerk und dem 998 cm³ Testastretta-Motor war die Monster S4RS ein nacktes Superbike.

MONSTER S4RS, S2R, S4R, 620 2006 Unterschiede zu 2005	
Bohrung (mm)	**100 (S4RS)**
Hub (mm)	**63,5 (S4RS)**
Hubraum (cm³)	**998 (S4RS)**
Verdichtung	**11,4:1 (S4RS)**
Leistung	**95 PS bei 8000/min (S2R1000) 130 PS bei 9500/min (S4RS)**
Federung vorne	**43 mm Öhlins-Gabel (S4RS)**
Federung hinten	**Öhlins (S4RS)**
Bremse vorne (mm)	**Doppelscheibe, 320 (S2R1000, S4RS)**
Trockengewicht (kg)	**178 (S2R1000) 177 (S4RS)**

SportClassic

Die SportClassic-Serie, angeführt von der limitierten Paul Smart 1000, war eine moderne Interpretation des großen Trios der 750er Ducatis mit rundem Gehäuse aus den 70er-Jahren. Die Ducati 750 Sport und Super Sport von '72 bis '74 waren lang und niedrig, mit geschwungenen Linien und markanten Farben. Pierre Terblanche versuchte, diesen Stil mit einem luftgekühlten 1000DS-Motor und einem freiliegenden Stahlrohrrahmen nachzuahmen. Der selbe Motor wurde auch in der Multistrada, der Supersport und der Monster S2R verwendet. Von der Paul Smart 1000 Limited Edition wurden nur 2000 Exemplare produziert.

Die Paul Smart 1000 Limited Edition war eine moderne Interpretation der klassischen 750 Super Sport von 1974, hier im Hintergrund zu sehen.

Als zeitgemäße Interpretation der kultigen 750 Super Sport enthielt sie hochwertige Fahrwerkskomponenten. Die Sport 1000 ähnelte im Stil der ursprünglichen 750 Sport von 1973, einem Sportmotorrad ohne Verkleidung. Abgerundet wurde die SportClassic-Reihe durch die GT1000, die die Linie und die Form der 750GT von 1971 widerspiegelte, einem einfachen Zweisitzer mit freiliegendem Motor und einem einzelnen Scheinwerfer, ähnlich einem modernen Naked Bike.

SPORTCLASSIC PAUL SMART, SPORT, GT 1000 2006

Unterschiede zur 1000DS Supersport

Leistung	**92 PS bei 8000/min**
Federung vorn	**43 mm Öhlins-Gabel (PS1000)** **43 mm Marzocchi-Gabel (Sport, GT)**
Federung hinten	**Öhlins (PS1000)** **Sachs (Sport, GT)**
Radstand (mm)	**1425**
Trockengewicht (kg)	**181 (PS1000)** **179 (Sport)** **185 (GT)**

Die Sport 1000 war eine moderne Interpretation der 750 Sport von 1973.

RECHTS: Die GT1000 vervollständigte das Retro-750er-Thema mit zwei Schalldämpfern.

KAPITEL 9

GRAND-PRIX-ERFOLGE

MOTOGP, DESMOSEDICI, 1098, 2007–2011

Casey Stoner dominierte die MotoGP-Saison 2007 und gewann mit Leichtigkeit die Meisterschaft.

Das Ducati-Siegerteam von 2007 mit Stoner rechts und Capirossi links.

Nach einigen schwierigen Jahren ging es 2007 für Ducati wieder aufwärts. Casey Stoner gewann die MotoGP-WM auf der neuen 800er D16GP7 und die 1098 ersetzte die 999. In den nächsten Jahren kamen weitere bedeutende Modelle auf den Markt, darunter die Hypermotard, die Serien-Desmosedici, die Streetfighter, die bahnbrechende Multistrada 1200 und die radikale Diavel.

Die GP7 wurde nun von einem 800-cm³-Desmosedici angetrieben und sah der GP6 sehr ähnlich.

2007

Dank des unerwarteten Erfolgs der neuen 1098 und der Hypermotard stieg die Produktion 2007 auf 39.575 Stück. Gabriele Del Torchio wurde zum neuen Vorstandsvorsitzenden ernannt und in der MotoGP trat der 21-jährige Australier Casey Stoner an die Seite des Veteranen Capirossi. Die zwangsgesteuert 800-cm³-Vierzylinder D16GP7 drehte über 20.000/min und leistete gut 220 PS. Der Stahlrahmen trug jetzt Schwinge und hinteren Hilfsrahmen aus Kohlefaser. Sie wog 148 Kilo, hatte eine ähnliche Öhlins-Federung wie die D16GP6 und Stoner holte sich mit ihr die Meisterschaft.

Da die neue 1098 bereits in Produktion war, setzte das World-Superbike-Team mit der 999F07 ein Zeichen. Der 999-cm³-Motor, der sich nun auf dem Höhepunkt seiner Entwicklung befand, war immer noch so gut wie in den vergangenen drei Saisons und leistete 194 PS bei 12.500/min. Bayliss und Lanzi hatten beide zu kämpfen, Bayliss wurde schließlich mit sieben Rennsiegen Vierter in der Meisterschaft.

1098, 1098S

Mit der Ankündigung, dass das World-Superbike-Reglement bald 1200-cm³-Twins zulassen würde, brachte Ducati 2007 die 1098 heraus. In Abkehr von der radikalen und ungeliebten 999 von Terblanche wurde die 1098 von einem Team unter der Leitung von Gianni Fabbro entwickelt und orientierte sich am Design der 916. Mit der 1098 strebte Ducati nach mehr Leistung und weniger Gewicht und wie üblich, war die Modellbezeichnung unzutreffend. Die Testastretta Evoluzione hatte 1099 cm³! Da der Einzelschalldämpfer der 999 unpopulär geworden war, verfügte die 1098 über zwei Schalldämpfer im 916-Stil, die unter der Sitzbank angebracht

RECHTS: Die 1098 und die 1098S ersetzten 2007 die 999 und waren beide sofort erfolgreich.

UNTEN: 2007 war auch eine limitierte Auflage der 1098S Tricolore erhältlich.

waren. Der neue Motor war in einem typischen Gitterrahmen mit Einarmschwinge untergebracht. Eine limitierte Auflage der 1098S Tricolore war ebenfalls erhältlich. Obwohl die 1098 nicht für die Superbike-WM 2007 zugelassen war, konnte sie ihre Vorzüge in der FIM-Superstock-WM deutlich unter Beweis stellen: Niccolò Canepa gewann knapp den Titel.

Hypermotard 1100, 1100S

2007 hielt die Hypermotard-Familie Einstand. Sie war das letzte Projekt von Terblanche für Ducati und wurde von einer Weiterentwicklung des luftgekühlten Zweiventil-Desmo-Motors mit 1100 cm³ angetrieben. Der Stahl-Gitterrohrrahmen war neu und verfügte über eine Einarmschwinge. Abgesehen von besseren Rädern, Bremsen und Aufhängungsteilen entsprach die Hypermotard S der Basis-Hypermotard.

1098, 1098S 2007
Unterschiede zur 999

Bohrung (mm)	**104**
Hub (mm)	**64,7**
Hubraum (cm³)	**1099**
Verdichtung	**12,5:1**
Leistung	**160 PS bei 9750/min**
Federung vorne	**43 mm Öhlins-Gabel (1098S)** **43 mm Showa-Gabel (1098)**
Federung hinten	**Öhlins (1098S)** **Showa (1098)**
Bremse vorne (mm)	**Doppelscheibe, 330**
Bremse hinten (mm)	**Scheibe, 245**
Hinterrad	**6.00x17**
Reifen hinten	**190/55x17**
Radstand (mm)	**1430**
Trockengewicht (kg)	**171 (1098S)** **173 (1098)**

Werksfahrer Ruben Xaus demonstriert die Fähigkeiten der Hypermotard.

HYPERMOTARD 1100, 1100S 2007

Motor	**Luftgekühlter V2-Viertakter**
Bohrung (mm)	**98**
Hub (mm)	**71,5**
Hubraum (cm³)	**1078**
Verdichtung	**10,5:1**
Ventilsteuerung	**Riemengetrieben, Desmodromik, je eine obenliegende Nockenwelle, Zweiventiler**
Leistung	**90 PS bei 7750/min**
Federung vorne	**50 mm Marzocchi-Gabel**
Federung hinten	**Öhlins (Hypermotard S)**
Sachs (Hypermotard)	
Bremse vorne (mm)	**Doppelscheibe, 305**
Bremse hinten (mm)	**Scheibe, 245**
Räder	**3.50x17 and 5.50x17**
Reifen	**120/70x17, 180/55x17**
Radstand (mm)	**1455**
Trockengewicht (kg)	**177 (Hypermotard S) 179 (Hypermotard)**

Abgesehen vom neuen 1100-cm³-Motor wurde die Multistrada 1100 gegenüber der 1000-cm³-Version kaum verändert. Die 1100S hatte ein Öhlins-Fahrwerk.

MULTISTRADA 1100, 1100S 2007
Unterschiede zu 2006 und zur Hypermotard

Leistung	**95 PS bei 7750/min**
Federung vorne	**43 mm Marzocchi-Gabel (1100)**
Federung hinten	**Sachs (1100)**

Multistrada 1100, 1100S

Auch die Multistrada wurde für 2007 mit dem neuen 1100-cm³-Motor aktualisiert. Im Gegensatz zur Hypermotard hatte sie eine Nasskupplung und etwas mehr Leistung. Das Design blieb blieb gegenüber der 1000er unveränder,t aber die 1100S verfügte über ein voll einstellbares Öhlins-Fahrwerk.

Monster, SportClassic, Sport Touring

Zu den Aktualisierungen der Monster-Reihe gehörten eine neue S4R, jetzt mit Testastretta-Motor, und die Einstiegsversion 695. Die S4RS und S2R blieben weitgehend unverändert. Die SportClassic wurde auch 2007 fortgeführt, die Sport 1000 als traditioneller Monoposto oder Biposto, beide mit Sachs-Stoßdämpfern und Doppelschalldämpfern. Da die Paul Smart 1000 2006 auslief, war in diesem Jahr eine Sport 1000S mit Halbverkleidung erhältlich. Die GT1000, die ST3 und ST3ABS blieben weitgehend unverändert.

Nachdem man die Paul Smart 1000 eingestellt hatte, war die halbverkleidete 1000S für 2007 verfügbar.

Die Monster S4R erhielt für 2007 den 998 cm³ Testastretta-Motor.

MONSTER S4RS, S4R, S2R, 695, SPORT 1000, 1000S, GT1000 2007 Unterschiede zu 2006	
Bohrung (mm)	**88 (695)** **100 (S4R)**
Hub (mm)	**57,2 (695)** **63,5 (S4R)**
Hubraum (cm³)	**695 (695)** **998 (S4R)**
Verdichtung	**10,5:1 (695)** **11,4:1 (S4R)**
Leistung	**73 PS bei 8500/min (695)** **130 PS bei 9500/min (S4RS)**
Federung vorne	**43 mm Marzocchi-Gabel (695)** **43 mm Showa-Gabel (S4R)**
Federung hinten	**Sachs (695, S4R)**
Bremse vorne (mm)	**Doppelscheibe, 300 (695)**
Trockengewicht (kg)	**168 (695)** **177 (S4R)** **181 (Sport 1000S)**

2008

Infolge des außergewöhnlichen Erfolgs 2007 auf der Rennstrecke und im Ausstellungsraum wurden 2008 neue Modelle wie die Desmosedici RR, 1098R, 848 und 696 Monster vorgestellt. Und trotz eines allgemeinen Marktrückgangs stieg die Motorradproduktion bis Ende September 2008 um fast 20 Prozent auf 36.132 Stück.

Marco Melandri ersetzte Capirossi neben Stoner im MotoGP-Team auf der D16GP8, aber die ersten Ergebnisse waren enttäuschend. Letztendlich gewann Stoner sechs Rennen und wurde Zweiter in der Meisterschaft. In der Superbike-WM basierte die 1098F08 auf der neu homologierten 1098R. Die Leistung des 1198-cm³-Zweizylinders betrug 198 PS bei 11.000 U/min. Michel Fabrizio schloss sich Bayliss im Xerox Ducati Team an, und mit elf Rennsiegen gewann Bayliss problemlos seine dritte Superbike-Weltmeisterschaft. Bayliss ging als einer der erfolgreichsten Ducati-Fahrer in den Ruhestand, und die 1098RS war auch in der Britischen Superbike-Meisterschaft erfolgreich: Shane Byrne holte den Titel mit elf Siegen.

Die GP8 war eine Weiterentwicklung der GP7, war aber schwieriger zu fahren.

Desmosedici RR

Die Desmosedici wurde erstmals 2006 vorgestellt und sollte ursprünglich 2007 in einer Auflage von nur 400 Exemplaren

LINKS: Obwohl er die MotoGP-Weltmeisterschaft 2008 nicht gewinnen konnte, war Casey Stoner der einzige Fahrer, der mit der kniffligen Desmosedici zurechtkam.

UNTEN LINKS: Der 1098F08 World-Superbike-Renner war sofort erfolgreich.

UNTEN: Troy Bayliss gewann 2008 mühelos die Superbike-WM. Bei seinem letzten Rennen in Portmão trug seine 1098F08 ein spezielles Farbschema und er siegte bei beiden Rennen souverän.

produziert werden. 2008 war sie dann schließlich in Serie erhältlich. Der desmodromische V4 mit 16 Ventilen basierte auf der 990-cm³-GP6 und verfügte über zahnradgetriebene doppelte obenliegende Nockenwellen und ein Sechsgang-Getriebe. Der geschweißte Stahlrohrrahmen mit Aluminiumschwinge hatte die gleiche Geometrie wie die GP6, während die Öhlins-Federung und die geschmiedeten Marchesini-Räder zumindest ähnlich waren. Es gab zwei Versionen: die Rosso GP und die Team Version mit Corse-Werkslackierung. 1500 Exemplare wurden schließlich von der einzig echten MotoGP-Replik gebaut, die für die breite Öffentlichkeit erhältlich war. Selbst bei einem Listenpreis von 72.500 Dollar war die D16RR ein Schnäppchen. Ob sie für Ducati ein profitables Geschäft war, ist zweifelhaft

UNTEN: Die Serien-Desmosedici RR wurde eng an die Renn-GP6 angelehnt.

1098R, 1098S, 1098, 848

Zur 1098 und 1098S gesellten sich 2008 die homologierte 1098R und die kleinere 848. Die Änderung des World-Superbike-Reglements verlangte nun, dass die »R« in ihrer Spezifikation dichter an die Werks-Superbikes heranrückte, was die 1098R

Die D16RR war praktisch eine Grand-Prix-Maschine mit Licht und Straßenzulassung.

zu Ducatis bishlangg exotischster Twin machte. Mit diversen Modifikatonen leistete die 1098R mit dem optionalen Rennkit 186 PS. Das langte Brendan Roberts, um die FIM-Superstock-WM zu gewinnen. Mit einem ähnlichen Chassis wie die 1098 löste die 848 die 749 ab.

Monster, Hypermotard, Multistrada, SportClassic

2008 sah die Monster-Baureihe veraltet aus und bedurfte einer Überarbeitung. Mit der 696 erschien das bisher radikalste Update mit einem sehr cleveren Design, das die Monster-Philosophie beibehielt. Es betonte den minimalistischen Ansatz, aber in einem neuen, modernen Format. Der 696-Motor war eine Weiterentwicklung der 695-Version, mit gleicher Bohrung und gleichem Hub, aber mit Zylinderköpfen, die dem neuen 1100-cm³-Doppelzündkerzenmotor ähnelten. Dieses überarbeitete Aggregat wurde in einen völlig neuen Stahlrahmen eingebaut, der über eine verbesserte Aufhängung und Bremsen verfügte. Bei den anderen Monster-Modellen gab es nur wenige Änderungen. Eine Special Edition Tricolore S4RS führte nun als letzte Hommage die seit 1992 erhältliche Monster-Familie an. Die Hypermotard, Multistrada und SportClassic blieben weitgehend unverändert.

DESMOSEDICI RR 2008

Motor	**Wassergekühlter Vierzylinder-Viertakter**
Bohrung (mm)	**86**
Hub (mm)	**42,56**
Hubraum (cm³)	**989**
Verdichtung	**13,5:1**
Ventiltrieb	**Zahnradgetrieben, Desmodromik, doppelte obenliegende Nockenwellen, Vierventiler**
Leistung	**200 PS bei 13.800/min**
Schaltung	**Sechsgang**
Federung vorne	**43 mm Öhlins-Gabel**
Federung hinten	**Öhlins**
Bremse vorne (mm)	**Doppelscheibe, 330**
Bremse hinten (mm)	**Scheibe, 240**
Reifen	**120/70x17, 200/55x16**
Radstand (mm)	**1430**
Trockengewicht (kg)	**171**

Der 989-cm³-Vierzylinder der Desmosedici verfügte über zahnradgetriebene, doppelte oben liegende Nockenwellen.

Die 1098R mit einem Hubraum von 1099 cm³ war das Homologationsmodell für die World Superbike.

Die 848 ist eine kleinere Version der 1098 und wurde 2008 in die Produktpalette aufgenommen.

1098R, S, 1098, 848 2008

Unterschiede zu 2007 und zur 1098

Bohrung (mm)	**106 (1098R) 94 (848)**
Hub (mm)	**67,9 (1098R) 61,2 (848)**
Hubraum (cm³)	**1198,4 (1098R) 848 (848)**
Verdichtung	**12,8:1 (1098R) 12:1 (848)**
Leistung	**180 PS bei 9750/min (1098R) 134 PS bei 10.000/min (848)**
Federung vorne	**43 mm Öhlins-Gabel (1098R) 43 mm Showa-Gabel (848)**
Federung hinten	**Öhlins (1098R) Showa (848)**
Bremse vorne (mm)	**Doppelscheibe, 320 (848)**
Hinterrad	**5.50x17 (848)**
Reifen hinten	**180/55x17 (848)**
Trockengewicht (kg)	**165 (1098R) 168 (848)**

MONSTER 696, S4RS, S4R, S2R 695 2008

Unterschiede zu 2007 und zur 695

Verdichtung	**10,7:1 (696)**
Einspritzung	**Siemens (696)**
Leistung	**80 PS bei 9000/min (696)**
Federung vorne	**43 mm Showa-Gabel (696)**
Bremse vorne (mm)	**Doppelscheibe, 320 (696)**
Radstand (mm)	**1450 (696)**
Trockengewicht (kg)	**161 (696)**

Die 696 aus dem Jahr 2008 verjüngte die Monster-Reihe.

Die Special Edition Tricolore S4RS führt die Monster Modellreihe 2008 an.

2009

Auf der Welle des Erfolgs in der Superbike-WM wurde die 1098 in diesem Jahr zur 1198 und die Streetfighter und Monster 1100 wurden eingeführt. Aber im Zuge der Finanzkrise in Europa und Amerika gingen die Verkäufe zurück und erreichten 2009 nur 34.605 Stück. In der MotoGP schloss sich der Weltmeister von 2006, Nicky Hayden, Casey Stoner an. Die D16GP9 verfügte nun über Chassis und Schwinge aus Kohlefaser. Obwohl die Saison mit Stoners Siegen in Katar und Mugello gut begann, entwickelte sie sich zu einer Saison zum Vergessen für Ducati. Hayden kämpfte damit, auf Touren zu kommen, und Stoner wurde von einer mysteriösen Krankheit heimgesucht, die ihn mitten in der Saison einbrechen und drei Rennen ausfallen ließ. Stoner fand zu seiner Form zurück und wurde Vierter in der Weltmeisterschaft.

Nach dem Rücktritt von Troy Bayliss wurde der erfahrene World-Superbike-Pilot Noriyuki Haga verpflichtet, um die weitgehend unveränderte 1198F09 neben Fabrizio zu fahren. Nach einem starken Start in die Saison führten einige entscheidende Stürze dazu, dass Haga die Meisterschaft knapp verlor.

Obwohl er mehrere Rennen gewann, zerstörte eine mysteriöse Krankheit Stoners Chancen auf den Gewinn der Meisterschaft.

LINKS: Rahmen und Schwinge der D16GP9 waren aus Kohlefaser.

OBEN: Nicky Hayden hatte Mühe auf der GP9 seine Form zu finden.

UNTEN: Die 2009er 1098F09 World-Superbike-Rennmaschine ähnelte der 2008er Version.

1198, 1198S, 1098R, 1098R Bayliss, 848

Die Superbike-Reihe wurde in diesem Jahr von einer limitierten 1098R Bayliss angeführt und obwohl die 1098 äußerst erfolgreich war, wurde sie durch die 1198 ersetzt. Sowohl die 1198 als auch die 1198S hatten den gleichen Hubraum wie die 1098R, verfügten aber über andere Ventile und Kipphebel n der Rennausführung. Die 1198S verfügte nun über eine elektronische Traktionskontrolle. Zum Rücktritt des dreimaligen Superbike-Weltmeisters Troy Bayliss wurden 500 1098R Bayliss Limited Editions produziert. Die Ausstattung unterschied sich nicht von der 1098R, aber sie hatte ein spezielles, von Aldo Drudi entworfenes Farbschema. Die reguläre 1098R und die 848 blieben unverändert. Obwohl die 1198 in der Superbike-Weltmeisterschaft nicht erfolgreich war, gewann der belgische Fahrer Xavier Simeon den Superstock 1000 FIM Cup auf der Ducati Xerox Junior Team 1198S und holte sich die Meisterschaft.

Die 1198 ersetzte 2009 die 1098. Hier ist die 1198S im Vordergrund mit einer 1198 dahinter.

UNTEN: Die 1098R Bayliss (rechts) wurde in den Farben von Bayliss' Rennmaschine (links) lackiert.

1198S, 1198, 1098R, BAYLISS, 848 2009
Unterschiede zu 2008 und zur 1098

Bohrung (mm)	**106 (1198/S)**
Hub (mm)	**67,9 (1198/S)**
Hubraum (cm³)	**1198,4 (1198/S)**
Verdichtung	**12,7:1 (1198/S)**
Leistung	**170 PS bei 9750/min (1198/S)**
Trockengewicht (kg)	**171 (1198)** **169 (1198S)**

Angetrieben vom 1098 Testastretta Evoluzione, brachte die Streetfighter das Konzept des leistungsstarken Naked Bikes auf ein neues Niveau.

STREETFIGHTER, S 2009
Unterschiede zur 1098 und zur 1098S

Leistung	**155 PS bei 9750 /min**
Radstand (mm)	**1474**
Trockengewicht (kg)	**169** **167 (S)**

MONSTER 1100, S, 696, HYPERMOTARD 2009 Unterschiede zu 2008

Bohrung (mm)	**98 (M1100)**
Hub (mm)	**71.5 (M1100)**
Hubraum (cm³)	**1078 (M1100)**
Verdichtung	**10,7:1 (M1100)**
Einspritzung	**Siemens (M1100)**
Leistung	**95 PS bei 7500/min (M1100)**
Federung vorne	**43 mm Öhlins (M1100S)** **43 mm Showa (M1100)** **48 mm Kayaba (Hypermotard S)**
Federung hinten	**Öhlins (M1100S)** **Sachs (M1100)**
Radstand (mm)	**1450 (M1100)**
Trockengewicht (kg)	**168 (M1100S)** **169 (M1100)**

Streetfighter, Streetfighter S

2009 kam die Streetfighter ins Programm, gestaltet vom hauseigenen Designer Damien Basset. Sie ersetzte die Monster S4R und S4RS und war nichts anderes als ein nacktes 1098 Superbike. Vieles an der Streetfighter war neu, der Testastretta-Motor kombinierte 1098er Zylinderköpfe mit dem 1198er Kurbelgehäuse. Der Rahmen war ebenfalls spezifisch für die Streetfighter und die S-Version erhielt eine Öhlins-Federung, Traktionskontrolle und Datenanalyse.

Monster, Hypermotard, Multistrada, SportClassic

Ein weiteres wichtiges neues Modell war 2009 die Monster 1100. Nach dem Erscheinen der neuen Generation 696 kam diese in Form der 1100 und 1100S. Abgesehen von der 696er wurden alle anderen Monster aus dem Programm genommen. Im Mittelpunkt der Monster 1100 stand ein überarbeiteter 1100 cm³ Desmodue-Twin mit Doppelzündung. Der Stahl-Gitterrohrrahmen wurde in Zusammenarbeit mit Ducati Corse entwickelt und entsprach dem Konzept des kurzen Desmosedici-Rahmens mit der Rohrstärke der 1098R. Der allgemeine Stil folgte dem der 696, mit dem charakteristischen Dreifach-Parabolscheinwerfer. Abgesehen von neuen Farben gab es keine Änderungen an der Hypermotard 1100 und Multistrada 1100, aber die Hypermotard 1100S wurde mit einer neuen Vorderradgabel ausgestattet. Die SportClassic-Linie umfasste die 1000S, GT1000 und die neue GT 1000 Touring.

Das Thema der 696 Monster wurde 2009 mit der Monster 1100 fortgesetzt.

Stoner hatte 2010 mit den Problemen der GP10 zu kämpfen.

2010

OBEN: Die GP10 war eine Weiterentwicklung der GP9.

UNTEN: Noriyuki Haga hatte mit der 1198F10 in der Superbike-WM 2010 eine harte Zeit. Schlechte Ergebnisse führten zum Rückzug des Werks aus der Serie.

Trotz der schwierigen Zeiten für die Motorradindustrie im Allgemeinen bringt Ducati weiterhin neue und überarbeitete Modelle auf den Markt und steigert den Absatz leicht auf 36.050 Stück. Es gab nun sechzehn Modelle in sechs Familien: fünf Superbikes, zwei Streetfighter, zwei Multistrada, drei Monster und eine SportClassic. Die Hypermotard erhielt ein Einstiegsmodell, die 796, während die Hypermotard S zur exklusiveren SP weiterentwickelt wurde. Die wichtigste Neuvorstellung in diesem Jahr war jedoch die Multistrada 1200, ein Motorrad, das den Sport-Touring-Bereich erweiterte.

2010 sprachen die Umstände in der MotoGP gegen Ducati. Casey Stoner hatte sich als einziger Fahrer mit der schwierigen 800-Kubik Desmosedici arrangiert, wechselte am Ende der Saison zu Honda. Obwohl Nicky Hayden immer noch Schwierigkeiten hatte, sich an die D16GP10 zu gewöhnen, führten Änderungen an Sitzposition und Elektronik zu einer Verbesserung seiner Leistung. Neu in diesem Jahr war eine 48-mm-Vorderradgabel von Öhlins, aber die D16GP10 litt immer noch unter Problemen an der Front. Stoner stürzte in Katar in Führung liegend und schaffte es erst zur Saisonmitte wieder auf das Podium. In der WM kam er auf den vierten Gesamtrang, Hayden wurde Siebter.

Ducati erlebte in der Superbike-WM 2010 eine harte Zeit. Die Fahrer, Haga und Fabrizio, starteten auf einer kaum veränderten 1198F10, doch die Ducatis wurden durch Luftbeschränkungen und Gewichtsvorschriften benachteiligt. Die Leistung betrug 200 PS bei 11.000/min und nachdem die Ducatis zu Beginn der Saison 168 Kilogramm gewogen hatten, wurden sie nach enttäuschenden Ergebnissen auf 162 Kilogramm reduziert. Mit drei Siegen erreichte Haga den sechsten Platz in der Gesamtwertung, die bisher erfolgloseste Saison für das Werksteam in der Superbike-WM.

OBEN: Die 1198R Corse Special Edition verfügt über einen Tank im Stil der Werksmaschine, eine Traktionskontrolle, ein Race-Kit und die neuen Ducati Corse Farben.

RECHTS: Ausgezeichnet durch einen persönlich signierten Kraftstofftank, wurde die Nicky Hayden 848 exklusiv für den US-Markt produziert.

1198R, S, 1198, CORSE, 848 2010
Unterschiede zu 2009

Trockengewicht (kg)	**168 (1198S Corse)** **164 (1198R Corse)**

848, 1198, 1198S, 1198R, Corse, Nicky Hayden Special Editions

Zur Feier der Herstellertitel in der World Superbike- und Superstock-Meisterschaft 2009 präsentierte Ducati zwei Corse-Sondermodelle, die 1198S und 1198R Corse Special Edition. Die Nicky Hayden 848, die Anfang 2010 beim Grand Prix der USA in Laguna Seca vorgestellt wurde, zeichnete sich durch ihre amerikanisch inspirierte Farbgebung aus, während der Rest der 1198- und 848-Baureihe unverändert blieb.

Multistrada 1200

Nach ihrer Markteinführung 2003 begründete die Multistrada ein neues Motorradgenre, das sportliche Leistung, Supermoto-ähnliches Fahrverhalten und unvergleichliche Vielseitigkeit miteinander verbindet. Nach dem luftgekühlten 1000-cm³-Dual-Spark-Motor und der 1100-cm³-Version 2006 wurde die Multistrada für 2010 komplett überarbeitet. Die Multistrada 1200 wurde als 4-in-1-Motorrad gefeiert und setzte auch technologisch neue Grenzen.

Angetrieben wurde die Multistrada 1200 vom 1198-Testastretta-11°, dessen Ventilüberschneidung auf elf Grad reduziert wurde, um die Emissionen zu minimieren und den Kraftstoffverbrauch zu senken. Der Gitterrohrrahmen ist das Markenzeichen von Ducati. Er besteht aus leichten Rohren mit großem Durchmesser und zwei zentralen Aluminium-Gussteilen sowie einer Einarmschwinge aus Aluminium. Die »S«-Versionen waren mit der Ducati Electronic Suspension (DES) ausgestattet, mit der die Federvorspannung sowie die Zug- und Druckstufendämpfung über Lenkerschalter eingestellt werden konnten. Ein Bosch-Brembo-ABS-System war für die Basisversion optional und für das S-Modell serienmäßig. Das revolutionärste Merkmal war die Auswahl von vier Fahrmodi: Sport, Touring, Urban und Enduro, die jeweils eine Voreinstellung für bestimmte Bedingungen bieten.

Mit ihrem fortschrittlichen elektronischen Fahrwerk und der Auswahl an Fahrmodi war die Multistrada 1200S eines der vielseitigsten Motorräder des Jahres 2010.

Hypermotard 796, 1100 EVO, 1100 EVO SP

2010 wurde die Hypermotard-Philosophie »weniger Gewicht und mehr Leistung« erweitert und die Produktpalette um das Einstiegsmodell 796 und die höher spezifizierten Modelle 1100 EVO und SP ergänzt. Die Hypermotard 796 wurde von einem komplett neuen Motor angetrieben, nicht einfach von einem verstärkten 696er. Ein neuer Rahmen ermöglichte eine um 20 mm niedrigere Sitzhöhe als bei der 1100er. Neben der 796 gab es eine leichtere und leistungsstärkere 1100 EVO und SP Hypermotard. Die SP war extremer und bot einen größeren Federweg und mehr Bodenfreiheit.

MULTISTRADA 1200, S 2010
Unterschiede zur 1100MS 2009

Motor	**Wassergekühlter V2-Viertakter**
Bohrung (mm)	**106**
Hub (mm)	**67,9**
Hubraum (cm³)	**1198,4**
Verdichtung	**11,5:1**
Ventiltrieb	**Riemengetrieben, Desmodromik, doppelte obenliegende Nockenwellen, Vierventiler**
Einspritzung	**Mitsubishi**
Leistung	**150 PS bei 9250/min**
Federung vorne	**48 mm Öhlins-Gabel (S) 50 mm Marzocchi-Gabel (MS)**
Federung hinten	**Öhlins (S) Sachs (MS)**
Hinterrad	**6.00x17 Zoll**
Reifen hinten	**190/55x17**
Radstand (mm)	**1530**
Trockengewicht (kg)	**192 (S) 189 (MS)**

Mit erhöhter Bodenfreiheit, 1198 Brembo Monobloc-Bremssätteln und geschmiedeten Marchesini-Rädern war die 1100 EVO SP die bisher radikalste Hypermotard.

HYPERMOTARD 796, 1100 EVO, SP 2010
Unterschiede zu 2009

Bohrung (mm)	**88 (796)**
Hub (mm)	**66 (796)**
Hubraum (cm³)	**803 (796)**
Verdichtung	**11:1 (796) 11,3:1 (EVO)**
Einspritzung	**Siemens (EVO, 796)**
Leistung	**81 PS bei 8000/min (796) 95 PS bei 7500/min (EVO)**
Federung vorne	**43 mm Marzocchi-Gabel (796)**
Federung hinten	**Öhlins (SP)**
Radstand (mm)	**1465 (SP)**
Trockengewicht (kg)	**167 (796) 172 (EVO) 171 (SP)**

MONSTER 1100, S, 696, ABS 2010
Unterschiede zu 2009

Trockengewicht (kg)	**163 (696ABS) 171 (1100ABS) 170 (1100SABS)**

Streetfighter, Monster, SportClassic

Die Streetfighter-Baureihe blieb 2010 unverändert, ebenso wie die Monster in den Versionen 696 und 1100. Neu für alle Monster war in diesem Jahr die Option von ABS und Monster Art Kits, die eine Änderung der Farben von Tank, Verkleidung, vorderem Kotflügel und hinterem Sitzbezug ermöglichten. Die einzige SportClassic war die GT1000.

2011

Trotz eines schrumpfenden internationalen Marktes war 2011 mit 42.233 Verkäufen das erfolgreichste in der Geschichte von Ducati. Besonders stark war der Absatz in Nordamerika, wo der Umsatz um mehr als 60 Prozent stieg. Unter der Kontrolle von International Motorcycles S.p.A., einer Tochtergesellschaft von Investindustrial, wurde ein neues Werk in Thailand errichtet und die Zahl der Mitarbeiter auf 1135 erhöht. Die große Neuigkeit des Jahres 2011 war jedoch die Verpflichtung des neunfachen Weltmeisters Valentino Rossi, der einen Zweijahresvertrag unterzeichnete. Auch Nicky Hayden wurde für weitere zwei Jahre unter Vertrag genommen.

Die D16GP11 von Valentino Rossi wurde im Vergleich zu 2010 zunächst kaum verändert.

Leider wurde das, was das italienische Dreamteam hätte werden sollen, zu einem Albtraum. Im letzten Jahr der 800er-Klasse unterschied sich die D16GP11 anfangs kaum von der GP9/GP10, doch im Laufe der Saison wurden einige Updates eingebaut, die für die neue 1000er-GP12 gedacht waren. Der 800-cm³-Vierzylinder der Desmosedici leistete rund 225 PS und drehte bis 18.500/min, doch Rossis Unfähigkeit, sich auf die D16GP10 einzustellen, führte dazu, dass er keine Siege mehr einfahren konnte. Sein bestes Ergebnis war ein einsamer Podiumsplatz in Le Mans unter glücklichen Umständen.

Ducati zog sein World-Superbike-Werksteam 2011 zurück und obwohl die 1198R ersetzt werden sollte, stellte Ducati dem Team Althea die 1198RS11 für den 38-jährigen Veteranen Carlos Checa als Kundenmotorrad zur Verfügung. Neue Nockenwellen und eine aktualisierte

LINKS: Rossi hatte Mühe, sich mit der GP11 zurechtzufinden und erlebte eine äußerst enttäuschende Saison.

UNTEN: Carlos Checa überraschte die Experten, indem er die Superbike-Weltmeisterschaft 2011 auf der 1198RS11 mühelos gewann.

Software sorgten für etwas mehr Leistung, jetzt rund 200 PS bei 11.000/min. Auf dem Papier sah der in die Jahre gekommene Twin zwar unterlegen aus, doch mit fünfzehn Rennsiegen dominierte Checa die Superbike-WM und holte sich mühelos den Titel.

1198SP, 1198, 848 EVO

Da die Ablösung unmittelbar bevorstand, umfasste die Superbike-Produktpalette 2011 nur drei Modelle. Die 1198SP ersetzte die 1198S und 1198R und kombinierte den serienmäßigen 170-PS-Motor der 1198 mit dem Fahrwerk der 1198R. Beide 1198er erhielten serienmäßig eine Traktionskontrolle, Datenanalyse und ein Schnellschaltsystem. Mit vier Siegen im FIM Superstock 1000 FIM Cup auf der Ducati 1198 des Teams Althea Racing gewann Davide Giugliano die Serie.

Während die Motorenspezifikation der beiden 1198er unverändert blieb, erhielt die 848 EVO Testastretta Evoluzione mit neuen Nockenwellen und elliptischen Drosselklappen eine Leistungssteigerung. Im März fuhr Jason DiSalvo mit der 848 EVO des Teams Latus Motors Racing zu einem hart erkämpften Sieg bei den Daytona 200, dem ersten Ducati-Sieg auf der legendären Rennstrecke seit 34 Jahren.

1198SP, 1198, 848 EVO 2011
Unterschiede zu 2010

Verdichtung	**13,2:1 (848 EVO)**
Leistung	**140 PS bei 10.500/min (848 EVO)**
Trockengewicht (kg)	**168 (1198SP)**

Ein riesiger Reifen dominiert das Heck der Diavel.

DIAVEL, CARBON 2011
Unterschide zur Multistrada 1200

Leistung	**162 PS bei 9500/min**
Federung vorne	**50 mm Marzocchi-Gabel**
Federung hinten	**Sachs**
Bremse hinten (mm)	**265**
Hinterrad	**8.00x17 Zoll**
Reifen hinten	**240/45x17**
Radstand (mm)	**1590**
Trockengewicht (kg)	**210 (Diavel)** **207 (Carbon)**

Diavel, Diavel Carbon

Ebenfalls 2011 wurde die Diavel vorgestellt, ein Custom Muscle Bike nach dem Vorbild der Yamaha V-Max oder der Harley-Davidson Night Rod, aber leichter und wendiger. Die Diavel kombinierte die Eigenschaften eines imposanten Cruisers mit denen eines PS-starken Sportbikes.

Die Diavel wurde von der Multistrada 1200 abgeleitet und verfügte über den Testastretta-11°-Motor, Ride-by-Wire-Drosselklappe, Traktionskontrolle, Fahrmodi und ABS. Spezifisch für die Diavel war ein kompliziertes 2-in-1-in-2-Auspuffsystem und ein Tank/Airbox mit großen Lufteinlässen um die Vordergabel. Ebenfalls neu waren eine lange Einarmschwinge und eine breite Felge für den massiven Hinterreifen. Zusammen mit optionalem Gepäck, Windschutzscheibe und Rückenlehnen war die Diavel in zwei Versionen erhältlich: die Diavel und die Diavel Carbon.

Monster, Streetfighter, Multistrada, Hypermotard

Das Monster-Sortiment wurde 2011 durch die 796 erweitert, gefolgt von der Monster 1100 EVO. Mit der neuen Kollektion Logomania wurde die Farbpalette der Monster Art auf dreizehn Farben erweitert. Diese waren eine Hommage an historische Ducati-Logos und Farbschemata aus mehr als fünfzig Jahren, einschließlich Valentino Rossi und Nicky Hayden GP Repliken.

Bei der Monster 1100 EVO wurde die Leistung erhöht und die Auspuffanlage unter der Sitzbank durch eine geschwungene, seitliche Anlage ähnlich der Diavel ersetzt. Die Sitzposition war durch einem neuen Sitz und einen um 20 mm höheren Lenker entspannter, ABS und Traktionskontrolle gehörten zur Serie. Die Monster 1100, 1100S und 696 blieben unverändert. Für 2011 war auch die Monster 796 mit dem 796er Hypermotard-Motor erhältlich, wobei sich ihr Design leicht von dem der 1100er und 696er unterschied. Der Rahmen mit Einarmschwinge, die Bremsen und Räder wurden mit der 1100er geteilt, aber die Sitzposition wurde mit einem niedrigeren Sitz und einem höheren Lenker überarbeitet. Die Streetfighter, Multistrada und Hypermotard erhielten 2011 nur kosmetische Updates, wobei eine Multistrada 1200S Pikes Peak Special Edition produziert wurde, um Greg Tracys Sieg beim Pikes Peak International Hill Climb Rennen 2010 in Colorado zu feiern. Carlin Dunne wiederholte Tracys Sieg 2011.

MONSTER 1100 EVO, 1100S, 1100, 796, 696 2011

Unterschiede zu 2010 und zur 796 HM

Verdichtung	**11,3:1 (EVO)**
Leistung	**100 PS bei 7500/min (EVO)** **87 PS bei 8250/min (796)**
Federung vorne	**43 mm Marzocchi (EVO, 796, 696)**
Federung hinten	**Sachs (EVO, 796)**
Trockengewicht (kg)	**167 (796)** **169 (EVO, 796ABS)**

Mit ihrem 100 PS starken Desmodue-Motor war die Monster 1100 EVO die stärkste luftgekühlte Ducati.

KAPITEL 10

EINE NEUE LEBENSPHASE

PANIGALE, MOTOGP-AUFERSTEHUNG, DIE SCRAMBLER UND DER V4, 2012–2022

Die 2012er Desmosedici GP12 soll sich zu 90 Prozent vom 2011er Modell unterscheiden und verfügt nun über 1000 cm³ Hubraum und einen Aluminium-Rahmen.

Gegen Ende der Saison hatte Rossi einen neuen Rahmen, aber er kam zu spät. Nach der Übernahme von Ducati durch Audi verschwanden die AMG-Sponsorenaufkleber.

2012

Im April 2012 stimmte International Motorcycles einer millionenschweren Übernahme von Ducati durch die Audi AG zu. Im Juli war die Transaktion abgeschlossen. Gabriele del Torchio blieb zunächst CEO, Generaldirektor Claudio Domenicali war ebenfalls im Vorstand vertreten. 2012 wurden 44.102 Motorräder verkauft, wobei das eigentliche Wachstum mit 21 Prozent in den USA stattfand. Die nächste Generation des Superbikes, die Panigale, wurde zusammen mit der 848 Streetfighter eingeführt, während spezifische asiatische und australische Modelle die Monster 795 und 659 umfassten.

Das MotoGP-Programm geriet ins Stocken, als Valentino Rossi mit der Desmosedici zu kämpfen hatte. Als 2007 ein neues Hubraumlimit in der Königsklasse eingeführt wurde, kam Ducati damit klar, aber mit der neuen 1000-cm³-D16GP12 schaffte Rossi nur zwei Podiumsplätze. Die Leistung des V4 der Desmosedici lag bei 255 PS bei 17.800/min. Gegen Ende der Saison wurden verschiedene Rahmen und Schwingen ausprobiert, aber ohne Erfolg. Rossi hatte sich zum Rücktritt entschlossen. Nicky Hayden erlebte eine noch enttäuschendere Saison, und in der Superbike-WM tat sich Checa mit Giuliano auf der Althea Racing 1198RS12 zusammen. Obwohl die 1198 inzwischen veraltet war, gelang es Checa dennoch, vier Rennen zu gewinnen und den vierten Platz in der Meisterschaft zu belegen.

1199 Panigale, S, Tricolore, 848 EVO, Corse SE

Die Panigale, die 2012 die 1198 ablöste, war das einschneidendste neue Modell seit der 88er 851. Angetrieben vom neuen Superquadro-Motor, der abgesehen von Fabio Taglionis Markenzeichen, dem 90-Grad-V2 und der desmodromischen Ventilsteuerung, völlig neu war. Das Aggregat wurde um sechs Grad nach hinten gedreht. Das horizontal geteilte Kurbelgehäuse ermöglichte es, die Zylinderköpfe direkt mit dem Kurbelgehäuse zu verschrauben. Wie bei der Desmosedici lief die Kurbelwelle in Gleitlagern und die Zylinderauslegung war extrem unterquadratisch. Ein neues System trieb die Nockenwellen an, bei dem eine herkömmliche Kette von der Kurbelwelle zum Zylinderkopf läuft und dort Zahnräder die Nockenwellen antreiben. Durch die automatische Kettenspannung versprach dieses System eine höhere Zuverlässigkeit bei geringerem Wartungsaufwand. Eine weitere Abweichung von der Ducati-Tradition war der Monocoque-Rahmen aus Gussaluminium, der allerdings den Motor als tragendes Element enthielt. Abgerundet wurde die Ausstattung der Panigale durch die

RECHTS: Die 1199 Panigale S war als Standard oder Tricolore erhältlich.

UNTEN RECHTS: Die Superquadro hatte einen innovativen Nockenwellenantrieb mit Kette und Zahnrad.

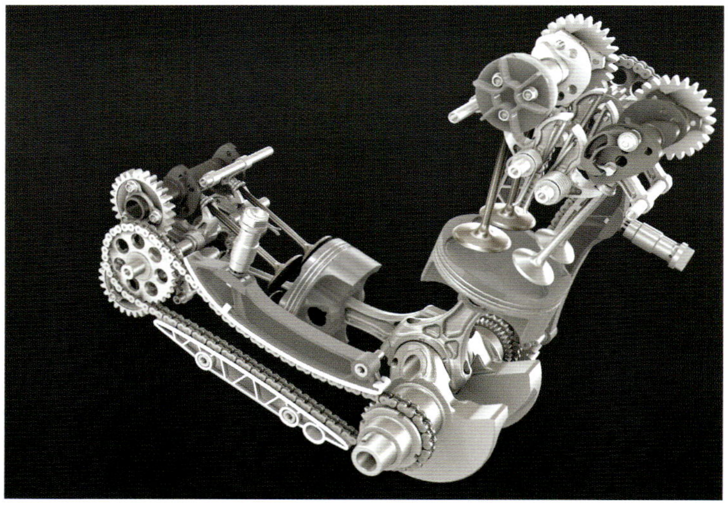

PANIGALE 1199, S, TRICOLORE, 848 EVO, CORSE SE 2012 Unterschiede zur 1198	
Bohrung (mm)	**112**
Hub (mm)	**60.8**
Hubraum (cm³)	**1198**
Ventilsteuerung	**Ketten- und Zahnrad, Desmodromik, doppelte obenliegende Nockenwellen, Vierventiler**
Einspritzung	**Mitsubishi**
Leistung	**195 PS bei 10.750/min**
Federung vorne	**43 mm Öhlins-Gabel (1199S) 50 mm Marzocchi-Gabel (1199)**
Federung hinten	**Öhlins (1199S) Sachs (1199)**
Bremse vorne (mm)	**Doppelscheibe, 330 (848 Corse SE)**
Reifen hiten	**200/55x17**
Radstand (mm)	**1437**
Trockengewicht (kg)	**166,5 (Tricolore) 164 (1199, S)**

neuesten elektronischen Fahrhilfen, das Öhlins-Fahrwerk (bei der S) und die Brembo-Bremsen. Die Panigale war mit 7500 verkauften Exemplaren 2012 auch sofort erfolgreich. Die 848 EVO blieb unverändert und war in diesem Jahr als Corse Special Edition (in denselben Farben wie die frühere 1198 Corse) erhältlich.

Diavel, Streetfighter, Multistrada, Hypermotard, Monster

Die Diavel AMG Special Edition war ein kurzlebiges Modell für 2012, um das Sponsoring von Mercedes AMG für das Ducati MotoGP-Team zu feiern. Basierend auf der Diavel Carbon verfügte jeder Motor über eine Plakette mit der Unterschrift des Technikers, der die Kalibrierung der Desmodromik vorgenommen hatte. Die mattschwarze Diavel AMG wurde nach der Übernahme von Ducati durch Audi eingestellt. Neben der Diavel und der Diavel Carbon gab es in diesem Jahr auch die Diavel Cromo mit einem glänzend schwarzen Tank und Chromblenden.

Der Monocoque-Rahmen und der horizontale hintere Stoßdämpfer gehören zum radikales Design der Panigale.

Carlin Dunne auf dem Weg zum Sieg beim Pikes Peak International Hill Climb 2012.

Die Streetfighter-Baureihe wurde um die 848 erweitert, die die Standardversion der 1098 Streetfighter ablöste und von einem 848 cm^3 Testastretta-11°-Motor angetrieben wurde. Die 1098 Streetfighter S blieb unverändert, während die Multistrada-Reihe nun auch die 1200S Touring umfasste. Carlin Dunne bescherte der Multistrada 2012 ihren dritten Sieg in Folge am Pikes Peak und stellte einen neuen Streckenrekord für Motorräder auf. Die Hypermotard 1100 EVO SP war nun als Corse Edition in Corse-Farben erhältlich, während die Modelle 696, 796 und 1100 EVO Monster unverändert blieben.

STREETFIGHTER 848 2012
Unterschiede zu 2011 und zur 848 EVO

Leistung	**132 PS bei 10.000/min (848SF)**
Federung vorne	**43 mm Marzocchi-Gabel (848SF)**
Federung hinten	**Sachs (848SF)**
Reifen hinten	**180/60x17 (848SF)**
Trockengewicht (kg)	**169 (848SF) 192 (Multistrada)**

2013

Zu den neuen Modellen 2013 gehörten die 1199 Panigale R, die Hyperstrada, die Hypermotard und die überarbeitete Multistrada. Der Absatz stieg auf 44.287 Stück. Mit 24 Prozent der Verkäufe waren die USA weiterhin der dominierende Markt. Infolge der besseren Verkaufszahlen stieg die Zahl der Mitarbeiter auf 1281 und im April übernahm Claudio Domenicali die Position des CEO. Auch bei Ducati Corse gab es einen Führungswechsel: Ex-BMW-Superbike-Chef Bernhard Gobmeier löste Filippo Preziosi als Direktor ab. Der ehemalige 125-cm^3-Weltmeister Andrea Dovizioso schloss sich Hayden auf der GP13 an und die Desmosedici GP13 war anfangs ähnlich dem 2012-Modell, mit dem gleichen Aluminium-Träger-Chassis (obwohl im Laufe des Jahres mehrere weitere Versionen ausprobiert wurden). Es nützte nichts, Ducati hatte ein miserables Jahr in der MotoGP.

In der Superbike-WM setzte das Team Ducati Alstare werksunterstützte Panigale 1199RS13 ein, aber da es keine

Die GP13 ähnelte zunächst dem Modell von 2012, wurde aber im Laufe des Jahres 2013 grundlegend überarbeitet.

Andrea Dovizioso führte das Ducati-MotoGP-Team 2013 an, aber seine beste Leistung war ein vierter Platz beim nassen Grand Prix von Frankreich. Gute Ergebnisse bei trockenem Wetter waren nicht zu erwarten.

Referenzpunkte für den radikalen Monocoque-Rahmen und die horizontale Stoßdämpferanordnung gab, war die Abstimmung problematisch. Carlos Checa und Ayrton Badovini kämpften um Ergebnisse, Checa beendete die Saison schließlich vier Läufe vor Ende der Meisterschaft.

1199 Panigale R, 1199 Panigale, S, Tricolore, 848 EVO, Corse SE

Als Homologationsmodell für die World Superbike brachte Ducati 2013 die 1199 Panigale R heraus. Obwohl es sich im Grunde um eine 1199 Panigale S handelt, wurde der 1199R-Motor mit Titanpleuel und das Fahrwerk mit einstellbarer Vierpunkt-Schwinge ausgestattet. Das R-Race-Kit, einschließlich einer Termignoni-Rennauspuffanlage, ermöglichte eine Leistungssteigerung von drei Prozent. Das elektronische Fahrwerk stammte von Öhlins. Die 1199R verfügte außerdem über das neueste Sport-ABS. Die Modelle 1199 Panigale, S, Tricolore, 848 EVO und Corse SE blieben unverändert.

PANIGALE 1199R, 848 CORSE SE 2013
Unterschiede zur 1199 und zur 848 EVO

Trockengewicht (kg)	**165 (1199R)** **167 (848 Corse SE)**

Hyperstrada and Hypermotard

2013 wurde eine neue Hypermotard-Generation eingeführt. Die Hypermotard-Familie wurde um die Crossover-Maschine Hyperstrada erweitert. Beide Modelle werden von einem Testastretta-11°-Motor der zweiten Generation angetrieben, der über eine Ride-by-Wire-Drosselklappe und drei Kennfelder für spezifische Fahrmodi verfügt. Sowohl die Hypermotard als auch die Hyperstrada hatten einen neuen Stahlrohrrahmen, die

Die 2013er 1199 Panigale R wurde als Homologationsmodell für die World Superbike entwickelt. Abgesehen von ausgefeilterem Fahrwerk und einer optimierter Elektronik war sie der 1199S recht ähnlich.

OBEN: Die Hyperstrada ist ein neues Crossover-Modell für das Modelljahr 2013.

UNTEN: Die neue Hypermotard erhielt auch den 821 Testastretta-Motor.

HYPERSTRADA, HYPERMOTARD, SP 2013

Motor	**Wassergekühlter V2-Viertakter**
Bohrung (mm)	**88**
Hub (mm)	**67,5**
Hubraum (cm³)	**821**
Verdichtung	**12,8:1**
Ventilsteuerung	**Riemengetrieben, Desmodromik, doppelte obenliegende Nockenwellen, Vierventiler**
Einspritzung	**Magneti Marelli**
Leistung	**110 PS bei 9250/min**
Schaltung	**Sechsgang**
Federung vorne	**43 mm Kayaba-Gabel 50 mm Marzocchi-Gabel (HMSP)**
Federung hinten	**Sachs Öhlins (HMSP)**
Bremse vorne (mm)	**Doppelscheibe, 320**
Bremse hinten (mm)	**Scheibe, 245**
Räder	**3.50x17 Zoll, 5.50x17 Zoll**
Reifen	**120/70x17, 180/55x17**
Radstand (mm)	**1490 (HS) 1500 (HM) 1505 (HMSP)**
Trockengweicht (kg)	**181 (HS) 175 (HM) 171 (HMSP)**

Hyperstrada mit abnehmbaren Koffern und einem Mittelständer. Die Hyperstrada war auch als Version mit einem niedrigeren Sitz (83 cm) und einer kürzeren Federung erhältlich. Die Hypermotard wurde in zwei Versionen geliefert, die SP mit einer Marzocchi-Gabel mit längerem Federweg, einem Öhlins-Stoßdämpfer und Marchesini-Schmiederädern.

Multistrada

Zu den evolutionären Updates der Multistrada gehörten ein Testastretta- 11°-Motor der zweiten Generation, eine neu gestaltete Frontverkleidung, Scheinwerfer sowie das neueste Bosch-ABS-System. Neben den höher ausgestatteten Multistrada S Touring und S Pikes Peak gab es eine S Granturismo, mit höherem Lenker, Scheibe und Koffern. Die S-Modelle erhielten in diesem Jahr auch die Ducati Skyhook Suspension, ein semiaktives System mit einer Sachs-Gabel und einem Sachs-Stoßdämpfer, das das bisherige Öhlins-System ersetzt.

MULTISTRADA 1200, S 2013

Unterschiede zu 2012

Federung vorne	**48 mm Sachs-Gabel (S)**
Federung hinten	**Sachs (S)**
Trockengewicht (kg)	**194 (S Pikes Peak)** **196 (MS)** **206 (S Touring)** **217 (S Granturismo)**

Die Multistrada S Touring 2013 verfügt über eine höhere Scheibe und serienmäßige Koffer.

Diavel, Monster, Streetfighter

Die Diavel-Baureihe umfasste nur noch die Diavel und die Diavel Carbon. Zur Feier des zwanzigjährigen Bestehens der Monster gab es spezielle Jubiläumsausgaben der 696, 796 und 1100 EVO. Dabei handelte es sich um Standardmodelle, die jedoch mit unterschiedlichen Farben für den Rahmen und verschiedene Bremskomponenten ausgestattet waren. Ebenfalls in diesem Jahr erhältlich war die 1100 EVO Monster Diesel, eine Zusammenarbeit zwischen Ducati und Renzo Rosso, dem Gründer der Marke Diesel. Die beiden Streetfighter-Modelle wurden für 2013 nicht verändert.

DIAVEL 2013

Unterschiede zu 2012

Trockengewicht (kg)	**205 (Diavel Carbon)**

Das Modell Monster 1100 EVO zum zwanzigsten Geburtstag hatte einen goldenen Rahmen und Aufkleber im Cagiva-Stil.

2014

2014 wurden vier neue Modelle vorgestellt, darunter die 899 Panigale, die Limited Edition 1199 Superleggera, die Monster 1200 der dritten Generation und die 1199 Panigale S Senna. Die Verkäufe stiegen auf 45.117 Stück, wobei die USA mit 8804 verkauften Exemplaren erneut an der Spitze lagen. Als Reaktion auf die enttäuschenden Ergebnisse in der MotoGP 2013 holte Ducati Luigi Dall'Inga von Aprilia als Geschäftsführer von Ducati Corse. Ducati begann das Jahr mit einem brandneuen Motorrad und entschied sich, in der restriktiveren Factory-Kategorie zu bleiben (wenn auch mit besonderen Privilegien). Die Maschine lieferte rund 270 PS bei 18.000/min. Im Laufe der Saison wurde das Motorrad vorne immer kürzer und hinten immer länger, wobei das letzte Update die schmalere 14,2-Version mit einem anders positionierten Motor war.

Cal Crutchlow ersetzte Hayden an der Seite von Dovizioso und die Stabilität, die durch Dall'Ingas Ernennung entstand, zeigte sich sofort in der verbesserten Leistung der D16GP14. Andrea Dovizioso holte in Japan die erste Pole-Position für Ducati seit vier Jahren, und konstante Ergebnisse brachten ihn auf den fünften Gesamtrang. Obwohl Crutchlow die Saison stark beendete (mit einem Podium in Aragon), untergruben frühe Stürze sein Selbstvertrauen und er konnte seinen Zweijahresvertrag nicht erfüllen. Nach mehreren Jahren der Flaute

Andrea Dovizioso fuhr auf der aktualisierten GP14.2 beim letzten Rennen in Valencia auf einen starken vierten Platz. Mit nur einem Ausfall war seine Saison vorbildlich.

genoss das Satelliten-Pramac-Racing-Team 2014 volle Werksunterstützung. Andrea Iannones konstante Ergebnisse brachten ihm schließlich einen Werksplatz für 2015 ein.

Nachdem Ducati Corse 2013 eine Horror-Saison hinter sich hatte, sollte mit den neuen Fahrern Chaz Davies und Davide Giuliano bessere zeiten anbrechen. Unter der Leitung von Ernesto Marinelli genoss die Panigale 1199R in diesem Jahr das Fehlen von Restriktoren und die Leistung kletterte auf rund 217 PS bei 11.500/min. Die Abstimmung war immer noch schwierig, aber die Panigale zeigte 2014 eine viel konstantere Leistung. Davies erreichte zwei zweite Plätze und Giuliano einen und sie wurden Sechster und Achter in der Superbike-WM.

UNTEN: Die Desmosedici GP14 war neu – vorne kürzer und hinten länger, mit einem umgestalteten Kraftstofftank.

1199 Superleggera, 1199 Panigale, R, Senna, 899

In der Tradition der 2008er D16RR brachte Ducati 2014 die 1199 Superleggera auf den Markt. Die in 500 Exemplaren produzierte Superleggera mit ihrem Cocktail aus Titan-, Magnesium- und Kohlefasermaterialien hat mit mehr als 200 PS das höchste Leistungsgewicht aller Serienmotorräder. Der auf der 1199R basierende Superquadro-Motor enthielt zum ersten Mal bei einem Ducati-Straßenmotor Rennsport-Kolben mit nur zwei Kolbenringen und das Racing-Kit mit Titan-Auspuffanlage von Akrapovic sorgte für eine Leistungssteigerung von fünf PS und einen Gewichtsverlust von 2,5 Kilo. Der Monocoque-Rahmen und die Marchesini-Räder bestanden aus Magnesium, während die Öhlins-Federung und die Brembo-Bremsen im Rennsport-Stil gehalten waren. Die aktualisierte Elektronik umfasste eine Wheelie-Kontrolle. Die in den Farben von Ducati Corse gekleidete 1199 Superleggera setzte die Tradition fort, die besten Rennmotorräder in limitierter Auflage zu bauen.

OBEN: Ducati Corse kam 2014 in der World Superbike wieder auf Erfolgskurs, da die 1199R (aufgrund der sieglosen 2013er Saison) in der Open Class nicht reglementiert war.

OBEN RECHTS: Davide Giuliano, der die Nummer 34 seines Helden Kevin Schwantz trägt, hatte eine durchwachsene Saison 2014.

UNTEN RECHTS: Die 1199 Superleggera in den Farben von Ducati Corse führt die 1199R, 1199S, 1199 und 899 an.

Abgesehen von den Farben blieben die 1199 Panigale, S und R 2014 unverändert und die Panigale S Senna gesellte sich dazu. Sie wurde in einer auf 161 Exemplare limitierten Auflage exklusiv für den brasilianischen Markt gebaut und war in den Farben der ursprünglichen 916 Senna 1 von 1995 gehalten. Ebenfalls neu in der Panigale-Reihe war die 899 Supermid, ausgestattet mit einem kleineren Superquadro-Motor. Die 899 war als Einsteigermodell in die Spitzenklasse gedacht und bot fahrerfreundliche Merkmale wie einen bequemeren Sitz, sowie eine leichtere Showa-Big-Piston-Fork, die eine bessere Dämpfung bei niedrigen Geschwindigkeiten bot. Die 899 verfügte über das übliche Bosch-ABS und elektronische Fahrmodi und war wohl die beste Straßenversion der Panigale-Reihe. Auch in der FIM Superstock 1000 kehrte Ducati auf die Siegerstraße zurück: Der argentinische Fahrer Leandro Mercado holte sich auf einer 1199 Panigale R den fünften Ducati Titel in dieser Serie.

1199 SUPERLEGGERA, 899 2014

Unterschiede zur 1199 Panigale R

Bohrung (mm)	**100 (899)**
Hub (mm)	**57,2 (899)**
Hubraum (cm³)	**898 (899)**
Verdichtung	**13,2:1 (Superleggera)**
Leistung	**200+ PS bei 11.500/min (Superleggera) 148 PS bei 10.750/min**
Federung vorne	**43 mm Showa-Gabel (899)**
Hinterrad	**5.50x17 Zoll (899)**
Reifen hinten	**180/60x17 (899)**
Bremse hinten (mm)	**Doppelscheibe, 320 (899)**
Radstand (mm)	**1426 (899)**
Trockengewicht (kg)	**155 (Superleggera) 169 (899)**

LINKS: Die 1199 Panigale S Senna hat die Farben der ersten 916 Senna von 1995.

UNTEN: Die 1199 Superleggera war voll von exotischen Materialien, darunter ein Monocoque-Rahmen, Motorabdeckungen und Räder aus Magnesium.

Monster, Diavel, Multistrada, Streetfighter, Hypermotard, Hyperstrada

Eine neue Generation der wassergekühlten 1200er Monster ersetzte 2014 die luftgekühlte 1100 EVO. Abgeleitet von der Diavel Power Cruiser, führte diese den Stil der früheren S4R und S4RS fort und war in zwei Versionen erhältlich: die Monster 1200 und 1200S. Das neue Chassis wurde von einem 1198 cm^3 Testastretta-11°-Dual-Spark-Motor angetrieben. Die Hinterradaufhängung mit vertikalem Federbein und Aluminium-Einarmschwinge bietet Platz für ein breites Hinterrad. Die 1200S verfügte über eine Öhlins-Federung und Scheiben mit größerem Durchmesser an der Vorderachse, während sowohl die 1200 als auch die 1200S mit den elektronischen Hilfsmitteln der Diavel ausgestattet sind. Die Monster 796 und 696 blieben unverändert, und eine Diavel Dark und eine Diavel Strada ergänzten das Diavel-Sortiment, die Strada mit einem Windschild, einem Tourensitz und Seitenkoffern. Die einzige für 2014 verfügbare Streetfighter war die 848, während die drei Multistrada-Modelle, die Hypermotard und die Hyperstrada unverändert blieben.

Die 899 löste die 848 ab und vervollständigte die Panigale-Familie im Jahr 2014.

2015

Dank mehrerer wichtiger neuer Modelle und Aufwertungen stiegen die Verkäufe 2015 um 22 Prozent auf 54.800 Stück. Die USA waren erneut führend (plus 14 Prozent), vor allem Dank der neuen Scrambler. Die Scrambler, die überwiegend in Thailand gebaut wird, erschloss erfolgreich einen neuen Markt für moderne Retro-Motorräder und war mit 16.000 verkauften Exemplaren die meistverkaufte Ducati in diesem Jahr. Die 1299 Panigale erweiterte die Parameter für Zweizylinder-Sportmotorräder, aber da die obere Hubraumgrenze für Twins in der World Superbike weiterhin bei 1200 cm^3 lag, produzierte Ducati eine homologierte Panigale R mit 1198 cm^3. Weitere neue Modelle waren eine aktualisierte Multistrada, eine limitierte Auflage der Diavel Titanium und die Monster

Eine neue Generation der Monster 1200 ersetzte die 1100 EVO 2014. Die 1200S hatte ein Öhlins-Fahrwerk.

MONSTER 1200, 1200S 2014
Unterschiede zur Monster 1100

Motor	**Wassergekühlter V2-Viertakter**
Bohrung (mm)	**106**
Hub (mm)	**67,9**
Hubraum (cm³)	**1198,4**
Verdichtung	**12,5:1**
Ventiltrieb	**Riemengetrieben, Desmodromik, doppelte obenliegende Nockenwellen, Vierventiler**
Einspritzung	**Synerject-Continental mit Mikuni Drosselklappengehäusen**
Leistung	**135 PS bei 8750/min (1200) 145 PS bei 8750/min (1200S)**
Federung vorne	**43 mm Kayaba-Gabel (1200) 48mm Öhlins-Gabel (1200S)**
Federung hinten	**Sachs (1200) Öhlins (1200S)**
Bremse vorne (mm)	**Doppelscheibe, 330 (1200S)**
Räder	**3.50x17 Zoll, 6.00x17 Zoll**
Reifen	**120/70x17, 190/55x17**
Radstand (mm)	**1511**
Trockengewicht (kg)	**182**

DIAVEL STRADA 2014
Unteschiede zu 2013

Trockengewicht (kg)	**216**

821. Abgesehen von einigen speziellen Modellen wurde 2015 auch das Ende der luftgekühlten Monster eingeläutet.

Da das Unternehmen seit 2010 kein MotoGP-Rennen mehr gewonnen hatte, wurde Ducati für die Saison 2015 ein höherer Treibstoffverbrauch, weichere Qualifying-Reifen und mehr Motoren genehmigt. Unter der Leitung von Dall'Inga wurde die GP15 neu gestaltet. Schmaler und kürzer, mit nach hinten geneigtem Motor, war sie sofort konkurrenzfähiger. Dovizioso und Iannone belegten beim Saisonauftakt in Katar einen knappen zweiten und dritten Platz, dem Dovizioso und Iannone drei weitere zweite Plätze folgen ließen. Die WM beendeten die beiden als Fünfter und Siebter.

Die neuen Regeln für die Superbike-WM 2015 begünstigten die Desmo-Twins, da sie nicht mehr mit Restriktoren belastet waren und in ihrer Spezifikation näher an homologierten Serienmodell liegen mussten. Die Werks-Panigale R leistete zu Beginn der Saison rund acht PS weniger, die schließlich auf 223 PS bei 11.700/min stieg. In Aragon sorgte Chaz Davies für den ersten Superbike-Sieg von Ducati seit 2012. Es folgten ein Doppelsieg in Laguna Seca und Siege in Malaysia und Jerez, er wurde Zweiter in der Meisterschaft.

Panigale R

Ducati bot 2015 ein neues Homologationsmodell in limitierter Auflage an, die Panigale R. Sie ersetzte die 1199 Panigale R, da die neuen Vorschriften Änderungen an Motor, Rahmen und Elektronik beschränkten. Mit einem Hubraum von 1098 cm³ mussten mindestens 1000 Exemplare für den Verkauf gebaut werden, um dem Superbike-Reglement zu entsprechen. Der Motor ähnelte dem der 1199 Superleggera und verfügte über Kolben mit zwei Ringen, Ventile aus Titan und eine leichte

LINKS: Andrea Iannone war 2015 konstanter als Dovizioso. Die GP15 zeichnet sich durch die kleinen Winglets aus, die für Abtrieb sorgen und Wheelies verhindern.

UNTEN: Chaz Davies beendete die sieglose Ducati-Zeit in der Superbike-WM und holte 2015 fünf erste Plätze.

Die Desmosedici wurde 2015 überarbeitet und ist nun kleiner und kompakter. Sie war immer noch die einzige MotoGP-Teilnehmerin, der eine Schwinge aus Kohlefaser verwendete.

UNTEN: Das neue World Superbike-Reglement für 2015 verlangt, dass die Werksrennmaschinen der Homologationsversion ähnlicher sind. Die Serien-Panigale R steht vor den Werksmaschinen von Giuliano (links) und Davies (rechts).

PANIGALE R 2015

Unterschiede zur 1199 Panigale R 2014

Verdichtung	**13,2:1**
Leistung	**205 PS bei 11.500/min**
Radstand (mm)	**1442**
Trockengewicht (kg)	**162**

1299 PANIGALE, S 2015

Unterschiede zur 1199 Panigale 2014

Bohrung (mm)	**116**
Hubraum (cm³)	**1285**
Verdichtung	**12,6:1**
Leistung	**205 PS bei 10.500/min**

Kurbelwelle. Zur neuen Elektronik gehörte ein einstellbares ABS mit Kurvenfunktion. Das Fahrwerk verfügte außerdem über eine justierbare Anlenkung der Einarmschwinge und eine mechanisch einstellbare Öhlins-Federung.

1299 Panigale, S

Nach nur drei Jahren wurde 2015 aus der 1199 Panigale die 1299 Panigale. Der Superquadro-Motor wies die größten Kolben auf, die jemals in einem Supersport-Rennmotorrad verbaut wurden. Da die 1299er zehn Prozent mehr Drehmoment lieferte, war sie reaktionsfreudiger und leichter zu fahren als die 1199er. Neue elektronische Innovationen verbesserten das Fahrverhalten, während weniger Nachlauf und ein niedrigerer Schwingendrehpunkt die Agilität und die Traktion am Heck erhöhten. Die Styling-Updates erstreckten sich auf eine breitere Verkleidung, eine Windschutzscheibe und ein neues Heckteil. Wie bei der Panigale R umfasste das neue Elektronikpaket die Trägheitsmesseinheit, während die Panigale S mit semiaktiven Öhlins-Fahrwerk daher kam.

Multistrada 1200, 1200S, D-Air

Abgesehen von einer neu gestalteten Verkleidung und einer schmaleren Sitzbank ähnelte das Design der neuen Multistrada dem der Vorgängerin, aber technisch war alles neu. Der Testastretta verfügte über eine desmodromische variable Ventilsteuerung (DVT), die zum ersten Mal bei einem Serienmotorradmotor auf die Einlass- und Auslassnockenwellen angewendet wurde. Zu den elektronischen Neuerungen gehörten die neue Bosch-Trägheitsmesseinheit, die Wank- und Nickwinkel in drei Achsen misst, und der elektronische Tempomat. Weitere Innovationen waren die Einführung von D-Air bei der 1200S, einem integrierten Airbagsystem, das in Zusammenarbeit mit Dainese entwickelt wurde. Ein neuer Rahmen sorgte für mehr Bodenfreiheit. Vier verschiedene Versionen waren erhältlich: Touring, Sport, Urban und Enduro, die jeweils eine Reihe spezifischer Ausstattungen boten.

Die 1299 Panigale verfügte nicht nur über mehr Hubraum, sondern auch über ein neues Elektronikpaket und eine neu gestaltete Verkleidung.

Monster

Mit mehr als 290.000 verkauften Monstern seit 1993 war die Baureihe nach wie vor von zentraler Bedeutung für Ducati. In diesem Jahr löste die wassergekühlte 821 die luftgekühlte 796 ab und es wurden exklusivere Monster-Stripe-Versionen eingeführt. Dazu gehörten eine kleine Verkleidung und doppelte weiße Streifen auf dem Kotflügel, dem Tank und dem Sitzbezug. Die 1200 und 1200S blieben unverändert.

LINKS: Auch die Multistrada erhielt 2015 ein leichtes Facelift und eine Reihe von elektronischen Updates.

OBEN: Der Testastretta-Motor der Multistrada verfügt über eine hydraulisch gesteuerte desmodromische variable Ventilsteuerung.

Angetrieben vom Testastretta-11°-Motor der zweiten Generation, folgte die Monster 821 dem Stil der 1200er, mit einem an den Zylinderköpfen befestigten Gitterrohrrahmen. Während die Kayaba-Gabel und das Sachs-Federbein unverändert blieben, war die 30 mm kürzere Schwinge nun beidseitig gelagert. Die kompakte Monster 821 (auch als Dark erhältlich) betonte die Ergonomie mit einem höheren Lenker und einer niedrigen Sitzbank. Die als Zubehör erhältliche 745-mm-Sitzbank war die niedrigste, die Ducati je gebaut hatte.

Scrambler

Die am meisten erwartete Neuerscheinung war 2015 die Scrambler, eine zeitgemäße Version des beliebten Modells, das von '62 bis '75 produziert wurde. Im Gegensatz zu einigen anderen Retro-Modellen war die Scrambler ein modernes Motorrad, so wie wenn die Produktion fortgesetzt worden

MULTISTRADA 1200, 1200S, D-AIR 2015

Unterschiede zu 2014

Verdichtung	**12,5:1**
Einspritzung	**Bosch**
Leistung	**160 PS bei 9500/min**
Federung vorne	**48 mm Gabel**
Radstand (mm)	**1529**
Trockengewicht (kg)	**209 (MS) 212 (S) 213 (D-Air)**

MONSTER 821 2015

Unterschiede zur Monster 1200 und Hypermotard 2014

Einspritzung	**Continental mit Mikuni Drosselklappengehäusen**
Leistung	**112 PS bei 9250/min**
Bremse vorne (mm)	**Doppelscheibe, 320**
Hinterrad	**5.50x17 Zoll**
Reifen hinten	**180/60x17**
Radstand (mm)	**1480**
Trockengewicht (kg)	**179,5**

Das neue mittelschwere Monster für 2015 war die 821. Der Motor war nun ein wassergekühlter Testastretta und die Schwinge doppelseitig.

Die Basis-Scrambler war die Icon, deren leuchtend gelbe Farbe an die Scrambler der 1970er Jahre erinnerte.

SCRAMBLER 2015	
Motor	**Luftgekühlter V2-Viertakter**
Bohrung (mm)	**88**
Hub (mm)	**66**
Hubraum (cm³)	**803**
Verdichtung	**11:1**
Ventiltrieb	**Riemengetrieben, Desmodromik, je eine obenliegende Nockenwelle, Zweiventiler**
Leistung	**75 PS bei 8250/min**
Schaltung	**Sechsgang**
Federung vorne	**41 mm Kayaba-Gabel**
Federung hinten	**Kayaba**
Bremse vorne (mm)	**Scheibe, 330**
Bremse hinten (mm)	**Scheibe, 245**
Räder	**3.00x18 Zoll, 5.50x17 Zoll**
Reifen	**110/80x18, 180/55x17**
Radstand (mm)	**1445**
Trockengewicht (kg)	**170**

wäre. Vier Versionen waren erhältlich: die Standard-Icon, die Urban Enduro, die Full Throttle und die Classic.

Der von der 796 Monster abgeleitete luftgekühlte V2 verfügte über Nockenwellen mit einer Ventilüberschneidung von elf Grad, während der Rahmen aus dem üblichen Stahlgitter mit einer Aluschwinge bestand. Zu den modernen Komponenten gehörten eine Upside-Down-Gabel, ein radial montierter Bremssattel vorne mit Bosch-ABS und eine Monoshock-Hinterradfederung. Sowohl die Urban Enduro als auch die Classic waren mit Speichenrädern ausgestattet. Zu den Retro-Merkmalen gehörten die Aufschrift »Born in 1962« auf dem Tankdeckel und ein runder Scheinwerfer. Während viele Retro-Bikes Schwierigkeiten hatten, klassischen Stil mit moderner Funktion zu verbinden, fand Ducati mit der leichten und kompakten Scrambler die richtige, erfolgreiche Formel.

Diavel, Hypermotard, Streetfighter

Zur Diavel und die Diavel Carbon gab es 2015 auch eine exklusive, limitierte Titanium-Edition. Diese umfasste eine Reihe von besonderen Merkmalen, von Scheinwerfer- und Tankabdeckungen aus Titan bis hin zu einer Reihe von Kohlefaserkomponenten. Jedes der auf 500 Exemplare limitierten Motorräder wurde mit einer nummerierten Plakette versehen. Die Hypermotard, Hypermotard S, Hyperstrada und Streetfighter 848 blieben unverändert.

2016

Als Ducati sich 2016 auf sein siebzigjähriges Bestehen vorbereitete, stellte das Unternehmen neun neue Modelle vor. Zu den ersten gehörten die Monster 1200R und die Diavel Carbon, auf der EICMA im November 2015 wurden die XDiavel, zwei neue Scrambler, Hypermotard und Hyperstrada 929, Panigale 959 und Multistrada 1200 Enduro vorgestellt.

Die Diavel Titanium war auf 500 Exemplare limitiert. Zusätzlich zu den breiteren Lufteinlässen aus Kohlefaser hatte sie einen handgenähten Alcantara-Sitz mit Ledereinsätzen.

2106 stiegen die Verkäufe um 1,2 Prozent auf 55.451 Motorräder. Die USA blieben mit 8787 Einheiten der größte Markt, an zweiter Stelle lag Italien, noch vor Deutschland.

In der MotoGP setzte die neue Desmosedici GP16 einen kompakteren V4-Motor ein, der rund 280 PS bei 18.000/min leistete. Sie war das schnellste Motorrad auf der Strecke. Beim Rennen in Österreich holte Iannone den ersten MotoGP-Sieg für Ducati seit 2010.

Davies und Giuliano bestritten mit dem Werksteam Aruba.it-Racing das World Superbike Championship auf der Panigale 1199R.

LINKS: Die GP16 erhielt ein neues Chassis und eine Verkleidung mit ausgefeilteren Flügeln. Die Räder waren in diesem Jahr 17 Zoll groß und die Reifen von Michelin. In seinem vierten und letzten Jahr bei Ducati gewann Andrea Iannone den GP von Österreich, stürzte aber zwei Läufe später in Silverstone schwer und beendete damit seine WM-Hoffnungen.

OBEN: Chaz Davies gewann 2016 elf Superbike-WM-Rennen auf der Panigale 1199R und wurde Gesamtdritter in der WM. Hier ist er auf dem Weg zum Sieg in Laguna Seca.

UNTEN: Mit der XDiavel S wurde das Cruiser-Konzept auf ein neues Niveau gehoben. Da die Wasserpumpe nach rechts verlegt wurde, waren die Rohre nicht mehr sichtbar und der Motor sah optisch sauberer aus.

XDiavel, XDiavel S und Diavel Carbon

Die Evolution der Diavel-Familie wurde mit der Diavel Carbon fortgesetzt. Sie verfügte über einen neu gestalteten Auspuff, Räder und Sitz, aber die XDiavel war noch faszinierender. Sie versuchte zwei verschiedene Formen zu verschmelzen – den reinen Cruiser und den traditionellen Sportstil. Drei Zahlen fassen die XDiavel zusammen: 5000, 60 und 40. 5000 war die Drehzahl, bei der der Testastretta DVT-Motor sein maximales Drehmoment von 129 Nm erreichte; 60 die Summe der verschiedenen ergonomischen Konfigurationen des Fahrers und 40 der maximal erreichbare Schräglagenwinkel. Der Testastretta DVT-Motor wurde auf 1262 cm^3 vergrößert, wobei die Wasserpumpe in das V der Zylinder verlegt wurde, um die Ästhetik der linken Seite zu verbessern. Der Rahmen, die Aufhängung, die Bremsen und die Fahrwerksabstimmung wurden so konzipiert, dass ein sportliches Fahrverhalten möglich war, ohne den Komfort zu beeinträchtigen. Abgerundet wurde die Ausstattung durch einen Riemenantrieb im Cruiser-Stil. Die XDiavel war auch als S-Version in glänzendem statt in mattem Schwarz erhältlich und verfügte über Brembo M50-Bremssättel vorne, einen speziellen Sitz und Aluminium-Riemenabdeckungen für den Motor.

Monster 1200R

Auf die PS-stärkeren Naked Bikes von BMW (S1000R) und KTM (1290 Super Duke R) reagierte Ducati 2016 mit der Monster 1200R. Die Leistungssteigerung wurde durch ein höheres Verdichtungsverhältnis, einem größeren Drosselklappengehäuse und einen neuen Auspuff erreicht. Außerdem verfügte sie über eine Anti-Hopping-Kupplung,

XDIAVEL, S 2016 Unterschiede zur Diavel	
Borhung (mm)	**71**
Hubraum (cm³)	**1262**
Verdichtung	**13:1**
Einspritzung	**Bosch**
Leistung	**156 PS bei 9500/min**
Radstand (mm)	**1615**
Trockengewicht (kg)	**220**

MONSTER 1200R 2016 Unterschiede zur Monster 1200S	
Verdichtung	**13:1**
Leistung	**160 PS bei 9250/min**
Reifen hinten	**200/55x17**
Radstand (mm)	**1509**
Trockengewicht (kg)	**180**

Das erste von neun neuen Modellen für 2016 war die Monster 1200R.

eine achtfach verstellbare Traktionskontrolle und drei Fahrmodi. Dazu gab es ein angehobenes Öhlins-Fahrwerk für mehr Schräglagenfreiheit, einen breiteren Hinterreifen und eine kleine Verkleidung samt neuem Heckteil.

Multistrada 1200 Enduro, Pikes Peak

Eine neue Multistrada 1200 Enduro ergänzte die unveränderte Multistrada, S und D-Air. Mit 19- und 17-Zoll-Speichenrädern, semiaktiver elektronischer Sachs-Federung mit mehr Federweg und einem 30-Liter-Tank war sie für das Segment der Maxi-Straßenenduros konzipiert und bot eine Reichweite von über 448 Kilometer. Die Pikes-Peak-Sonderedition kehrte ebenfalls zurück und basierte auf der 1200S mit Öhlins-Federung und rennsportinspirierten Dreispeichenrädern.

Panigale 959

So wie die 1299 die 1199 ablöste (dieses Mal nach nur zwei Jahren), machte die Panigale 899 Platz für die größere 959. In Fortsetzung einer Tradition, bei der die Bezeichnung nicht dem tatsächlichen Hubraum entspricht, verfügte der Motor über 955 cm³ und etwas mehr Leistung, während andere Updates die breitere Verkleidung und Scheibe der 1299, größere Lufteinlässe und das geteilte Heck umfassten.

Hypermotard 939, Hypermotard 939SP, Hyperstrada 939

Die 939 Hypermotard löste die drei Jahre zuvor eingeführte 821 ab. Die gesamte Baureihe wurde mit dem neuen Testastretta-11°-Motor ausgestattet, wobei der Hubraum von 937 cm³ in der Modellbezeichnung nicht berücksichtigt wurde. Der Motor wurde unter anderem mit einer größeren Bohrung und einem etwas höheren Verdichtungsverhältnis ausgestattet. Außerdem wurde der serienmäßige Wasserkühler durch einen Ölkühler ergänzt. Wie zuvor war die Hypermotard 939SP mit einem Öhlins-Fahrwerk ausgestattet, während die Hyperstrada 939 mit abnehmbaren 50-Liter-Koffern und einem Mittelständer geliefert wurde.

Ducati Scrambler Flat Track Pro und Sixty2

Die Flat Track Pro und die Sixty2 ergänzen die äußerst erfolgreiche Scrambler-Reihe. Basierend auf der Scrambler Full Throttle und inspiriert von den 2015er »AMA Pro Flat Track«-Meisterschaftsmotorrädern von Troy Bayliss und

MULTISTRADA 1200 ENDURO 2016

Unterschiede zur Multistrada 1200

Bremse vorne (mm)	**Doppelscheibe, 320**
Räder	**3.00x19 Zoll, 4.50x17 Zoll (Speichen)**
Reifen	**120/70x19, 170/60x17**
Radstand (mm)	**1556**
Trockengewicht (kg)	**225**

Die Multistrada-Reihe wurde 2016 um eine 1200er Enduro mit größerem Tank und Speichenrädern erweitert.

959 PANIGALE 2016

Unterschiede zur 899

Bohrung (mm)	**60,8**
Hubraum (cm^3)	**955**
Leistung	**157 PS bei 10.500/min**
Radstand (mm)	**1431**
Trockengewicht (kg)	**176**

Die 959 Panigale unterscheidet sich von der bisherigen 899 durch eine neue Auspuffanlage und eine neu gestaltete Frontverkleidung.

Die Hypermotard 939SP hatte MotoGP-inspirierte Farben und ein Öhlins-Fahrwerk der Spitzenklasse.

HYPERSTRADA, HYPERMOTARD, SP 2016

Unterschiede 2015

Bohrung (mm)	**94**
Hubraum (cm³)	**937**
Verdichtung	**13,1:1**
Leistung	**113 PS bei 9000/min**
Radstand (mm)	**1485 (HS)** **1493 (HM)** **1498 (HMSP)**
Trockengewicht (kg)	**187 (HS)** **181 (HM)** **178 (HMSP)**

SCRAMBLER SIXTY2 2016

Unterschiede zur Scrambler

Bohrung (mm)	**72**
Hub (mm)	**49**
Hubraum (cm³)	**399**
Verdichtung	**10,7:1**
Leistung	**41 PS bei 8750/min**
Federung vorne	**41 mm Showa-Gabel**
Bremse vorne (mm)	**Scheibe, 320**
Hinterrad	**4.50x17 Zoll**
Reien hinten	**160/60x17**
Radtsnad (mm)	**1460**
Trockengewicht (kg)	**167**

Johnny Lewis, verfügte die Flat Track Pro über einen neuen Tank, einen seitlich montierten Nummernschildhalter sowie eine einzigartige Bugverkleidung und einen kurzen vorderen Kotflügel. Zur Serienausstattung gehörten Fußrasten, Ritzelabdeckungen, Rückspiegel und ein Einfülldeckel für die vordere Bremsflüssigkeit. Die Sixty2, benannt nach dem Baujahr der ursprünglichen Scrambler, richtete sich mit einem schwächeren Motor, einem kleineren Hinterrad und Reifen sowie einer Stahlschwinge an eine Einsteigerklientel.

Eine neue Scrambler für 2016 war die Flat Track Pro, basierend auf der Full Throttle und inspiriert von Troy Bayliss' amerikanischem »AMA Pro Flat Track Championship«-Bike 2015.

Im Laufe des Jahres 2017 erhielt die GP17 diese neue Aero-Verkleidung. Doch während Andrea Dovizioso damit in Österreich und Japan gewann, benutzte er ansonsten noch die ältere Variante.

2017

Acht neue Modelle wurden 2017 vorgestellt. Nach einer Rationalisierung der Motoren wird die Testastretta nun mit 1262, 1198 und 937 cm³ Hubraum produziert, während die Desmodue nur noch mit 803 und 399 cm³ erhältlich ist. Der Superquadro wurde weiterhin mit 1285, 1198 und 955 cm³ Hubraum produziert. Die einzige überlebende 821 Testastretta war die Monster 821, die Hyperstrada wurde eingestellt. Die Verkäufe beliefen sich 2017 auf insgesamt 55.871 Einheiten, wobei die Scrambler mit 14.061 Auslieferungen am beliebtesten war. Die USA waren mit 8898 Einheiten erneut führend, aber Italien lag mit 8.806 Einheiten dicht dahinter.

Der mehrfache MotoGP-Weltmeister Jorge Lorenzo unterzeichnete einen Zweijahresvertrag mit Ducati für 2017 und '18. Die Desmosedici GP17 war eine Weiterentwicklung der GP16. Die 2017er-Verkleidung ähnelte zunächst der des Vorjahres (ohne externe Winglets), aber das änderte sich im Laufe der Saison mit dem Erscheinen einer umstrittenen neuen Aero-Verkleidung. Mit diesen Entwicklungen war die Saison 2017 für Ducati die erfolgreichste seit einem Jahrzehnt: Dovizioso gewann sechs Rennen und wurde Zweiter in der Weltmeisterschaft.

Der ehemalige MotoGP-Pilot Marco Melandri hat sich Chaz Davies im World Superbike dem Aruba.it Racing Team angeschlossen. Die Spezifikationen der 1198 cm³ Panigale R Superbike haben sich gegenüber 2016 kaum verändert. Mit mehr als 215 PS bei 12.000/min war die Werks-Panigale R eine starke Konkurrenz, aber die beiden Fahrer waren nicht konstant genug, um die Meisterschaft zu holen.

Panigale R-Fahrer Glenn Irwin bescherte Ducati den ersten Sieg beim North West 200. Der erfahrene britische Superbike-Pilot Shayne Byrne sorgte für einen überraschenden Sieg in der Britischen Superbike-Meisterschaft. In der FIM Superstock 1000 Meisterschaft sichtere sich Michael Ruben Rinaldi den Titel.

Obwohl die Panigale 1199R gegenüber 2016 kaum verändert wurde, war sie 2017 noch konkurrenzfähiger. Chaz Davies fuhr damit sieben Rennsiege ein und wurde Zweiter in der Superbike-Weltmeisterschaft 2017.

1299 Panigale S Anniversario

Die von Casey Stoner auf der World Ducati Week 2016 vorgestellte 1299 Panigale S Anniversario war eine vorgezogene Version zur Feier des 90-jährigen Firmenjubiläums 2017,

1299 PANIGALE S ANNIVERSARIO

Unterschiede zur 1299 S Panigale

Trockengewicht (kg)	**164**

Die Inspiration für die weiß-schwarz-rote Karosserie und die goldenen Räder der 1299 Panigale S Anniversario stammt von den Ducati Rennmaschinen.

1299 SUPERLEGGERA

Unterschiede zur 1299 Panigale S

Verdichtung	**13,0:1**
Leistung	**215 PS bei 11.000/min**
Federung vorne	**43 mm Öhlins FL936l**
Federung hinten	**Öhlins TTX36**
Radstand (mm)	**1456**
Trockengewicht (kg)	**167**

Die zweite Serie der Superleggera war die 1299, ausgestattet mit einem Kohlefaser-Chassis.

hergestellt in einer Auflage von 500 Stück. Auf die aus massivem Aluminium gefräste obere Gabelbrücke wurde die Seriennummer des Motorrads gelasert. Die Lenkkopfeinsätze versetzten das Vorderrad um fünf Millimeter nach vorne und sorgten für die gleiche Geometrie wie bei der Panigale R. Die Kohlefaserkomponenten reduzierten das Gesamtgewicht um 2,5 Kilo. Die Elektronik umfasste eine völlig neue Traktions- und Wheelie-Kontrolle, dazu gab es ein Racing-Kit mit einer Akrapovic Racing-Auspuffanlage aus Titan.

1299 Superleggera

Die 1299 Superleggera war die zweite in der Superleggera-Serie, wiederum in einer limitierten Auflage von fünfhundert Stück. Die leistungsstärkste Serien-Ducati, die je produziert wurde, war auch das erste Serienmotorrad, dessen Rahmen, Schwinge, Hilfsrahmen und Räder aus Kohlefaser bestanden. All dies machte sie 40 Prozent leichter als die 1299 Panigale. Die fortschrittliche Spezifikation wurde durch ein Öhlins-Fahrwerk in Rennqualität und Brembo-Bremsen vervollständigt. Zu den Updates des 1285 cm³ Superquadro-Motors gehörten Titan-Pleuel, größere Titan-Ventile und ein Akrapovic-Auspuff aus Titan.

Ein neues Elektronikpaket umfasst eine sechsachsige Trägheitsmesseinheit (6D IMU) mit Ducati Slide Control (DSC) und Ducati Power Launch (DPL). Jedes Exemplar wurde mit einem Track-Kit geliefert.

SuperSport

Mit der SuperSport wurde ein weiterer großer Name aus Ducatis Vergangenheit wiederbelebt, der an die ursprüngliche SuperSport ('73 bis '82) und Supersport ('89 bis '06) erinnert.

SUPERSPORT, SUPERSPORT S **Unterschiede zur Hypermotard**	
Verdichtung	**12,6:1**
Federung vorne	**43 mm Marzocchi; 48 mm Öhlins (S)**
Federung hinten	**Sachs, Öhlins (S)**
Radstand (mm)	**1478**
Trockengewicht (kg)	**184**

Ein höherer Lenker und eine niedrigere Sitzbank verhalfen der SuperSport zu einem rundum sportlichen Auftritt.

Die SuperSport war weniger kantig als die neueren Superbikes und auf Sport-Touring-Tauglichkeit ausgelegt. Eine neu gestaltete Verkleidung umfasste eine höhenverstellbare Plexiglasscheibe, die in zwei verschiedene Positionen eingestellt werden konnte.

Angetrieben wurde die SuperSport von einem adaptierten Hypermotard-Zweizylinder mit 937 cm³ und 11°-Testastretta. Die Leistung blieb unverändert, und um die Euro 4-Abgasnorm zu erfüllen, verfügte die 2-in-1-in-2-Auspuffanlage über einen großen Endschalldämpfer mit zwei übereinander liegenden Endrohren. Das Kurbelgehäuse und die Zylinderköpfe wurden äußerlich neu gestaltet. Es wurden drei Fahrmodi (Sport, Touring und Urban) angeboten.

Der Stahlgitterrahmen basierte auf der Monster 821, mit dem Motor als voll belastetes Fahrwerksteil. Der Rahmen war mit dem vorderen Zylinderkopf verbunden, der hintere Stahlhilfsrahmen mit dem hinteren Zylinderkopf und die Einarmschwinge mit dem Kurbelgehäuse. Die SuperSport war als Standardversion und als höher spezifizierte SuperSport S erhältlich. Sie verband die Leistung eines echten Sportbikes mit komfortabler Sitzposition und weicherer Federung und schuf damit ein neues Marktsegment für Ducati.

Multistrada 950 und 1200 Enduro Pro

Mit 25.000 verkauften Einheiten seit ihrer Einführung im Jahr 2010 war die Multistrada 1200 eines der meistverkauften Modelle von Ducati. Dieser Erfolg verlangte nach einer Mittelklasse-Version. Der neue Hypermotard Testastretta-11°-Motor, der bereits für die SuperSport adaptiert wurde, erwies sich als ideal für die verkleinerte Multistrada. Der mit Euro 4 eingestufte Motor erhielt ein überarbeitetes Ölsystem und neue desmodromische Köpfe. Der Chassis bestand aus einem Gitterrohrrahmen und zwei seitlichen Aluminium-Hilfsrahmen. Die doppelseitige Aluminiumschwinge und die Radgrößen waren ähnlich der 1200er Enduro.

Die 950er-Verkleidung lehnt sich stilistisch an die beiden größeren Multistradas an und verfügt über eine verstellbare Scheibe, während die schmale Sitzbank und der hochgezogene Schalldämpfer mit der 1200er Enduro vergleichbar sind. Vier optionale Pakete waren erhältlich:

Die Multistrada 950 konnte mit optionalen Ausstattungspaketen bestellt werden. Dieses Motorrad verfügt über die Pakete Touring und Urban.

MULTISTRADA 950, 1200 ENDURO PRO

Unterschiede zur Multistrada 1200 Enduro

Bohrung (mm)	**94 (950)**
Hub (mm)	**67,5 (950)**
Hubraum (cm³)	**937 (950)**
Verdichtung	**12,6:1 (950)**
Einspritzung	**Bosch, mit 53 mm Drosselklappengehäusen (950)**
Leistung	**113 PS bei 9000/min (950) 152 PS bei 9500/min (1200 Pro)**
Federung vorne	**48 mm Kayaba-Gabel (950)**
Räder	**3.00x19, 4.50x17 (950 und 1200 Pro)**
Reifen	**120/70x19, 170/60x17 (950 and 1200 Pro)**
Radstand (mm)	**1594 (950 und 1200 Pro)**
Trockengewicht (kg)	**204 (950) 232 (1200 Pro)**

MONSTER 1200, 1200S 2017

Unterschiede zur Monster 1200 (2016)

Verdichtung	**13:1**
Leistung	**150 PS bei 9250/min**
Radstand (mm)	**1485**
Trockengewicht (kg)	**187 (1200) 185 (1200S)**

Die neue Monster 1200S nahm mit offenem Rahmen den minimalistischen Look der ursprünglichen Monster von 1993 auf.

Touring, Sport, Urban und Enduro. Die Multistrada 950 war als Basisversion gedacht und bot akzeptable Fahrleistungen.

Die 1200 Enduro Pro ergänzte 2017 die Multistrada-Reihe. Die Pro ist mehr auf Offroad-Fahrten ausgerichtet als die 1200 Enduro und verfügt über eine sandfarbene Frontpartie und Tankabdeckung, einen zweifarbigen Sitz sowie einen schwarzen Hilfsrahmen. Zu den weiteren Merkmalen der Pro gehören Touratech-Schutzbügel mit LED-Leuchten, ein niedriges Windschild und ein Termignoni-Titanauspuff.

Monster 1200, 1200S

In diesem Jahr wurden die Monster 1200 und 1200S mit mehr Leistung und aktualisiertem Design. Der elementare Stil von Galluzzis Originalversion von 1993 diente als Inspiration für die neue 1200er, die einen schlankeren Tank, ein neu gestaltetes Heck, eine neue Einarmschwinge und Fußrasten aus Aluminiumdruckguss sowie weniger Kunststoff-Verkleidungsteile aufwies. Beide Versionen verfügten über ein umfangreiches Elektronikpaket mit drei Fahrmodi, eine IMU für das Bosch Kurven-ABS und das Ducati Wheelie Control (DWC) System. Neu waren auch der Doppel-Parabolscheinwerfer, ein Cockpit, das jetzt an den Lenkerauflagen befestigt ist, sowie neue Schalter.

Monster 797

Für 2017 führte Ducati erneut eine luftgekühlte Monster als Einstiegsmodell ein. Die 797 hat den 803 cm³ Desmodue-Motor der Scrambler und verfügt über neu gestaltete Kühlrippen, die an die erste Generation der Monster 900 erinnern. Der Rahmen war ein traditioneller Gitterrohrrahmen mit einer Aluminium-Druckguss-Doppelschwinge und seitlich angebrachten Stoßdämpfern. Das Design erinnerte absichtlich an die ursprüngliche Monster von 1993. Die Version 797+ verfügte über ein Windschild und einen Soziussitz-Abdeckung. Optionales Zubehör für beide Modelle waren ein Sport- und ein Urban-Paket.

Diavel Diesel

Nach der 2013er 1100 EVO Monster Diesel hat sich Ducati erneut mit dem Modelabel zusammengetan, um die Diavel Diesel zu entwickeln. Zu den besonderen Merkmalen gehören ein handgebürsteter Edelstahltankdeckel mit sichtbaren

Schweißnähten, ein Ledersitz, rote Brembo-Sättel vorne und ein LCD-Cockpit im Vintage-Stil. Mit einem Augenzwinkern wurde die nummerierte Auflage auf 666 Stück limitiert.

Die Scrambler Café Racer erinnerte an eine frühere Ära und trug die Nummer 54 des italienischen Rennfahrers Bruno Spaggiari.

Scrambler Desert Sled und Café Racer

2017 erschienen zwei weitere Scrambler-Varianten: die Desert Sled und die Café Racer. In Anlehnung an einen Begriff, der mit den Offroad-Rennmaschinen von Triumph aus den 60er-Jahren assoziiert wurde, war die Desert Sled eine Scrambler im Dirt-Style, die an die 450 R/T aus den 70ern erinnerte. Die Auspuffanlage blieb niedrig, aber ein Schutz für die Motorwanne schützte das Krümmerrohr. Der Rahmen wurde im Bereich des Schwingendrehpunkts verstärkt und Stahlplatten auf beiden Seiten nahmen den hinteren Motorträger und die unteren Fußrastenhalterungen auf. Die neue verstärkte Aluminiumschwinge war länger und gerader als bei der Standard-Scrambler, und das Federbein verfügte über ein separates Gasreservoir. Die Drahtspeichenräder hatten goldfarben eloxierte Felgen und waren mit Crossover-Reifen ausgestattet. Zu den weiteren Offroad-Merkmalen gehörten ein Scheinwerferschutzgitter und hohe Kotflügel.

Zur Desert Sled gesellte sich der Scrambler Café Racer. Mit ihrem niedrigen Lenker und den nach hinten versetzten Fußrasten war dies Ducatis Interpretation des beliebten Straßenrenners. Café Racer waren ursprünglich motorsportlich umgebaute Serienmotorräder, die in den 1960er Jahren in England entstanden. Ducati war einer der ersten Hersteller, der mit seiner 250 Mach 1 eine Werksversion anbot. Im Laufe der Jahre hat Ducati viele ähnliche Maschinen im Café-Racer-Stil angeboten.

Die Scrambler Café Racer basierte auf der Scrambler Icon mit ihrem schwarz lackierten Motor und den gefrästen Kühlrippen und war wohl eher stilvoll als funktional. Die Café Racer verfügte zusätzlich über einen doppelten Termignoni-Auspuff mit schwarz eloxierter Aluminiumabdeckung. Die Lackierung war ein traditionelles britisches Schwarz und Gold, ergänzt durch eine kleine Verkleidung. Die Startnummertafeln auf jeder Seite trugen die 54 zu Ehren des Werksfahrers Bruno Spaggiari, der mit dieser Nummer auf der Werks-250-Desmo an dem Mototemporada-Romagnola-Straßenrennen 1968 in Italien teilgenommen hatte.

MONSTER 797
Unterschiede zur Scrambler

Federung vorne	**43 mm Kayaba-Gabel**
Federung hinten	**Sachs**
Bremse vo. (mm)	**Doppelscheibe, 320**
Vorderrad	**3.50x17 Zoll**
Reifen vorne	**120/70x17**
Radstand (mm)	**1435**
Trockengew. (kg)	**175**

SCRAMBLER DESERT SLED AND CAFÉ RACER
Unterschiede zur Scrambler

Federung vorne	**46 mm Kayaba-Gabel (Desert Sled)**
Räder	**3.00x19 and 4.50x17 (Desert Sled) 3.50x17 (Café Racer *vorne*)**
Reifen	**120/70x19 und 170/60x17 (Desert Sled) 120/70x17 (Café Racer *vorne*)**
Radstand (mm)	**1,505 (Desert Sled) 1,436 (Café Racer)**
Trockengew. (kg)	**191 (Desert Sled) 172 (Café Racer)**

Die Scrambler Desert Sled wurde von den kaliforrischen Offroad-Rennenmaschinen der 1960er Jahre inspiriert.

OBEN: Diese GP18 Desmosedici fuhr Dovizioso. Er begann die Saison mit der Aero-Verkleidung und einem Sieg in Katar.

UNTEN: Die letzte Version der Zweizylinder-Panigale war diese 1299 Panigale R Limited Edition.

2018

Ducati stellte 2018 viele neue Modelle vor, es ging aber auch eine 47-jährige Tradition zu Ende: der werksseitige Einsatz der 90°-Renn-Twins. Die Werks-Panigale R, die noch ein weiteres Jahr in der World Superbike unterwegs war, wurde bald von der Vierzylinder-Panigale V4, abgelöst, die 2018 eingeführt wurde. Ducati brachte die 1299 Panigale R Final Edition heraus, um das Ende der Herrschaft des V-Twins zu feiern. Trotz eines leichten Rückgangs der weltweiten Verkäufe von Motorrädern mit mehr als 500 cm³ Hubraum gelang es dem Unternehmen, den Absatz im vierten Jahr in Folge über fünfzigtausend Einheiten zu halten. In diesem Zeitraum war die Panigale V4 das meistverkaufte Superbike der Welt.

Nach der erfolgreichen Saison 2017 stellte die GP18 eine weitere Evolution dar. Ihr Motor war nun leistungsstärker und nochmals verfeinert. Zu den Neuerungen gehörten eine Öhlins TSB 46 CF »Blackfisken« 46-mm-Vorderradgabel mit oberen Außenrohren aus Carbon und eine überarbeitete Aerodynamik. Dank seiner hervorragenden Ergebnisse im Jahr 2017 hatte sich Petrucci einen Platz im OCTO Pramac Team GP18 verdient, während Jack Miller Scott Redding auf der GP17 ersetzte. Ducati gewann sieben GPs, die höchste Anzahl an Siegen in einer einzigen Saison seit Casey Stoner ein Jahrzehnt zuvor.

In der Superbike-WM fuhr Marco Melandri an der Seite von Chaz Davies auf der Aruba.it Racing Panigale R. Sie wurde zum letzten Mal in der Superbike-WM eingesetzt, da das neue technische Reglement eine maximale Drehzahl von 12.400/min vorschrieb. Davies konnte zwei Rennen gewinnen und wurde Zweiter in der Gesamtwertung der Meisterschaft.

1299 Panigale R Final Edition

Die 1299 Panigale R Final Edition wurde zum Ende der V2-Werksrennmaschinen herausgebracht. Dieses Motorrad war als nummerierte (aber nicht limitierte) Serie erhältlich, ein Euro 4 konformes Angebot auf Basis der 1299 Superleggera und Panigale R. Der Superquadro-Motor der Final Edition verfügte über eine erleichterte Kurbelwelle und Pleuelstangen aus Titan. Zusammen mit größeren Ventilen wurden die überarbeiteten Einlass- und Auslasskanäle mit neuen Nockenwellen mit größerem Hub kombiniert. Der

1299 PANIGALE R FINAL EDITION
Unterschiede zur 1299 Panigale und Panigale R

Verdichtung	**13:1**
Leistung	**209 PS bei 11.000/min**
Radstand (mm)	**1443**
Trockengewicht (kg)	**168**

Akrapovic-Auspuff aus Titan mit einem Doppelschalldämpfer im Rennsportstil war ebenfalls neu. Das Elektronikpaket umfasste die Bosch IMU und Kurven-ABS, DWC EVO, Ducati Traction Control EVO (DTC EVO) und Engine Brake Control (EBC). Das Fahrwerk bestand aus einem Aluminium-Druckguss-Monocoque-Rahmen und einer mechanischen Öhlins-Federung, ähnlich wie bei der Panigale R. Die Panigale R Final Edition war historisch bedeutsam, da sie die letzte Iteration von Ducatis wichtigstem V2-Sportmodell darstellte.

Panigale V4, V4S, V4 Speciale

Um die enttäuschenden Ergebnisse der Panigale mit V2 in der Superbike-WM im Vergleich zu den Vorgängermodellen zu kompensieren, wurde 2018 die Panigale V4 als Ersatz entwickelt. Dieser neue 90°-V4, der in fünfzehn Jahren MotoGP-Rennen entwickelt wurde, sollte künftige Sportmodelle der Spitzenklasse antreiben. Es wurden drei Versionen angeboten: die Panigale V4, die Panigale V4 S mit höherwertigem Fahrwerk und die limitierte Monoposto Panigale V4 Speciale. Der kompakte Desmosedici Stradale V4-Motor hatte die gleichen Zylinderköpfe und Abmessungen wie die Desmosedici GP. Der Motor wurde um 42 Grad nach hinten gedreht, um die Gewichtsverteilung zu optimieren, größere Kühler zu ermöglichen und den Schwingendrehpunkt so weit wie möglich nach vorne zu bringen.

Ähnlich wie bei den MotoGP-Desmosedici-Motoren wies die Kurbelwelle einen Hupzapfenversatz von 70° auf, was zusammen mit der V-Bauweise eine Twin-Pulse-Zündfolge ermöglichte. Der Nockenwellenantrieb bestand aus einer Kette-Zahnrad-Kombination. Die Nockenwellendeckel, die Ölwanne, der Lichtmaschinendeckel und der zweiteilige Kupplungsdeckel waren aus Magnesiumdruckguss gefertigt.

Das »Front-Frame«-Chassis war eine Weiterentwicklung des Monocoques der vorherigen Panigale und direkt mit den vorderen und hinteren Zylinderköpfen verbunden, wobei der Motor auch als Befestigungspunkt für die hintere Aufhängung und als Drehpunkt für die Schwinge diente. Der Stoßdämpfer wurde konventioneller positioniert, die vorderen Bremsen wiesen Brembo Stylema Monobloc-Sättel auf.

Die Panigale V4 war die bisher fortschrittlichste Serien-Ducati. Als Teil der Promotion wurden 13 Panigale V4Ss für ein »Race of Champions« in Misano bei der World Ducati Week

PANIGALE V4, V4S, V4 SPECIALE
Unterschiede zur Multistrada 1200 Enduro

Motor	**Wassergekühlter V4-Viertakter**
Bohrung (mm)	**81**
Hub (mm)	**53,5**
Hubraum (cm³)	**1103**
Verdichtung	**14:1**
Ventiltrieb	**Desmodromik, doppelte obenliegende Nockenwellen, Vierventiler**
Einspritzung	**Elektr., 52 mm Drosselklappengehäuse**
Leistung	**214 PS bei 13.000/min**
Schaltung	**Sechsgang**
Federung vorne	**43 mm Showa BPF 43 mm Öhlins NIX30 (S, Speciale)**
Federung hinten	**Sachs Öhlins TTX36 (S, Speciale)**
Bremse vo. (mm)	**Doppelscheibe, 330**
Bremse hi. (mm)	**Scheibe, 245**
Räder	**3.50x17 Zoll, 6.00x17 Zoll**
Reifen	**120/70x17, 200/60x17**
Radstand (mm)	**1469**
Trockengew. (kg)	**175 174 (S, Speciale)**

Mit ihrer Einarmschwinge knüpfte die Panigale V4 an den Stil der früheren Ducati Superbikes an. Der V4 Stradale Motor basierte auf dem Desmosedici MotoGP V4, hier eine V4S mit Öhlins-Fahrwerk.

Die 959 Panigale Corsa wurde in zwei Varianten angeboten. Die hier gezeigte Euro-Spec-Version war mit Akrapovic-Doppelschalldämpfern ausgestattet.

959 PANIGALE CORSE
Unterschiede zur 959 Panigale

Leistung	**150 PS bei 10.500/min**
Federung vorne	**43 mm Öhlins NIX30**
Federung hinten	**Öhlins TTX36**
Trockengewicht (kg)	**175,5**

MULTISTRADA 1260, S, D-AIR, PIKES PEAK
Unterschiede zur Multistrada 1200

Hub (mm)	**71.5**
Hubraum (cc)	**1262**
Verdichtung	**13:1**
Leistung	**158 PS bei 9500/min**
Federung vorne	**48 mm Öhlins-Gabel (Pikes Peak)**
Radstand (mm)	**1585**
Trockengewicht (kg)	**206 (Pikes Peak)**

im Juli 2018 zur Verfügung gestellt. Michele Pirro gewann das Rennen mit illustrem Fahrerfeld. Die verwendeten Panigale V4S wurden anschließend auf eBay versteigert.

959 Panigale Corse

Da es nach dem Auslaufen der 1299 Panigale S keine höher spezifizierte Panigale mehr im Programm gab, führte Ducati 2018 die 959 Panigale Corse ein. Es gab zwei Modelle: Die für Europa zugelassene Euro-4- und die US-Version. Die Euro-Version war mit einem Titan-Doppelschalldämpfer von Akrapovic ausgestattet, während die US-Versionen den Untermotor-Schalldämpfer behielten. Die Alu-Doppelschwinge wurde von der 959 übernommen, jedoch mit einer höherwertigen Öhlins-Federung ausgestattet.

Multistrada 1260, 1260 S, 1260 S D-Air, 1260 Pikes Peak

Die Multistrada erhielt 2018 eine Reihe von Updates: den neuen Ducati Testastretta-Motor mit Desmodromic Variable Timing (DVT), ein neues Fahrwerk, eine fortschrittlichere Elektronik und ein neues Design. Darüber hinaus bekam das Motorrad neue Verkleidungen und leichtere Räder. Der Motor hatte, ähnlich wie der der XDiavel, mehr Hub, was eine neue Kurbelwelle, neue Pleuel und Zylinder erforderte. Durch die Neukalibrierung des DVT-Systems wurde das Drehmoment im unteren und mittleren Drehzahlbereich maximiert, wobei 85 Prozent ab 3500/min zur Verfügung standen.

Weitere Neuerungen, die die Multistrada in diesem Jahr auszeichneten, waren ein neu gestalteter Zahnriemen und äußere Motorabdeckungen, ein Gitterrohrrahmen aus Stahl und eine längere Einarmschwinge aus Aluminiumdruckguss. Die beiden seitlichen Hilfsrahmen wurden durch ein hinteres tragendes Element aus glasfaserverstärktem Kunststoff abgeschlossen. Während das Fahrwerk mit Kayaba- und Sachs-Komponenten unverändert blieb, waren die leichteren Räder neu. Als elektronisches Hilfsmittel verfügte die Multistrada über ein Vehicle Hold Control (VHC) System.

Die Multistrada 1260 Pikes Peak kehrte nach vier Jahren zurück, dieses Mal mit höheren Spezifikationen. Sie zeichnete sich durch vom Rennsport inspirierte Farben, einen roten Rahmen, schwarze geschmiedete Aluminiumräder und eine mechanische Öhlins-Federung aus.

LINKS: Obwohl sie der Multistrada 1200 sehr ähnlich sah, wurde die Multistrada 1260 deutlich überarbeitet.

OBEN: Die Scrambler 1100 Sport verfügte über ein Öhlins-Fahrwerk und speziell gefertigte Räder, Lenker und Sitzbank.

Scrambler 1100, 1100 Special, 1100 Sport, Street Classic und Mach 2.0

Eine 1100er ergänzte die Scrambler-Reihe für 2018, diesmal angetrieben von einer aktualisierten Version des Monster 1100-Motors von 2013. Mit seiner Doppelzündung bietet der neue 1100er eine sanftere Leistungsentfaltung und minimale Emissionen.

Das Getriebe, der Motor und der Rahmen dieses Motorrads hatten relevante Änderungen erfahren. Die Kupplung war nun hydraulisch betätigt, die Slipper-Funktion verhindert das Hinterradstempeln beim harten Runterschalten, während der Motor über maschinengefertigte Abdeckungen aus Aluminium verfügte. Die Scrambler 1100 ist im Vergleich zur 800er größer, dank ihres neuen doppelten oberen Stahl-Gitterrohrrahmens.

Zunächst waren drei Versionen der 1100er erhältlich: die Basis-Scrambler 1100 in »62 Yellow« oder Shining Black, die klassische Scrambler 1100 Special mit schwarzen Speichenrädern, goldeloxierten Gabelholmen, verchromten Auspuffrohren und Aluminium-Kotflügeln sowie die Custom-Scrambler 1100 Sport.

Die Scrambler 1100 war die erste in der Familie, die mit DTC ausgestattet war. Außerdem gab es drei Fahrmodi: Active (volle Leistung), Journey (Alltag) und City (75 PS).

Die Street Classic und die Mach 2.0 ergänzten das Standard-Scrambler-Programm. Die Street Classic ähnelte der Classic, mit Drahtspeichenrädern und einer braunen Sitzbank, während die Mach 2.0 ein Produkt des Designers Roland Sands war. Inspiriert von der 250 Mach 1 ('64 bis '66), erinnerten das Design an den Westküstenstil der 70er-Jahre.

Monster 821

Die Monster 821 bekam '18 ein Styling-Update: einen stromlinienförmigeren Tank, einen neuen Schalldämpfer und einen runden Scheinwerfer, der an die Ur-Monster von '93 erinnert.

Der Euro 4 Testastretta-11°-Motor lieferte etwas weniger Leistung als zuvor, seit er als tragendes Element fungierte und der Rahmen direkt an den Köpfen befestigt war. Der neu gestaltete Hilfsrahmen war ebenfalls direkt mit dem Motor

SCRAMBLER 1100, 1100 SPECIAL, 1100 SPORT Unterschiede zur Multistrada 1200 Enduro

Motor	**Luft/Ölgekühlter V2-Viertakter**
Bohrung (mm)	**98**
Hub (mm)	**71,5**
Hubraum (cm³)	**1079**
Verdichtung	**11:1**
Ventiltrieb	**Desmodromik, je eine obenliegende Nockenwelle, Zweiventiler**
Einspritzung	**Elektr. 55 mm Drosselklappengehäuse**
Leistung	**86 PS bei 7500/min**
Schaltung	**Sechsgang**
Federung vorne	**45 mm Marzocchi-Gabel 48 mm Öhlins-Gabel (Sport)**
Federung hinten	**Kayaba Öhlins (Sport)**
Bremse vo. (mm)	**Doppelscheibe, 320**
Bremse hi. (mm)	**Scheibe, 245**
Räder	**3.50x18 Zoll, 5.50x17 Zoll**
Reifen	**120/80x18, 180/55x17**
Radstand (mm)	**1514**
Trockengew. (kg)	**189 194 (Speciale)**

MONSTER 821 2018

Unterschiede zur Monster 821 2017

Leistung	**109 PS bei 9250/min**
Reifen hinten	**180/55x17**
Trockengewicht (kg)	**180,5**

verbunden und trägt die neuen Fußrasten für den Sozius. Eine weitere Neuerung war das TFT-Farbdisplay, und zum Zubehör gehörte das Ducati Quickshifter-Up/Down-System.

2019

Ducati lieferte 2019 53.183 Motorräder an Kunden in neunzig Ländern aus. Italien blieb die Nummer eins in einem allgemein rückläufigen Weltmarkt. Die Panigale war das zweite Jahr in Folge das meistverkaufte Superbike weltweit und wurde insgesamt 8304 Mal verkauft, während die beiden 2019 eingeführten Modelle – die Hypermotard 950 und die Diavel 1260 – 4472 und 3129 Mal verkauft wurden. Die Multistrada-Familie entwickelte sich dank der 950S und der aktualisierten 1260 Enduro ebenfalls gut: Die Auslieferungen beliefen sich auf 12.160 Stück. Die Scrambler-Reihe wurde mit vier neuen Modellen und die Monster mit einem Modell zum 25-jährigen Jubiläum aufgewertet.

Ducati nahm auch mit einem V4 Streetfighter-Prototypen am Pikes Peak International Hill Climb teil, bei dem Carlin Dunne die Pole-Position erreichte. Tragischerweise starb Dunne auf dem Weg zu einem neuen Streckenrekord, als er in Sichtweite der Ziellinie stürzte. Als die Panigale V4 25th Anniversary 916 beim WSBK-Event in Laguna Seca vorgestellt wurde, kam das Motorrad mit der Nummer 5 (Carlin Dunnes Startnummer) zur Versteigerung, um Spenden für Dunnes Familie zu sammeln.

In der MotoGP behielt die werksseitige Desmosedici GP19 ihren kompakten V4-Motor mit gegenläufiger Kurbelwelle und großem externen Schwungrad bei. Die Leistung lag bei 290 PS bei 18.500/min. Zu den aerodynamischen Verbesserungen gehörten eine neue Verkleidung und neue Kotflügel sowie eine in die Schwinge integrierte Aerodynamikvorrichtung.

Danilo Petrucci ersetzt Lorenzo für 2019 und reiht sich in die elitäre Liste der Ducati MotoGP-Sieger ein.

Obwohl er nur zwei Rennen gewinnen konnte, belegte Andrea Dovizioso den zweiten Platz in der WM. Danilo Petrucci, der Lorenzo im Ducati-Werksteam ersetzte, belohnte Ducati mit einem Sieg beim Heimrennen in Mugello. Jack Miller und Francesco Bagnaia führten das Pramac-Team an. Miller fuhr mit der neuesten GP19 und erreichte fünf Podiumsplätze und den achten Gesamtrang in der Meisterschaft. Das letzte Ducati-Team war das unabhängige spanische Reale Avintia mit den Fahrern Tito Rabat und Karel Abraham auf älteren GP18-Maschinen.

Nach 31 Jahren erfolgreicher Teilnahme an der Superbike-Weltmeisterschaft mit V-Twin-Antrieb stellte Ducati 2019 die Panigale V4R vor. Das Motormanagement übernahm eine Marelli MLE-ECU in MotoGP-Ausführung , die Abgase entsorgte eine Akrapovic 4-in-2-Auspuffanlage aus Titan. Pierobon lieferte eine Rennsport-Einarmschwinge, während die Aufhängung eine 46 mm RVP2530-Gabel von Öhlins und ein RSP40-Federbein hinten umfasste. Brembo lieferte die vorderen P4x30-34-Bremssättel und 336-mm-

Scheiben sowie einen P2x24-Bremssattel und eine 230-mm-Scheibe am Heck. Die aerodynamischen Winglets im MotoGP-Stil, die für die Panigale V4R homologiert sind, wurden zum ersten Mal eingesetzt.

Chaz Davies und Ex-MotoGP-Pilot Alvaro Bautista übernahmen die Fahreraufgaben. Zunächst war die Panigale V4R erfolgreich. Bautista dominierte die ersten vier Rennen, bevor seine Saison schwierig wurde. Er gewann sechzehn Rennen und wurde Gesamtzweiter. Davies seinerseits kämpfte mit dem Setup der Panigale V4R, gewann nur ein Rennen und wurde Sechster in der Gesamtwertung.

Das BeWiser Ducati-Duo Scott Redding und Josh Brookes auf den Panigale V4R dominierte derweil die Bennetts British Superbike Championship, wobei sich der ehemalige MotoGP-Pilot Redding schließlich durchsetzte.

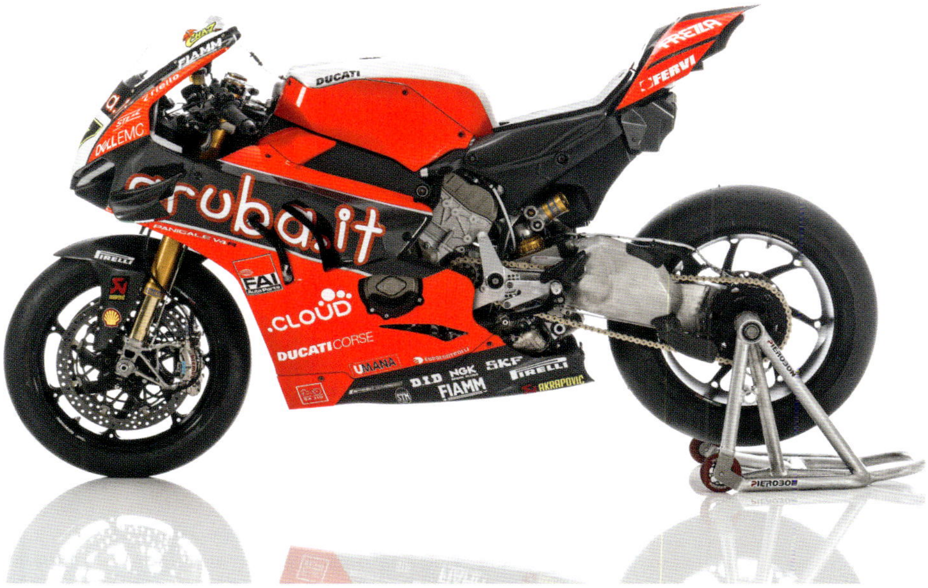

OBEN: Die World Superbike Panigale V4R kombiniert ein Straßenmotorrad-Chassis mit einem 2015er MotoGP-Motor. Alvaro Bautista nutzte die V4R mit großem Erfolg und verblüffte das Feld mit elf Rennsiegen in Folge zu Beginn der Superbike-WM 2019.

UNTEN: Die Panigale V4R war die bisher stärkste Serien-Ducati. An der Verkleidung wurden von der MotoGP inspirierte Winglets angebracht.

Panigale V4R, V4S Corse, V4 25th Anniversary 916

Die Panigale V4R erschien als Homologationsmodell für den V4-Motor im Superbike-Rennsport. Um das WSBK-Limit von 1000 cm³ einzuhalten, wurde der Motor mit einer um 1,1 Kilogramm leichteren Kurbelwelle mit kürzerem Hub ausgestattet. Die 34-mm-Einlassventile und Pleuel waren aus Titan, was zusammen mit den leichteren Innenteilen dem 234-PS-Motor eine höhere Drehzahl ermöglichte.

Wie bei der MotoGP-Desmosedici wurde die V4R mit einer Trockenkupplung und einem Akrapovic-Rennauspuff ausgestattet. Der vordere Rahmen wurde auf Steifigkeit optimiert und die Schwinge aus Aluminiumdruckguss bot eine Auswahl von vier Schwingendrehpunkten. Die Aufhängung umfasste eine rennsporttaugliche Öhlins NPX 25-30 Vorderradgabel mit 43 mm Druckstufe und die Verkleidung enthielt aerodynamische Flügel im MotoGP-Stil. Im Gegensatz zur Superleggera war die V4R nicht limitiert.

In diesem Jahr brachte das Unternehmen eine weitere Version der Panigale heraus: die V4 25th Anniversary 916. Obwohl sie prinzipiell eine Panigale V4S ist, verfügt die Anniversary 916 über einen V4R-Vorderrahmen im Ducati Corse-Rennstil, eine Trockenkupplung und noch mehr Motorsport-Elektronik wie Ducati Quick Shift EVO 2 und DTC

PANIGALE V4R, 25TH ANNIVERSARY 916
Unterschiede zur Panigale V4S

Hub (mm)	**48,4 (V4R)**
Hubraum (cm³)	**998 (V4R)**
Einspritzung	**56 mm Drosselklappengehäuse (V4R)**
Leistung	**221 PS bei 15.250/min (V4R)**
Radstand (mm)	**1471 (V4R)**
Trockengew. (kg)	**172 (V4R) 173 (916 25th)**

HYPERMOTARD 950, 950SP

Unterschiede zur Hypermotard 939

Verdichtung	**13,3:1**
Leistung	**114 PS bei 9000/min**
Federung vorne	**45 mm Marzocchi-Gabel** **48 mm Öhlins-Gabel (SP)**
Trockengew. (kg)	**178** **176 (SP)**

Das minimalistische Styling der Hypermotard 950 erinnerte an die ursprüngliche Hypermotard 1100. Die 950SP verfügte außerdem über ein Öhlins-Fahrwerk mit längerem Federweg.

DIAVEL 1260, 1260S

Unterschiede zur Diavel 2018

Hub (mm)	**71,5**
Hubraum (cm³)	**1262**
Verdichtung	**13:1**
Einspritzung	**Bosch, 56 mm Drosselklappengehäuse**
Leistung	**159 PS bei 9500/min**
Federung vorne	**48 mm Öhlins-Gabel (S)**
Federung hinten	**Öhlins (S)**
Radstand (mm)	**1600**
Trockengewicht (kg)	**218**

EVO 2. Magnesium-Schmiederäder von Marchesini Racing, ein Akrapovic-Titan-Auspuff und eine lange Liste von Kohlefaser- und Billet-Aluminiumkomponenten rundeten das Profil dieses Motorrads ab. Das Design spiegelte die 996 wider, die 1999 die Superbike-WM gewann. Jedes der 500 Exemplare war mit einem Echtheitszertifikat und einer lasergravierten ID-Nummer auf der oberen Gabelbrücke versehen.

Hypermotard 950, 950SP

Als Ersatz für die kurzlebige Hypermotard 939 erschien 2019 eine komplett überarbeitete Version. Die Rennsport-Supermotards beeinflussten ihr Design, während der breitere Lenker und das schlankere Profil für eine aggressivere Ergonomie sorgten. Die minimalistische Karosserie legt nun den neuen Rahmen frei. Neue Felgen, Bremsscheiben mit Aluminiumaufnahmen und eine leichte Federung runden das Paket ab.

Obwohl die neue Hypermotard immer noch von dem 937 cm³ Testastretta-11°-Motor angetrieben wird, ist sie 1,5 Kilo leichter und etwas leistungsstärker als ihre Vorgängerin. Das Elektronikpaket umfasste eine 6-Achsen-IMU von Bosch zur Erfassung von Roll-, Gier- und Nickwinkeln.

Die leistungsstärkere Hypermotard 950 SP verfügt über spezielle Grafiken, einen flachen Sitz, ein Öhlins-Fahrwerk mit längerem Federweg und Schmiederäder von Marchesini..

Diavel 1260, 1260S

Als die Diavel zum Modelljahr 2011 eingeführt wurde, schuf sie ein neues Nischensegment. In den darauffolgenden acht Jahren hatte sich wenig geändert, sodass sie 2019 eine komplette Überarbeitung benötigte. Der neue Motor, das neue Fahrwerk und das neue Elektronikpaket haben dazu beigetragen, dass die Diavel 1260 der zweiten Generation dem Original treu bleibt und die wichtigsten Stilelemente beibehält.

Ein Testastretta-DVT-1262-Motor mit variabler Ventilsteuerung, eingebaut in ein neues Chassis, trieb die neue Diavel an. Steilerer Lenkkopfwinkel und kürzerer Nachlauf unterstützten Lenkung und Agilität, während eine neue Motorposition für eine bessere Gewichtsverteilung sorgte.

Das sportlichere S-Modell bot zusätzliche Funktionen wie eine voll einstellbare Öhlins-Federung vorne und hinten, spezielle Räder und eine leistungsstärkere Bremsanlage

Ein Testastretta 1260 cm³ DVT-Motor trieb die zweite Generation der Diavel an. Sie war auch in der S-Version mit Öhlins-Federung erhältlich.

mit Brembo M50-Bremssätteln vorne. Die Diavel 1260 war auch mit der Ducati Link App kompatibel, die personalisierte Fahrmodi, ABS, Traktionskontrolle und andere Parameter über das Smartphone steuerte.

Multistrada 950, 950S und 1260 Enduro

Eine neue 950 und eine höher spezifizierte 950S aktualisierten die Multistrada-Reihe 2019, während die Enduro den 1260er Motor erhielt. Der 937 cm³ Testastretta-Motor der 950 blieb unverändert, aber eine neue, leichtere, doppelseitige Aluschwinge wurde verbaut. Die Räder, sowohl Gussräder als auch eine Speichenrad-Option, waren leichter, und das Design wurde von der größeren Multistrada 1260 beeinflusst.

Die 950S war mit dem elektronischen Ducati Skyhook Suspension System ausgestattet, das die Dämpfung der Gabel und der Stoßdämpfer sofort an den Straßenbelag anpasste. Das Design der kleinsten Multistrada bot die Begeisterung der größeren Version in einem erschwinglicheren Paket.

Die Multistrada Enduro wurde durch den neuen 1262 cm³ Testastretta-DVT-Motor aufgewertet, begleitet von umfangreichen Verbesserungen an Fahrwerk und Elektronik. Sitz, Lenker und Schwerpunkt lagen tiefer als bei der 1200er-Version, neue Federungseinstellung verbesserte den Komfort.

Für 2019 erhielt die Multistrada Enduro einen 1260-cm³-Motor mit aktualisiertem Fahrwerk und Elektronik.

Scrambler Icon, Full Throttle, Desert Sled und Café Racer

Vier neue Modelle der Scrambler erweiterten diese bereits erfolgreiche Plattform. Zur Basis-Ikone gesellten sich die von Flat-Track-Rennen inspirierte Full Throttle, die Café Racer im Stil der 60er-Jahre und der SoCal Desert Sled.

Zu den neuen Merkmalen gehören solidere Seitenteile aus Aluminium, die zum Teardrop-Tank aus Stahl passen, ein neuer Scheinwerfer, schwarz lackierte Kurbelgehäuse und gebürstete Zylinderkopfrippen sowie ein Kurven-ABS.

Die Full Throttle orientierte sich an der Flat-Track-Scrambler, die der kalifornische Rennfahrer Frankie Garcia

SCRAMBLER ICON, FULL THROTTLE, DESERT SLED, CAFÉ RACER Untersch. zu 2018	
Leistung	73 PS bei 8250/min
Trockengewicht (kg)	173 (Icon, Full Throttle) 193 (Desert Sled) 180 (Café Racer)

Die Scrambler Modelle 2019. Von links: Desert Sled, Café Racer, Full Throttle und Icon.

bei der Super Hooligan Championship 2018 fuhr. Sie verfügt über einen straßenzugelassenen Termignoni-Auspuff, einen tief liegenden Lenker und einen kleinen vorderen Kotflügel.

Die Café Racer setzte den Stil der Vorgängerversion fort, wobei die neue Farbgebung in Silber mit blauem Rahmen an die 125GP Desmo von 1958 erinnerte.

2020

Gegen Ende 2019 brachte Ducati sechs neue Modelle und drei überarbeitete Versionen für 2020 heraus. Die Corona-Pandemie legte die Produktion in Italien im April und Mai 2020 für sieben Wochen lahm. Diese Unterbrechung wirkte sich zunächst auf die Verkäufe aus, doch in der zweiten Jahreshälfte verzeichnete Ducati sein bisher bestes Halbjahresergebnis.

Die Verkäufe beliefen sich 2020 schließlich auf 48.042 Stück, angeführt von der Scrambler mit 9265 ausgelieferten Einheiten. Während Italien der wichtigste Markt blieb, stiegen die Verkäufe in China um 26 Prozent (auf 4041), dem nun viertgrößten Markt für Ducati. In diesem Jahr wurde die Hypermotard 950 RVE mit einer »Graffiti«-Lackierung vorgestellt.

Andrea Dovizioso und Danilo Petrucci fuhren erneut die Werks-Desmosedicis in der MotoGP. Die aufstrebenden Stars Jack Miller und Francesco Bagnaia, wurden für Pramac Racing verpflichtet, wobei Miller eine GP20 fuhr, während Johann Zarco und Tito Rabat auf GP19 im aufstrebenden Esponsorama Racing Ducati Team antraten.

Ducati war weiterhin führend in Sachen Innovation. Nachdem man als erstes Unternehmen eine Schwinge aus Kohlefaser und aerodynamische Flügel etabliert hatte, führte das Unternehmen eine »Holeshot«-Vorrichtung ein, die das hintere Federbein komprimiert und die Vorderradgabel für den Rennstart staucht. Gleichzeitig kämpfte die V4 GP20 mit ihrem neu konstruierten Michelin-Hinterradreifen. Nachdem Ducati in den vorangegangenen Saisons durchschnittlich fünf Siege pro Jahr errungen hatte, waren es 2020 nur noch zwei.

Aufgrund von Unterbrechungen in der MotoGP-Saison wurde das erste Rennen auf Mitte Juli verschoben. Dovizioso begann stark mit einem Sieg in Österreich, aber seine Saison verschlechterte sich. Obwohl Petrucci in Frankreich gewann, war seine Saison ebenfalls nicht denkwürdig. Das Gleiche gilt für Bagnaia. Am Ende der Saison kämpfte nur noch Miller als Ducati-Fahrer um einen Platz auf dem Podium. Mit fünf Fahrern, die sich sieben Podiumsplätze teilten, gewann Ducati jedoch seine erste MotoGP Konstrukteurs-WM seit 2007.

LINKS: Dovizioso gewann den Österreich-GP 2020, aber es war seine letzte Saison mit Ducati.

RECHTS: Scott Redding (links) fuhr 2020 zusammen mit Chaz Davies auf der Aruba.it Ducati Panigale V4R. Mit vier Rennsiegen war der Ex-MotoGP-Pilot Redding der beste Ducati-Pilot in der Superbike-Weltmeisterschaft 2020.

Chaz Davies begrüßte 2019 den Britischen Superbike-Meister Scott Redding als Teamkollegen auf der Aruba.it Racing Panigale V4R.

Der Motor begann die Saison mit einer Höchstdrehzahl von 16.100/min. Er produzierte 235 PS an der Kurbelwelle, entsprach in anderen Punkten aber der 2019er Ausführung.

Redding, Davies und Michael Ruben Rinaldi gewannen in der verkürzten Saison sieben Rennen, wobei Redding und Davies Zweiter und Dritter der Gesamtwertung wurden. Für Davies war es die letzte: Nach sieben Saisons im World Superbike-Werksteam wurde Davies' Vertrag nicht verlängert.

Im verkürzten Bennetts British Superbike Championship fuhr Christian Iddon zusammen mit Josh Brookes im Vision-Track-Ducati-Team von Paul Bird. Mit fünf Rennsiegen holte Brookes seinen zweiten BSB-Titel.

SUPERLEGGERA V4

Unterschiede zur Panigale V4R

Leistung	**224 PS bei 15.250/min**
Radstand (mm)	**1480**
Trockengew. (kg)	**159, 152,2 (Rennkit)**

Panigale V4 Superleggera

Die Superleggera V4 erschien 2020. Sie war die dritte in der Superleggera-Serie, auf 500 Stück limitiert und das einzige Motorrad mit Straßenzulassung, das mit einem Chassis, einer Schwinge und Rädern aus Kohlefaser erhältlich war.

Der 998-cm³-Motor der Desmosedici Stradale R war 2,8 Kilo leichter und noch leistungsstärker als der 1103 cm³ V4-Motor. Der Akrapovic-Titan-Auspuff des Rennkits trug dazu bei, die Leistung auf 234 PS bei 15.500/min zu steigern. Von der Desmosedici GP16 abgeleitete »Doppeldecker«-Flügel ergänzten die Kohlefaserverkleidung und sorgten für 50 Kilogramm Abtrieb bei 270 km/h, 20 Kilogramm mehr als die Flügel der neuesten Panigale V4 und V4R erzeugten.

Darüber hinaus verfügte das Motorrad über ein RaceGP-Display, das dem der Desmosedici GP20 ähnelte. Und dank des umfangreichen Einsatzes von Kohlefaser-, Titan- und

Die Superleggera V4 war das exklusivste der Panigale V4-Modelle der neuen Generation und enthielt wichtige MotoGP-Technologie. Sie war das erste Serienmotorrad, das mit einem Rahmen, einer Schwinge und Rädern aus Kohlefaser ausgestattet war.

aus dem Vollen gefrästen Alukomponenten war das Trockengewicht 16 Kilo geringer als bei der Panigale V4, was ein rekordverdächtiges Leistungsgewicht von 1,41 PS/kg ergab.

Die Superleggera V4 verfügte außerdem über eine einzigartige High-Level-Ausstattung, wie beispielsweise ein leichteres Öhlins-Federungssystem und eine Brembo-Bremsanlage mit Stylema R-Bremssätteln. Das Elektronikpaket umfasste fünf zusätzliche personalisierte Fahrmodi. Die Dainese D-Air Lederkombi und der Arai Kohlefaserhelm waren exklusive Ausstattungsmerkmale dieses Motorrads.

Sie setzte die Tradition von Ducati fort, Renntechnologie in einem Kleinserien-Motorrad anzubieten und die Superleggera V4 war zweifellos das beste Superbike, das es 2020 gab.

Panigale V2, Panigale V4, V4S, V4R

Die Zweizylinder-Panigale wurde für 2020 deutlich überarbeitet. Sie ersetzt die 959 und hieß jetzt Panigale V2. Der Untermotor-Schalldämpfer und das einzelne Endrohr erhöhen die Leistung des 955-cm³-Motors, der die Euro-5-Norm erfüllte. Außerdem verfügte sie über ein neues, umfassendes Elektronikpaket, das auf der 6-Achsen-Trägheitsplattform basierte.

Im Gegensatz zur Panigale 959 verfügte die Panigale V2 über die für Ducati typische Einarmschwinge aus Aluminium. Außerdem gab es eine neu gestaltete Verkleidung und eine von zwei großen Lufteinlässen dominierte Frontpartie. Auch der Komfort des Motorrads wurde durch eine neue Sitzbank und eine neue Federungseinstellung verbessert.

Rennmaschinen hatten damals Flügel zur Erzeugung von Abtrieb eingesetzt und so war es keine Überraschung, dass die Panigale V4 2020 auch Winglets erhielt. Zusammen mit den Flügeln, die auf der früheren GP16 basieren, wurde die Frontverkleidung auf jeder Seite 15 mm breiter, die Scheibe 34 mm höher und die Seitenverkleidung 38 mm nach außen verlängert.

Die aktualisierte Elektronik sorgte für eine optimierte Drehmomentübertragung in den unteren drei Gängen. Das Fahrwerk wurde mit dem V4R-Vorderrahmen von Ducati Corse aktualisiert, während die Änderungen an der Aufhängung un der Schwerpunkthöhe, was für besseres Handling und verbesserte Stabilität beim Beschleunigen sorgte.

Der V4R blieb 2020 unverändert, aber eine Version mit weniger Leistung war in den USA, Kanada und Mexiko erhältlich.

Streetfighter V4, V4S

Nach einer fünfjährigen Pause kehrte der Streetfighter in die Ducati-Produktpalette zurück, diesmal angetrieben von der Desmosedici-Stradale-V4. Die Streetfighter erhielt einen höheren und breiteren Lenker, LED-Scheinwerfer und ein ausgeklügeltes Elektronikpaket.

Mit einem V4-Motor und einem längeren Alu-Vorderrahmen, umgeben von einer minimalistischen Verkleidung, unterstreicht die niedrige Front des Motorrads die aggresive Optik.

Die Streetfighter V4S verfügte über den gleichen Motor und das gleiche Fahrwerk wie die V4, war aber mit einem Öhlins-Fahrwerk und geschmiedeten Marchesini-Rädern ausgestattet. Sie bot ein konkurrenzloses Leistungs-/Gewichtsverhältnis in der Hyper-Naked-Kategorie.

Multistrada 1260S Grand Tour

Da die Multistrada-Reihe kurz vor der Ablösung stand, erschien 2020 nur eine neue Multistrada: die 1260S Grand Tour. Die Grand Tour wurde für maximalen Tourenkomfort

PANIGALE V2, V4R

Unterschiede zu 2019

Leistung	**155 PS bei 10.750/min (V2)** **209 PS bei 13.250/min (V4R Nordamerika)**
Radstand (mm)	**1436 (V2)**

Die Panigale V2 war die einzige Zweizylinder-Panigale, d e 2020 verfügbar war.

Die Streetfighter V4S bietet Superbike-Performance in einem handlichen Paket und erschloss damit erfolgreich eine neue Marktnische.

STREETFIGHTER V4, V4S

Unterschiede zur Panigale V4, V4S

Leistung	**208 PS bei 12.750/min**
Radstand (mm)	**1488**
Trockengewicht (kg)	**180, 178 (S)**

MULTISTRADA 1260S GRAND TOUR

Unterschiede zur Multistrada 1260S

Trockengewicht (kg)	**215**

entwickelt und war in den einzigartigen Farben Sandstone Gray und Rot erhältlich. Außerdem war sie serienmäßig mit Koffern, einem Mittelständer, einem speziellen Sitz, beheizbaren Handgriffen und einem Tankdeckel ausgestattet, der ohne Schlüssel geöffnet werden konnte.

Im August 2020 nahm der Testfahrer Andrea Rossi mit einer Multistrada 1260 Enduro an der Offroad-Rallye Transanatolia in der Türkei teil und belegte den ersten Platz in seiner Klasse.

Scrambler 1100 PRO, 1100 Sport PRO

Die erfolgreiche Scrambler-Baureihe wurde 2020 um zwei höherwertige 1100er erweitert: die 1100 PRO und die 1100 Sport PRO. Beide hatten den luftgekühlten 1079-cm³-V2 (Euro5), der nun mit einem Doppelrohr-Auspuff und einer überarbeiteten Kraftstoffversorgung ausgestattet war. Das neue Styling betonte den Retro-Look mit einem separaten Nummernschildhalter, einem kürzeren hinteren Kotflügel und einem runden Scheinwerfer im Stil der 1970er-Jahre.

Stil und Ausstattung unterschieden die beiden 1100 PRO-Modelle: Die 1100 PRO mit dem Marzocchi/Kayaba-Fahrwerk der alten 1100 Scrambler, trug vorverlegten Fußrasten und einen hohen Lenker. Die mattschwarze 1100 Sport PRO zeichnete sich durch eine aggressivere Ergonomie, einen kürzeren Lenker, Lenkerendspiegel und ein Öhlins-Fahrwerk aus.

Im Juni 2020 wurde eine limitierte Auflage der Scrambler 1100 Sport PRO für die exklusive Scuderia Club Italia gebaut. In Anlehnung an die 95er Monster 900 Club Italia, erschien sie mit einem roten Ledersitz von Poltrona Frau, einzigartigen Grafiken und einer Reihe von maßgeschneiderten Aluminiumkomponenten. Mit jedem Kauf wurden 500 Euro an das Sant'Orsola Krankenhaus in Bologna für den Kampf gegen das Coronavirus gespendet.

Die einzige andere Aktualisierung der Scrambler-Produktpalette in diesem Jahr war die Einführung der komplett schwarzen Scrambler Icon Dark.

2021

Zu den neuen Modellen 2021 gehören die Panigale V4 SP, die Multistrada V4, die Monster, die SuperSport 950, die Diavel Lamborghini, die XDiavel Dark und Black Star sowie die Ducati Scrambler Nightshift und Fasthouse. Obwohl Rohstoffknappheit und Produktionsausfälle in verschiedenen Teilen der Welt zu Herausforderungen in der Montage führten, lieferte Ducati

Da keine Motorenentwicklung erlaubt war, ähnelte die GP21 der GP20 sehr. #63 ist Francesco Bagnaia und #43 ist Jack Miller.

in den ersten neun Monaten 2021 49.693 Motorräder aus. Damit wurde der Gesamtabsatz von 2020 übertroffen und das dritte Quartal 2021 war das stärkste in der Ducati-Geschichte. Die beliebtesten Modelle waren die Multistrada V4, die Scrambler Nightsift und die Streetfighter V4.

Das MotoGP-Werksteam wurde für 2021 neu zusammengestellt, da die 2020er Pramac-Piloten Jack Miller und Francesco Bagnaia in das offizielle Ducati Corse Team aufstiegen. Johann Zarco und der Moto3-Weltmeister von 2018, Jorge Martin, fuhren nun für Pramac Racing, während der Moto2-Champion von 2020, Enea Bastianini, und der Moto2-Vizeweltmeister von 2020, Luca Marini, für das Avintia Esponsorama Racing Team starteten.

Da die Motorenentwicklung in diesem Jahr eingefroren wurde, war die GP21 eine Zwischenlösung, bevor 2022 ein komplett neuer Motor und ein neues Chassis erschienen. Die GP21 erhielt unter anderem ein innovatives Aero-Paket, das neue untere Seitenverkleidungskanäle und einen leicht veränderten vorderen Lufteinlass umfasste. Dadurch wurde der Geradeauslauf verbessert und das Einlenken erleichtert. Die Startvorrichtung wurde weiterentwickelt und bei der GP21 wurden Beschleunigung, Bremsen und Topspeed maximiert.

Sowohl die Werksteams von Ducati als auch von Pramac erzielten durchweg Siege und Podiumsplatzierungen. Miller erzielte Doppelsiege in Jerez und Le Mans, Rookie Martin gewann in Österreich und Bagnaia in Aragón und San Marino. Bagnaia verbesserte seine Form gegen Ende der Saison mit fünf Pole-Positions in Folge und Siegen in Portimão und Valencia. In der Gesamtwertung der Weltmeisterschaft wurde er Zweiter, Miller Vierter und Zarco Fünfter. Ducati gewann erneut die Konstrukteursmeisterschaft.

In der Superbike-WM fuhr Scott Redding weiterhin mit dem Werksteam Aruba.It Racing, während Michael Ruben Rinaldi Chaz Davies ersetzte. Die Panigale V4R wurde im Vergleich zu 2020 kaum verändert, mit einer Leistung von 250 PS bei 16.000/min und einem Trockengewicht von 168 Kilo. Sowohl Redding als auch Rinaldi holten Siege, doch für die Meisterschaft langte es für keinen der beiden.

Das Farbschema der Panigale V4 SP wurde von den Ducati Corse »Winter Test«-Farben für die MotoGP und WSBK inspiriert. Die mattschwarze Verkleidung, die Karbonfelgen und die Kotflügel kontrastieren mit dem Tank aus gebürstetem Aluminium.

Panigale V4 SP, V4, V4S

Die Panigale V4-Familie wurde durch die Einführung der Panigale V4 SP erweitert. Die mit SP gekennzeichneten Rennversionen wurden einst für das Sport Production Championship entwickelt, einem Vorläufer der heutigen Superstock. Die Panigale V4 SP glänzt unter anderem mit einer speziellen Farbgebung und verbesserten Fahrwerkskomponenten. Der SP-Antriebsstrang verfügte über eine STM EVO-SBK-Trockenkupplung und eine leichtere Antriebskette.

Weitere Merkmale, die die SP auszeichnen, sind die leichteren 5-Speichen-Karbonräder, die Brembo Stylema

PANIGALE V4 SP
Unterschiede zur Panigale V4S

Trockengewicht (kg)	**173**

MULTISTRADA V4

Engine	**Wassergekühlter V4-Viertakter**
Bohrung (mm)	**83**
Hub (mm)	**53,5**
Hubraum (cm³)	**1158**
Verdichtung	**14:1**
Ventiltrieb	**Ventilfedern, doppelte obenliegende Nockenwellen, Vierventiler**
Einspritzung	**Elektr. 46 mm Drosselklappengehäuse**
Leistung	**170 PS bei 10.500/min**
Schaltung	**Sechsgang**
Federung vorne	**50 mm Marzocchi-Gabel**
Federung hinten	**Marzocchi**
Bremse vo. (mm)	**Doppelscheibe, 330**
Bremse hi. (mm)	**Scheibe, 265**
Räder	**3.00x19 Zoll, 4.50x17 Zoll**
Reifen	**120/70x19, 170/60x17**
Radstand (mm)	**1567**
Trockengew. (kg)	**215, 218 (S), 217 (Sport)**

MONSTER 2021
Unterschiede zur Monster 821

Bohrung (mm)	**94**
Hubraum (cm³)	**937**
Verdichtung	**13,3:1**
Leistung	**111 PS bei 9250/min**
Radstand (mm)	**1474**
Trockengew. (kg)	**166**

SUPERSPORT 950, 950S
Unterschiede zur SuperSport

Leistung	**110 PS bei 9000/min**

R-Vorderradbremssättel und eine radiale Brembo-Bremspumpe mit Multiple Click System (MCS), das ein nachstellen des Druckpunkts während der Fahrt ermöglicht. Billet-Alu-Fußrasten, ein vorderer Kohlefaser-Kotflügel und ein offener Kupplungsdeckel vervollständigten das SP-Paket.

Die SP war als Rennmotorrad für Hobbyfahrer gedacht und war benutzerfreundlicher als die anspruchsvolle Panigale V4R. 2021 erfüllten die Panigale V4 und V4 S nun die Euro-5-Norm, wobei die Leistung und das Drehmoment unverändert blieben. Das Elektronikpaket wurde weiterentwickelt, jetzt mit mehr vorausschauender DTC und neuen Fahrmodi.

Multistrada V4, V4S, V4S Sport

Seit ihrer Einführung 2003 wurde die Multistrada dreimal weiterentwickelt. Die erste Multistrada war in erster Linie ein straßenorientiertes Sportmotorrad und verkörperte 2010 das Konzept »vier Motorräder in einem«. Sie bot mehr Leistung, mehr Komfort und eine verbesserte Aerodynamik.

2015 erhielt die Multistrada den ersten Testastretta mit variabler Ventilsteuerung, während die vierte Generation des Modells einen neuen V4-Motor bekam. Das war der erste Ducati-Motor seit dreißig Jahren, der mit Ventilfedern ausgestattet war statt einer Desmodromik.

Der kompakte V4-Motor des Granturismo war ähnlich aufgebaut wie der der Desmosedici Stradale, aber eine etwas größere Bohrung vergrößerte den Hubraum und der Motor wurde auf eine linearere Drehmomentkurve abgestimmt. Die gegenläufige Kurbelwelle hat einen Hubzapfenversatz von 70 Grad und erzeugt eine Twin Pulse Zündfolge. Das Zylinderkopf-Layout mit Ventilfedern ermöglichte Einstellintervalle von 60.000 Kilometern. Ein Aluminium-Monocoque-Rahmen ersetzte den Stahlrohr-Gitterrohrrahmen der vorherigen Multistrada, und die Schwinge war nun doppelseitig. Das Vorderrad maß 19 Zoll und Speichenräder waren auch für die S und die Sport erhältlich.

Durch die überarbeitete Ergonomie wurde der Fahrer zentraler platziert, um die Manövrierfähigkeit bei niedrigen Geschwindigkeiten zu opimieren. Wie erwartet, war das Elektronikpaket auf dem neuesten Stand, darunter beispielsweise der radargestützten Tempomat – eine Premiere für ein Serienmotorrad.

Die S und die Sport erhielten außerdem eine elektronische Skyhook-Federung. Optionale Zubehörpakete verbesserten die Leistung, Enduro-, Touring- oder Stadttauglichkeit. Die Multistrada V4 war ein Erfolg und wurde innerhalb der ersten sechs Monate der Produktion 5000 Mal verkauft. Die bestehenden Multistrada 960, 950S und 1260 Enduro blieben unverändert, wobei die 950S nun in GP White erhältlich war.

Monster

Obwohl sie 2018 aktualisiert wurde, erschien 2021 eine neue Monster. Unter Beibehaltung des kompakten, minimalistischen Stils, der die Monster seit 1993 auszeichnete, bot der Testastretta-11°-Motor nun mehr Hubraum, Leistung und Drehmoment im Vergleich zur vorherigen 821. Ein leichter, von der Panigale V4 inspirierter kurzer Aluminium-Vorderrahmen wurde direkt mit den Zylinderköpfen verbunden. Zusammen mit leichteren Rädern, einer Aluminiumschwinge und einem hinteren Hilfsrahmen aus glasfaserverstärktem Kunststoff war die neue Monster 18 Kilogramm leichter.

Das Design knüpfte direkt an die vorherige Monster-Generation an, wobei der Scheinwerfer an die runde Form früherer Modelle erinnerte. Der Sitz war niedrig und schmal, um ein breiteres Fahrerspektrum anzusprechen, und ein umfangreiches Elektronikpaket gehörte zur Standardausstattung. Die Monster war auch als Plus-Version mit einer kleinen Scheibe erhältlich.

Die Monster 1200 und 1200S waren die einzigen anderen Monster, die 2021 angeboten wurden.

SuperSport 950, 950S

Vier Jahre nach ihrer Einführung wurde die SuperSport zur SuperSport 950 weiterentwickelt. Sie erfüllte nun die Euro-5-Norm und verfügte über eine neue Elektronik, aber das sichtbarste Update war das neue Design. Das Modell bot ein Verkleidungsdesign, das dem der Panigale V4 ähnelt. Der benutzerfreundliche Stil hatte sich nicht verändert, die SuperSport 950 war weiterhin ein praktisches Allround-Sportmotorrad.

Diavel 1260 Lamborghini

Da sowohl Ducati als auch Lamborghini nun Audi gehörten, war eine Zusammenarbeit unvermeidlich. Basierend auf der Diavel 1260 S und beeinflusst vom Lamborghini Sián FKP 37, übertrug die Diavel Lamborghini einige grundlegende Konzepte des Siàn-Designs auf die Diavel.

TOP: Die Monster 2021 ist leistungsstärker, kompakter und deutlich leichter als bisher.

MITTE: 2021 wurde aus der SuperSport die SuperSport 950. Die hatte eine neue Verkleidung und die 950S ein Öhlins-Fahrwerk.

UNTEN: Die Diavel 1260 Lamborghini war ein Modell in limitierter Auflage, inspiriert vom Lamborghini Sián.

DIAVEL 1260 LAMBORGHINI

Unterschiede zur Diavel 1260St

Trockengewicht (kg)	**220**

XDIAVEL DARK, S, BLACK STAR

Unterschiede zur XDiavel 2020

Leistung	**160 PS bei 9500/min**
Trockengewicht (kg)	**221 (Dark, Black Star), 223 (S)**

Die limitierte Auflage der Scrambler Fasthouse feiert den Erfolg von Ducati beim Offroad-Rennen Mint 400.

Die 1260 S war mit neuen, vom Automobilbau inspirierten Schmiederädern ausgestattet und verfügte über Details aus Kohlefaser. Die Lackierung entsprach dem auf der IAA vorgestellten Sián, mit der Karosserie in Gea Green und dem Rahmen und den Schmiedefelgen in Electrum Gold. Die Nummer 63 steht für Lamborghinis Gründungsjahr. Während der Sián auf 63 Stück limitiert war, entstanden von der Diavel 1260 Lamborghini 630 nummerierte Exemplare.

XDiavel Dark und Black Star

Die XDiavel-Reihe wurde 2021 auf drei Modelle erweitert, wobei die XDiavel Dark und Black Star die sportliche XDiavelS ergänzten. Der Motor mit Euro-5-Spezifikation verfügte über eine neue Auspuffanlage und brachte mehr Leistung als zuvor. Der Auspuff mit zwei Auslässen tritt nun nach hinten aus.

Als Einstieg in die Welt der XDiavel gedacht, setzte die Dark in der Basisausstattung den mattschwarzen Stil fort, der 1998 mit der Monster 600 Dark begonnen hatte. Die XDiavel Black Star wurde von der Welt der Sportwagen inspiriert, mit einem Farbschema in speziellem Grau und Mattschwarz, das durch rote Zylinderköpfe ergänzt wurde.

Die XDiavel Black Star verfügte außerdem über leichtere geschmiedete und bearbeitete Räder, Sowohl die S als auch die Black Star waren mit verbesserten Brembo M50-Bremssätteln vorne und mit einer radial angeordneten PR16/19-Bremspumpe ausgestattet. Außerdem waren die Individualisierungspakete Sport, Touring und Urban erhältlich. Mit dem X der XDiavel, das für Crossover steht, gelang es der XDiavel weiterhin, zwei unterschiedliche Spektren zu vereinen: den traditionellen, entspannten Low-Speed-Cruiser und die natürliche, adrenalingeladene Sportlichkeit von Ducati.

Scrambler Nightshift, Fasthouse

Das Scrambler-Sortiment wurde 2021 leicht reduziert, wobei die Nightshift die Café Racer- und Full Throttle-Varianten ersetzte. Neue Versionen der Desert Sled und der 1100 Dark PRO sowie eine limitierte Fasthouse-Edition wurden eingeführt.

Die Nightshift betonte den klassischen Custom-Stil mit einem geraden, schmalen Lenker und Lenkerendspiegeln. Seitliche Nummernschilder, Speichenräder, ein minimaler vorderer Kotflügel, kein hinterer Kotflügel und eine grau-schwarze Farbgebung trugen zum scheinbar maßgeschneiderten Charakter der Scrambler Nightshift bei.

Die Farben der Panigale V2 Bayliss »1st Championship 20th Anniversary« sind Troy Bayliss' 996R von 2001 nachempfunden.

Nach Jordan Grahams Sieg in der Hooligan-Klasse des Mint 400, dem ältesten Offroad-Rennen Amerikas, brachte Ducati 2020 in Zusammenarbeit mit der Bekleidungsmarke Fasthouse eine Scrambler heraus. Basierend auf der Desert Sled zeichnete sich die Fasthouse durch eine spezielle Lackierung aus, die den Look der Rennmotorräder widerspiegelte. Jedes der achthundert Exemplare erhielt eine nummerierte Plakette.

2022

Die geländegängige DesertX führte das Programm 2022 an. Abgesehen von einer aktualisierten Panigale V4 konzentrierten sich die meisten anderen neuen Modelle auf die Erweiterung der Zweizylinder-V2-Reihe. In der MotoGP dominierte Ducati das Starterfeld mit acht Desmosedicis. Jack Miller und Francesco Bagnaia fuhren weiterhin für das Ducati Lenovo Werksteam, ebenso wie Johann Zarco und Jorge Martin für Pramac Racing. Gresini Racing wechselte von Aprilia zu Ducati und unterzeichnete einen Zweijahresvertrag mit Enea Bastianini und Fabio Di Giannantonio auf Maschinen mit der 2021er Spezifikation. Das neue VR46 Racing Team unterzeichnete ebenfalls einen Dreijahresvertrag mit Ducati.

Im Werksteam Aruba.it Racing Ducati für die Superbike-Weltmeisterschaft kehrte Alvaro Bautista an der Seite von Michael Ruben Rinaldi zurück. Eine Änderung des World-Supersport-Reglements für 2022 erlaubte hubraumstärkere Zwei- und Dreizylinder. Ducati kündigte eine werksunterstützte Panigale V2 an, die von Nicolo Bulega gefahren werden sollte. Das Barni Racing Team meldete auch Panigale V2 für den zwanzigjährigen Luca Bernardi und den achtzehnjährigen Oli Bayliss, Sohn des ehemaligen Rennfahrers Troy Bayliss.

Panigale V2 Bayliss »1st Championship 20th Anniversary«

Die Panigale V2 Bayliss feierte den zwanzigsten Jahrestag von Troy Bayliss' erstem World Superbike Titel. Die Lackierung ähnelte Bayliss' Ducati 996R von 2001. Die nummerierte Bayliss-Edition basierte auf der Panigale V2 und verfügte über ein Öhlins-Fahrwerk und -Lenkungsdämpfer sowie einen optionalen Solositz. Zur weiteren Sonderausstattung gehörten Sportgriffe, Auspuffabdeckungen aus Kohlefaser und Titan sowie ein Sitzbezug mit doppelter, roter Naht.

V2 PANIGALE BAYLISS 20TH ANNIVERSARY Unterschiede zur Panigale V2

Federung vorne	**43 mm Öhlins NIX30**
Federung hinten	**Öhlins TTX36**
Radstand (mm)	**1438**
Trockengew. (kg)	**176**

MULTISTRADA V4 PIKES PEAK, V2, V2S Unterschiede zur Multistrada V4 und 950	
Federung vorne	**48 mm Öhlins-Gabel (Pikes Peak)**
Federung hinten	**Öhlins TTX36 (Pikes Peak)**
Räder	**3.50x17 and 6.0x17 (Pikes Peak)**
Reifen	**120/70x17 and 190/55x17 (Pikes Peak)**
Radstand (mm)	**1595 (Pikes Peak)**
Trockengew. (kg)	**214 (Pikes Peak), 199 (V2), 202 (V2S)**

Die Multistrada V4 Pikes Peak war mit ihrem von der MotoGP inspirierten Styling und der Grafik sowie dem 17-Zoll-Vorderrad die sportlichste der Multistrada-Reihe.

Multistrada V4 Pikes Peak, V2, V2S

Die Multistrada V4 Pikes Peak war die bisher sportlichste Multistrada, die mit einem Akrapovic-Schalldämpfer aus Titan und Karbon und dem Race Riding Mode ausgestattet war. Die Rennsportorientierung spiegelte sich in einem Alu-Monocoque-Rahmen mit überarbeiteter Lenkgeometrie, einem 17-Zoll-Vorderrad und einer Einarmschwinge wider. Die Marchesini-Räder waren aus geschmiedetem Aluminium und das Öhlins Smart EC 2.0-Fahrwerk verfügte über einen »Event Based«-Modus. Die überarbeitete Ergonomie zeichnete sich durch einen niedrigeren Lenker und höhere und weiter hinten liegende Fußrasten aus, während eine Reihe von Kohlefaserkomponenten, MotoGP-Farben und -Grafiken, eine niedrige Plexiglasscheibe, goldeloxierte Gabelbeine und Ducati Corse Abzeichen den sportlichen Stil betonten.

2022 löste die Multistrada V2 die Multistrada 950 als Einstiegsmodell in die Touring-Reihe ab. Die Neuerungen konzentrierten sich auf eine verbesserte Ergonomie, Gewichtsreduzierung sowie Änderungen an Motor und Elektronik. Die neueste Version des 937-cm³-Testastretta -11°-Motors erhielt neue Pleuel, eine hydraulische Acht-Scheiben-Kupplung und ein überarbeitetes Getriebe. Die Multistrada V2S war mit dem elektronischen Fahrwerk Sachs Skyhook ausgestattet. Die Ausstattungsoption Travel für die Multistrada V2S umfasste Seitenkoffer, beheizbare Griffe und einen Mittelständer.

Hypermotard 950 SP

Die Hypermotard-Reihe wurde aktualisiert, um die Euro-5-Norm zu erfüllen und umfasste drei Modelle: Hypermotard 950, Hypermotard 950 RVE und Hypermotard 950 SP. Leistung und Drehmoment blieben unverändert, aber das Getriebe wurde überarbeitet. Die Hypermotard SP, das Topmodell der Hypermotard, wurde mit MotoGP-inspirierten Farben, einem Öhlins-Fahrwerk mit längerem Federweg, Marchesini-Schmiederädern und dem serienmäßigen Ducati Quick Shift (DQS) Up and Down EVO ausgestattet.

Diavel 1260S »Black and Steel«

Die Diavel 1260-Familie wurde 2022 mit der Einführung der 1260S »Black and Steel« erweitert. Diese Version wurde vom 2019er Konzept der Diavel »Materico« inspiriert, das auf der Veranstaltung »Beautiful Boldness/Visionary Design« während der Mailänder Designwoche und der anschließenden Ausstellung MOARD präsentiert wurde. Die Diavel 1260S »Black and

Steel« zeichnete sich durch asymmetrische Grafiken aus, die glänzendes Grau und mattes Schwarz mit einem gelben Rahmen und anderen Highlights kombinierten.

Scrambler 1100 Tribute PRO, Urban Motard

Die Scrambler 1100 Tribute PRO wurde zur Feier des 50. Jahrestages der ersten 90°-V2-Ducati, der 750 GT von 1971, herausgebracht. Die Farbe Giallo Ocra ist eine Hommage an die 750 Sport ('72 bis '74). Klassische Logos aus der Ära von Giorgetto Giugiaro, schwarze Speichenräder, runde Rückspiegel und ein brauner, abgesteppter Sattel unterstreichen den 70er-Jahre-Style. Die 800er Urban Motard war die andere neue Scrambler. Diese als »Stadtrebell« bezeichnete Version war für Neueinsteiger gedacht. Street Art und Graffiti inspirierten die Star White Silk, während die schwarzen Speichenräder, der hohe vordere Kotflügel, der schwarze Flachsitz und die seitlichen Nummernfelder an den Motard-Stil erinnerten.

Streetfighter V2, V4 SP

2022 wurden zwei neue Streetfighter-Modelle vorgestellt: die auf der Panigale V2 basierende Streetfighter V2 und die gut ausgestattete Streetfighter V4 SP. Die Streetfighter V2 war prinzipiell eine unverkleidete Panigale V2 mit höherem und breiterem Alulenker, breiterer Sitzbank sowie neu positionierten Fußrasten und wurde als Einstieg in die Streetfighter-Familie vermarktet. Der 955-cm³-Zweizylinder war mit dem neuesten Elektronikpaket ausgestattet und hatte etwas weniger Leistung als die Panigale V2. Die Streetfighter V2 behielt den Motor als tragende Komponente bei, die am Monocoque-Rahmen aus Aluminium-Druckguss befestigt war. Ihre Einarmschwinge war 16 Millimeter länger als die der Panigale V2. Bremsen, Räder und Federung blieben unverändert.

Das Spitzenmodell Streetfighter V4 SP kombinierte die Streetfighter »Fight Formula«- mit SP-Spezifikationen. Abgesehen von einer STM-EVO SBK-Trockenkupplung blieb der V4-Desmostradale unverändert. Zur Premium-Ausstattung der Superleggera V4 gehörten deutlich leichtere Karbonfelgen mit geteilten Speichen. Wie bei der Panigale V4 SP kontrastierte die mattschwarze »Winter Test« Farbgebung mit leuchtend roten Akzenten und einem Tank aus gebürstetem Aluminium.

Die klassische Giugiaro-Grafik und die Farben der 1970er Jahre zeichnen die Scrambler 1100 Tribute PRO aus.

SCRAMBLER URBAN MOTARD
Unterschiede zur Scrambler Nightshift

Radstand (mm)	**1436**

STREETFIGHTER V2, V4SP
Unterschiede zur Panigale V2 und Streetfighter V4S

Leistung	**153 PS bei 10.750/min (V2)**
Radstand (mm)	**1465 (V2)**
Trockengew. (kg)	**178 (V2); 196 (V4SP)**

Die Streetfighter-Reihe 2022. Von links die neue Streetfighter V2, Streetfighter V4 SP und Streetfighter V4.

Der MotoGP-Werksfahrer Francesco »Pecco« Bagnaia posiert mit der 2022er Panigale V4S.

Panigale V4, V4S

Um die Leistung auf der Rennstrecke zu verbessern, wurde die Panigale V4 für 2022 erheblich überarbeitet. Während die grundlegende Motorarchitektur unverändert blieb, wurden der Schmierkreislauf und die Ölpumpe effizienter gestaltet. Die Schalldämpferauslässe wurden auf 38 mm vergrößert, um den Staudruck zu verringern und die Leistung zu steigern. Eine optionale Akrapovic-Titan-Auspuffanlage reduzierte das Gewicht um sechs Kilo und steigerte die Leistung auf 228 PS. Ein enger übersetztes Getriebe mit längeren Übersetzungen im ersten, zweiten und sechsten Gang bot eine rennorientierte Übersetzung. Das Ergebnis war eine Erhöhung der Höchstgeschwindigkeit um fünf km/h gegenüber der Version von 2021.

Der Grundrahmen blieb unverändert, aber der Schwingendrehpunkt wurde vier Millimeter höher positioniert, um das Einfederverhalten beim Beschleunigen zu verbessern. Auch die Aufhängung war bei der Panigale V4S neu. Die Öhlins-Gabel verfügte über ein Druckstufendämpfungssystem, das dem der Öhlins-Renngabeln ähnelt. Ein 25-mm-Kolben steuert die Druckstufe im linken Bein, während ein 30-mm-Kolben die Zugstufe im rechten Bein kontrolliert. Aerodynamische Updates führten zu einer neuen Verkleidung mit dünneren Doppelprofil-Winglets und überarbeiteten Abluftkanälen zur Verbesserung der Kühlung. Sowohl der Sattel als auch der Tank wurden neu gestaltet, um die Ergonomie zu verbessern, während das TFT-Cockpit der neuesten Generation entsprach.

DesertX

Die DesertX, die im November 2019 als Konzeptmotorrad vorgestellt wurde, ist das am stärksten auf Geländefahrten

Das Doppelscheinwerfer-Design der Cagiva Paris-Dakar-Rennmaschinen der frühen 90er-Jahre inspirierte die DesertX.

ausgerichtete Motorrad, das Ducati je im Sortiment hatte. Sie wird von demselben wassergekühlten 937-cm³-Testastretta-11°-Desmodromic-Twin angetrieben, der auch in der Monster und der Multistrada V2 zum Einsatz kommt, verfügt aber über ein Sechsgang-Getriebe mit geländetauglicherer Übersetzung. Die elektronische Unterstützung umfasst sechs Fahrmodi mit vier Leistungsmodi. Ein neuer Stahl-Gitterrohrrahmen wird mit 21-Zoll-Vorder- und 18-Zoll-Hinterrad kombiniert. Das schlanke Profil soll sowohl die Kontrolle in stehender Position als auch den Fahrkomfort gewährleisten.

In einer Welt, die sich auf Elektrofahrzeuge zubewegt, war es unvermeidlich, dass Ducati diese Technologie irgendwann übernehmen würde. Ende 2021 unterzeichnete Ducati eine Vereinbarung mit Dorna Sports, um von 2023 bis 2026 der einzige offizielle Lieferant von Motorrädern für den FIM Enel MotoE World Cup zu sein, der elektrischen Klasse der MotoGP-WM. Mit diesem Schritt setzt Ducati die Tradition fort, Rennsport und Wettbewerb als Blaupause für zukünftige Serienmotorräder zu nutzen. Dieser Ansatz begann mit Fabio Taglionis erster Gran Sport in den 50ern und setzte sich mit der 750 Super Sport mit rundem Gehäuse und Königswellen von 1974 über die 851 und 916 Desmoquattros bis hin zur aktuellen Panigale V4 fort. Der Ruf von Ducati beruht seit jeher auf Rennerfolgen und Nachbauten von Rennmaschinen, und es gibt keine Anzeichen dafür, dass sich dies ändern wird. Auch mit neuen Technologien nicht.

PANIGALE V4, V4S
Unterschiede zu 2021

Leistung	**215,5 PS bei 13.000/min** **210 PS bei 12.000/min (USA)**
Federung vorne	**43 mm Öhlins NPX25/30 (V4S)**

DESERTX
Unterschiede zur Multistrada V2

Verdichtung	**13,3:1**
Leistung	**110 PS bei 9250/min**
Federung vorne	**46 mm Kayaba-Gabel**
Federung hinten	**Kayaba**
Bremse vo. (mm)	**Doppelscheibe, 320**
Bremse hi. (mm)	**Scheibe, 265**
Räder	**2.15x21 Zoll, 4.50x18 Zoll**
Reifen	**90/90x21, 150/70x18**
Radstand (mm)	**1608**

STICHWORTVERZEICHNIS